21 世纪高等教育数学系列规划教材

高等数学

（上册）

主　编：邓严林
副主编：刘　旖　张　玲

华中师范大学出版社

内 容 提 要

　　本书以培养学生的数学应用能力为目标,在编写上力求内容适当,理论完整,条理清晰,注重数学知识在实践中的应用。本书主要内容包括函数、极限与连续,导数与微分,微分中值定理与导数的应用,不定积分,定积分及其作用,常微分方程等。

　　本书适合作为普通高等院校理工类专业的高等数学教材,还可作为其他相关专业通用的高等数学教材及考试培训教材,也可作为职业大学、成人大学和自考的教材。

新出图证(鄂)字 10 号

图书在版编目(CIP)数据

高等数学. 上册/邓严林主编. ——武汉:华中师范大学出版社,2020.7
ISBN 978-7-5622-9073-5

Ⅰ.①高…　Ⅱ.①邓…　Ⅲ.①高等数学—高等学校—教材　Ⅳ.①O13

中国版本图书馆 CIP 数据核字(2020)第 100656 号

高等数学(上册)

ⓒ邓严林　主编

责任编辑:袁正科	责任校对:肖　阳	封面设计:胡　灿
编　辑　室:第二编辑室	电　　话:027-67867364	

出版发行:华中师范大学出版社

社　　　址:湖北省武汉市洪山区珞喻路 152 号　　邮　　编:430079

销售电话:027-67861549(发行部)

网　　　址:http://press.ccnu.edu.cn　　　电子信箱:press@mail.ccnu.edu.cn

印　　　刷:武汉市中科兴业印务有限公司　　督　　印:刘　敏

开　　　本:787 mm×1092 mm　1/16　　印　　张:15.75　　字　　数:390 千字

版　　　次:2020 年 7 月第 1 版　　印　　次:2020 年 7 月第 1 次印刷

印　　　数:1—4500　　定　　价:42.00 元

欢迎上网查询、购书

前　言

　　高等数学作为一门重要的基础学科,已有较长的发展历史,随着社会的发展和科技的进步,其重要性尤为凸显。高等数学现在已被广泛应用于自然科学、工程技术、生命科学、社会科学、经济管理等几乎所有的学科领域。因此,高等数学作为理工类专业的一门重要基础课,它的开设和教学质量具有十分重要的意义。

　　目前,我国高等工程教育领域已经开始以"新工科"理念推行工程教育教学改革,作为理工科专业必修课程的"高等数学",不仅要为学生提供后续专业所需的基础数学知识,而且还要着重培养学生的数学素质和创新能力。学习高等数学不仅仅是学习其知识本身,更多的是学习其知识所承载的基本技能和思想。

　　鉴于以上形势,我们针对当前大学生的学习特点,结合我们多年的一线教学经验和心得、体会,同时,还借鉴了同类教材的优点,编写了本书。

　　本书在编写上力求做到理论完整,内容适当,结构合理,条理清晰,注重数学知识的实践应用。本书具有以下特点:

　　(1)注重基础知识的夯实以及基本方法和基本技能的训练。

　　(2)突出数学应用能力的培养。

　　(3)梯度搭配例题和习题,保证难易程度适当。

　　(4)每章开头有对本章提纲挈领的叙述,便于读者对本书系统性、连贯性和逻辑性的把握。

　　本书共 6 章,主要内容包括:函数、极限与连续,导数与微分,微分中值定理与导数的应用,不定积分,定积分及其应用,常微分方程等。

　　本书由邓严林、刘旖、张玲共同编写,另外还有很多老师给本书的编写工作提出了许多宝贵的建议,在此一并表示感谢!

　　由于编者水平有限,编写时间仓促,书中难免有些许不妥之处,我们衷心希望能得到专家、同行及广大读者的批评指正,以使本书在今后的教学实践中能不断得到完善。

编者

2020 年 4 月

目　录

第1章 函数、极限与连续

初等数学的研究对象基本上是常量,而高等数学的研究对象则是函数。所谓函数关系就是变量之间的依赖关系,极限概念是微积分的理论基础,极限方法是研究变量的一种基本方法,极限的思想方法贯穿于高等数学的始终,而连续函数则是函数的一种重要性态属性。本章将介绍函数、极限和连续等重要概念以及它们的一些重要性质。

1.1 函数

1.1.1 集合

1. 集合概念

集合是数学中的一个重要概念,它在现代数学的发展中起着非常重要的作用。

集合是指具有某种特定性质的事物的总体,组成这个集合的事物称为该集合的**元素**。

通常用大写拉丁字母 A、B、C、X、Y 等表示集合,用小写拉丁字母 a、b、c、x、y 等表示元素。如果 a 是集合 A 的元素,则表示为 $a \in A$,读作 a 属于 A。如果 a 不是集合 A 的元素,则表示为 $a \notin A$ 或 $a \overline{\in} A$,读作 a 不属于 A。

由有限个元素构成的集合,称为**有限集**;由无限多个元素构成的集合,称为**无限集**。

表示集合的方法通常有以下两种。

列举法:把集合的全体元素一一列举出来。

例如,由 x,y,z 三个元素组成的集合 A 可表示为 $A = \{x,y,z\}$。

描述法:若集合 M 是由具有某种性质 P 的元素 x 的全体所组成的,则 M 可表示为

$$M = \{x \mid x \text{ 具有性质 } P\}。$$

例如,设 M 为方程 $x^2 - 2x + 1 = 0$ 的根构成的集合,可表示为

$$M = \{x \mid x^2 - 2x + 1 = 0\}。$$

下面是几种常见的数集。

$\mathbf{N}$ 表示所有自然数构成的集合,称为**自然数集**:

$$\mathbf{N} = \{0,1,2,\cdots,n,\cdots\}。$$

全体正整数的集合为 $\mathbf{N}^+ = \{1,2,\cdots,n,\cdots\}$。

$\mathbf{R}$ 表示所有实数构成的集合,称为**实数集**。

$\mathbf{Z}$ 表示所有整数构成的集合,称为**整数集**:

$$\mathbf{Z} = \{\cdots,-n,\cdots,-2,-1,0,1,2,\cdots,n,\cdots\}。$$

$\mathbf{Q}$ 表示所有有理数的集合,称为**有理数集**:

$$\mathbf{Q} = \left\{ \frac{p}{q} \mid p \in \mathbf{Z}, q \in \mathbf{N}^+, \text{且 } p \text{ 与 } q \text{ 互质} \right\}.$$

若 $x \in A$，必有 $x \in B$，则称 A 是 B 的子集，记为 $A \subset B$（读作 A 包含于 B）或 $B \supset A$（读作 B 包含 A）。

如果集合 A 与集合 B 互为子集，则称集合 A 与集合 B 相等。例如，设

$$A = \{2, 3\}, B = \{x \mid x^2 - 5x + 6 = 0\},$$

则 $A = B$。

若 $A \subset B$ 且 $A \neq B$，则称 A 是 B 的**真子集**，记作 $A \subsetneqq B$。

不含任何元素的集合称为**空集**。空集记为 $\varnothing$，规定空集是任何集合的子集。

2. 集合的运算

集合的基本运算主要有三种：交、并、差。

设 A、B 是两个集合，由所有既属于 A 又属于 B 的元素组成的集合称为 A 与 B 的**交集**（简称**交**），记作 $A \bigcap B$，即

$$A \bigcap B = \{x \mid x \in A \text{ 且 } x \in B\}.$$

设 A、B 是两个集合，由所有属于 A 或属于 B 的元素组成的集合称为 A 与 B 的**并集**（简称**并**），记作 $A \bigcup B$，即

$$A \bigcup B = \{x \mid x \in A \text{ 或 } x \in B\}.$$

设 A、B 是两个集合，由所有属于 A 而不属于 B 的元素组成的集合称为 A 与 B 的**差集**（简称**差**），记作 $A \backslash B$，即

$$A \backslash B = \{x \mid x \in A \text{ 且 } x \notin B\}.$$

如果我们研究某个问题时限定在一个大的集合 I 中进行，所研究的其他集合 A 都是 I 的子集。此时，我们称集合 I 为**全集**或**基本集**，称 $I \backslash A$ 为 A 的**余集**或**补集**，记作 A^c。

集合的运算满足下列法则：

（1）交换律：$A \bigcup B = B \bigcup A, A \bigcap B = B \bigcap A$；

（2）结合律：$(A \bigcup B) \bigcup C = A \bigcup (B \bigcup C)$，

$\qquad\qquad (A \bigcap B) \bigcap C = A \bigcap (B \bigcap C)$；

（3）分配律：$(A \bigcup B) \bigcap C = (A \bigcap C) \bigcup (B \bigcap C)$，

$\qquad\qquad (A \bigcap B) \bigcup C = (A \bigcup C) \bigcap (B \bigcup C)$；

（4）对偶律：$(A \bigcup B)^c = A^c \bigcap B^c$，

$\qquad\qquad (A \bigcap B)^c = A^c \bigcup B^c$。

下面我们证明 $(A \bigcup B)^c = A^c \bigcap B^c$。

因为 $x \in (A \bigcup B)^c \Leftrightarrow x \notin A \bigcup B \Leftrightarrow x \notin A$ 且 $x \notin B \Leftrightarrow x \in A^c$ 且 $x \in B^c \Leftrightarrow x \in A^c \bigcap B^c$，所以 $(A \bigcup B)^c = A^c \bigcap B^c$。

在两个集合之间还可以定义**直积**。设 A、B 是任意两个集合，在集合 A 中任意取一个元素 x，在集合 B 中任意取一个元素 y，组成一个有序对 (x, y)，把这样的有序对作为新元素，它们全体组成的集合称为集合 A 与集合 B 的**直积**，记作 $A \times B$，即

$$A \times B = \{(x, y) \mid x \in A \text{ 且 } y \in B\}.$$

3. 区间

任何一个变量都有确定的变化范围。如果变量的变化范围是连续的,则常用一种特殊的数集——区间来表示变量的变化范围。设 a 和 b 为实数,且 $a < b$,则:

数集 $\{x \mid a < x < b\}$ 称为**开区间**,记作 (a,b),即 $(a,b) = \{x \mid a < x < b\}$;

数集 $\{x \mid a \leqslant x \leqslant b\}$ 称为**闭区间**,记作 $[a,b]$,即 $[a,b] = \{x \mid a \leqslant x \leqslant b\}$;

数集 $\{x \mid a < x \leqslant b\}$ 和 $\{x \mid a \leqslant x < b\}$ 都称为**半开半闭区间**,分别记作 $(a,b]$ 和 $[a,b)$。

上面这些区间都称为**有限区间**,a,b 称为区间的端点。数 $b-a$ 称为这些区间的长度。闭区间 $[a,b]$ 与开区间 (a,b) 在数轴上表示出来,分别如图 1-1(a) 与 (b) 所示。

此外还有**无限区间**,例如:

$$(a, +\infty) = \{x \mid a < x < +\infty\}, \quad [a, +\infty) = \{x \mid a \leqslant x < +\infty\},$$
$$(-\infty, b) = \{x \mid -\infty < x < b\}, \quad (-\infty, b] = \{x \mid -\infty < x \leqslant b\},$$
$$(-\infty, +\infty) = \{x \mid -\infty < x < +\infty\} = \mathbf{R}。$$

这里记号 $+\infty$ 表示正无穷大,$-\infty$ 表示负无穷大,记号 $+\infty$ 和 $-\infty$ 只是表示无限的一种记号,它们都不是某个确定的实数,因此也不能参与数的运算。$[a, +\infty)$ 和 $(-\infty, b)$ 这两个无限区间分别在数轴上表示出来,如图 1-1(c) 与 (d) 所示。

有限区间和无限区间统称为**区间**。

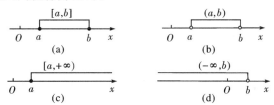

图 1-1

4. 邻域

邻域也是一个常用的概念。设 x_0 是一个给定的实数,δ 是某一正数,称以 x_0 为中心的开区间 $(x_0 - \delta, x_0 + \delta)$ 为点 x_0 的 δ **邻域**,记作 $U(x_0, \delta)$,即

$$U(x_0, \delta) = \{x \mid x_0 - \delta < x < x_0 + \delta\}。$$

称点 x_0 为该**邻域的中心**,δ 为该**邻域的半径**。如图 1-2 所示。

由于 $x_0 - \delta < x < x_0 + \delta$ 相当于 $|x - x_0| < \delta$,因此

$$U(x_0, \delta) = \{x \mid |x - x_0| < \delta\}。$$

因为 $|x - x_0|$ 表示点 x 与点 x_0 间的距离,所以 $U(x_0, \delta)$ 表示与点 x_0 的距离小于 δ 的一切点 x 的全体。

将点 x_0 的 δ 邻域去掉中心 x_0 后所得的数集,称为点 x_0 的**去心 δ 邻域**,记作 $\mathring{U}(x_0, \delta)$,即

$$\mathring{U}(x_0, \delta) = \{x \mid 0 < |x - x_0| < \delta\} = (x_0 - \delta, x_0) \bigcup (x_0, x_0 + \delta),$$

这里 $0 < |x - x_0|$ 表示 $x \neq x_0$,如图 1-3 所示。

有时把 $(x_0 - \delta, x_0)$ 和 $(x_0, x_0 + \delta)$ 分别称为 x_0 的**左邻域**和**右邻域**。

图 1-2　　　　　　　　　　　　　图 1-3

当不需要特别要求表达邻域的半径时,也可把 $U(x_0, \delta)$ 和 $\overset{\circ}{U}(x_0, \delta)$ 分别简单地记作 $U(x_0)$ 和 $\overset{\circ}{U}(x_0)$。

1.1.2　函数概念及其性质

1. 函数的概念

关于函数的概念,在中学数学中我们已有了初步的了解,本节将对此做进一步的讨论。

在一个过程中,保持数值不变的量叫作**常量**,数值有变化的量叫作**变量**。而函数是描述变量间相互依赖关系的一种数学模型。在同一个实际问题中,往往同时有几个变量在变化着,这些变量并不是孤立变化的,而是按照一定的规律相互联系着。比如,在自由落体运动中,设物体下落的时间为 t,落下的距离为 s。假定开始下落的时刻为 $t = 0$,则变量 s 与 t 之间的相依关系由数学模型 $s = \dfrac{1}{2}gt^2$ 给定,其中 g 是重力加速度。又如,在一个确定的地点,某一天昼夜间的气温 T 是随着时间 t 的变动而变化的。对这一天从 0 点到 24 点之间的任一时刻 t_0,气温 T 都有一个确定的值 T_0 与之对应,尽管这个对应规律很难用一个表达式精确表示出来,但它确实存在。现实世界中广泛存在着变量之间的这种类型的相依关系,这正是函数概念的客观背景。

定义 1.1　设 D 是一个给定的非空数集。如果对于每个 $x \in D$,按照某一对应法则 f 总有唯一确定的数 y 与它相对应,则称 f 是定义在数集 D 上的**函数**,记作
$$y = f(x), x \in D,$$
其中,x 称为**自变量**,y 称为**因变量**,数集 D 称为这个函数的**定义域**,记为 $D(f)$。与自变量 x 对应的因变量 y 的值称为函数在 x 点的**函数值**。全体函数值所成的集合
$$f(D) = \{y \mid y = f(x), x \in D\}$$
称为函数的**值域**,也可记为 $R(f)$。

从上述定义可以看到,定义域和对应法则是函数的两个要素,如果没有特别规定,我们约定,函数的定义域表示使函数有意义的自变量的变化范围。如果两个函数的定义域相同,对应法则也相同,那么这两个函数就是相同的;否则,就是不同的。

在函数定义中,对每一个 $x \in D$ 只能有唯一确定的一个 y 值与它对应,这样定义的函数称为**单值函数**。若同一个 x 值可以对应多于一个的 y 值,则称这种函数为**多值函数**。在本书范围内,我们只讨论单值函数。

在平面直角坐标系中,点集

$$G = \{(x,y) \mid y = f(x), x \in D\}$$

称为函数 $y = f(x)$ 的**图象**。函数 $y = f(x)$ 的图象通常是一条曲线，$y = f(x)$ 也称为这条曲线的方程。这样，函数的一些特性常常可借助于几何直观来反映，反过来，一些几何问题，有时也可借助函数来做理论探讨。

通常表示函数的方法主要有三种，即**解析法**（或称**公式法**）、**列表法**和**图象法**。

中学数学已经讨论过许多函数，如常值函数、幂函数、指数函数、对数函数、三角函数、反三角函数，这些函数在以后的讨论中将反复出现。下面再举几个常见的函数的例子。

例 1　绝对值函数

$$y = \mid x \mid = \begin{cases} x, & x \geqslant 0, \\ -x, & x < 0, \end{cases}$$

它的定义域 $D = (-\infty, +\infty)$，值域 $f(D) = [0, +\infty)$，如图 1-4 所示。

例 2　符号函数

$$y = \operatorname{sgn} x = \begin{cases} 1, & x > 0, \\ 0, & x = 0, \\ -1, & x < 0, \end{cases}$$

它的定义域 $D = (-\infty, +\infty)$，值域 $f(D) = \{-1, 0, 1\}$，如图 1-5 所示。

图 1-4　　　　　　　　　　　　　　图 1-5

例 3　取整函数 $y = [x]$，表示不超过 x 的最大整数，例如 $[2.1] = 2$，$[-2.1] = -3$。它的定义域 $D = (-\infty, +\infty)$，值域为整数集 $\mathbf{Z}$，如图 1-6 所示。

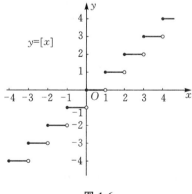

图 1-6

在例 1 和例 2 中看到,有时一个函数要用几个式子表示。这种在自变量的不同变化范围中,对应法则用不同式子来表示的函数,通常称为**分段函数**。

例 4   函数 $f(x) = \begin{cases} x^2, & x \leqslant 0, \\ \dfrac{1}{2}x, & x > 0 \end{cases}$。该函数的定义域 $D = (-\infty, +\infty)$,值域 $f(D) = [0, +\infty)$,如图 1-7 所示。

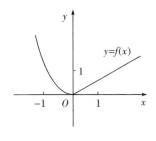

图 1-7

有些函数难以用解析法、列表法或图象法来表示,只能用语言来描述。如定义在 **R** 上的狄利克雷(Dirichlet)函数

$$D(x) = \begin{cases} 1, & \text{当 } x \text{ 为有理数}, \\ 0, & \text{当 } x \text{ 为无理数}。 \end{cases}$$

2. 函数的几种特性

(1) 函数的有界性

定义 1.2   设函数 $f(x)$ 为定义在 D 上的函数,若存在常数 $M(L)$,使得对一切 $x \in D$,都有
$$f(x) \leqslant M \quad (f(x) \geqslant L),$$
则称函数 $f(x)$ 为 D 上的**有上(下)界函数**,$M(L)$ 称为 $f(x)$ 在 D 上的一个上(下)界。

根据定义,$f(x)$ 在 D 上有上(下)界,意味着值域 $f(D)$ 是一个有上(下)界的数集。又若 $M(L)$ 为 $f(x)$ 在 D 上的上(下)界,则任何大于(小于)$M(L)$ 的数都是 $f(x)$ 在 D 上的上(下)界。

定义 1.3   设函数 $f(x)$ 为定义在 D 上的函数,若存在正数 M,使得对一切 $x \in D$,都有
$$|f(x)| \leqslant M,$$
则称函数 $f(x)$ 为 D 上的**有界函数**。

例如,正弦函数 $f(x) = \sin x$ 和余弦函数 $g(x) = \cos x$ 为 **R** 上的有界函数,因为无论 x 取任何实数,$|\sin x| \leqslant 1$ 都成立。$f(x) = \dfrac{1}{x}$ 在 $[1, +\infty)$ 上是有界的,例如,可以取 $M = 1$,而 $\left|\dfrac{1}{x}\right| \leqslant 1$ 对于 $[1, +\infty)$ 上的一切 x 值都成立。

函数有界的定义也可以这样表述:如果存在常数 M_1 和 M_2 使得对于任一 $x \in D$,都有 $M_1 \leqslant f(x) \leqslant M_2$,就称 $f(x)$ 在 D 上有界,并分别称 M_1 和 M_2 为 $f(x)$ 在 D 上的一个上界和一个下界。

关于函数 $f(x)$ 在数集 D 上无上界、无下界或无界的定义,可按上述定义的否定说法

来叙述:例如,设函数 $f(x)$ 为定义在 D 上的函数,若对任何数 M(无论 M 多大),都存在 $x_0 \in D$,使得 $f(x_0) > M$,则函数 $f(x)$ 为 D 上的**无上界函数**。类似可以定义无下界函数与无界函数。

例 5　证明函数 $f(x) = \dfrac{1}{x}$ 在 $(0,1]$ 上是无上界的。

证　对任何正数 M,取 $(0,1]$ 上的一点 $x_0 = \dfrac{1}{M+1}$,则有

$$f(x_0) = \frac{1}{x_0} = M + 1 > M,$$

故按上述定义,f 为 $(0,1]$ 上的无上界函数。

(2) 函数的单调性

定义 1.4　设函数 $f(x)$ 在数集 D 上有定义,若对 D 中的任意两数 $x_1,x_2 (x_1 < x_2)$,恒有
$$f(x_1) \leqslant f(x_2) \quad (\text{或 } f(x_1) \geqslant f(x_2)),$$
则称函数 $f(x)$ 在 D 上是**单调增加**(或**单调减少**)的。若上述不等式中的不等号为严格不等号,则称为**严格单调增加**(或**严格单调减少**)的。在定义域上单调增加或单调减少的函数统称为**单调函数**;严格单调增加或严格单调减少的函数统称为**严格单调函数**。如图 1-8 所示。

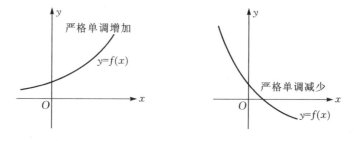

图 1-8

例如,$f(x) = x^2$ 在区间 $[0,+\infty)$ 上是单调增加的,在 $(-\infty,0]$ 上是单调减少的;在 $(-\infty,+\infty)$ 内不是单调的,如图 1-9 所示。而 $f(x) = x^3$ 在 $(-\infty,+\infty)$ 内是单调增加的,如图 1-10 所示。

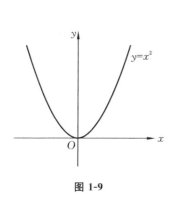

图 1-9

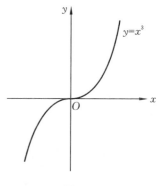

图 1-10

（3）函数的奇偶性

定义 1.5   设函数 $f(x)$ 的定义域 D 关于原点对称。如果对于任一 $x \in D$，有

$$f(-x) = -f(x)$$

恒成立，则称 $f(x)$ 为**奇函数**；如果对于任意 $x \in D$，有

$$f(-x) = f(x)$$

恒成立，则称 $f(x)$ 为**偶函数**。

例如，$f(x) = \cos x$ 是偶函数；$f(x) = \sin x$ 是奇函数；而 $f(x) = \sin x + \cos x$ 既非奇函数，又非偶函数。

在直角坐标系中，奇函数的图象是关于坐标原点对称的，偶函数的图象是关于 y 轴对称，如图 1-11 所示。

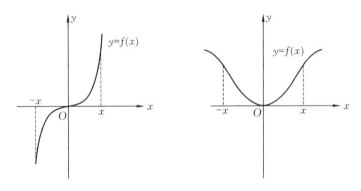

图 1-11

（4）函数的周期性

设函数 $f(x)$ 的定义域为 D，若存在一个不为零的常数 T，使得对任意 $x \in D$，有 $(x+T) \in D$，且 $f(x+T) = f(x)$，则称 $f(x)$ 为**周期函数**，其中常数 T 称为 $f(x)$ 的**周期**，通常，我们说函数的周期是指它的**最小正周期**。

例如，函数 $\sin x, \cos x$ 的周期都是 2π；函数 $\tan x, \cot x$ 的周期都是 π。

并非所有周期函数都有最小正周期，例如，对于狄利克雷函数

$$D(x) = \begin{cases} 1, & \text{当 } x \text{ 为有理数}, \\ 0, & \text{当 } x \text{ 为无理数}, \end{cases}$$

任意正有理数都是它的周期，但不存在最小的正有理数，所以它没有最小正周期。

3. 反函数

在研究两个变量之间的依赖关系时，可以根据问题的需要选择其中一个为自变量，则另一个就是因变量或函数。例如，我们知道温度计中水银柱的高度随着温度的不同而改变，即水银柱高度 h 是温度 t 的函数。而习惯上我们总是以相反的方式使用这一函数，即根据水银柱的高度 h 去确定温度 t，这时温度 t 又成为高度 h 的函数。在数学上我们就把这个

新的函数称为原来函数的**反函数**。严格地讲,就是:

设函数 $y = f(x)$ 的定义域是数集 D,值域是数集 $f(D)$。若对每一个 $y \in f(D)$,都有唯一确定的 $x \in D$ 满足关系 $f(x) = y$,那么我们就得到一个定义在 $f(D)$ 上的新函数,称为 $y = f(x)$ 的反函数,记作

$$x = f^{-1}(y),$$

这个函数的定义域为 $f(D)$,值域为 D,相对于反函数 $x = f^{-1}(y)$ 来说,原来的函数 $y = f(x)$ 称为**直接函数**。

从几何上看,函数 $y = f(x)$ 与其反函数 $x = f^{-1}(y)$ 有同一图象。但人们习惯上用 x 表示自变量,y 表示因变量,因此反函数 $x = f^{-1}(y)$ 常改写成 $y = f^{-1}(x)$。

例如,$y = \dfrac{x}{1+x}$ 的反函数是 $x = \dfrac{y}{1-y}$,改变变量的记号,则得到 $y = \dfrac{x}{1+x}$ 的反函数为 $y = \dfrac{x}{1-x}$。

在同一坐标平面内,直接函数 $y = f(x)$ 和反函数 $y = f^{-1}(x)$ 的图象关于直线 $y = x$ 是对称的,如图 1-12 所示。

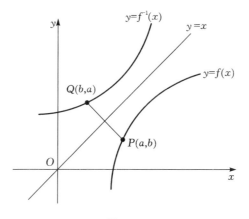

图 1-12

那么,什么样的函数存在反函数呢? 一般地,有如下关于反函数存在的充分条件:

若函数 $y = f(x)$ 定义在某个区间 I 上并在该区间上是严格单调(增加或减少),则它必存在反函数 f^{-1},并且 f^{-1} 也是 $f(D)$ 上的严格单调(增加或减少) 函数。

事实上,若设函数 $y = f(x)(x \in D)$ 的值域为 $f(D)$,则由函数在 D 上的单调性可知,对任一 $y \in f(D)$,D 内必定只有唯一的 x 值,满足 $y = f(x)$,从而推得 $y = f(x)(x \in D)$ 必定存在反函数。

4. 初等函数

1）基本初等函数

下面五类函数都称为**基本初等函数**:

（1）**幂函数**　$y=x^\alpha$（α 为实数），其定义域依 α 的取值而定，如图 1-13、图 1-14 所示。

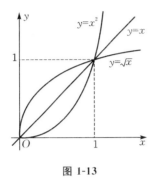

图 1-13

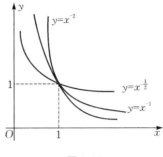

图 1-14

（2）**指数函数**　$y=a^x$（$a>0,a\neq1$），其定义域为 $(-\infty,+\infty)$，值域为 $(0,+\infty)$，且通过 $(0,1)$ 点。当 $a>1$ 时，函数单调增加；当 $0<a<1$ 时，函数单调减少。$y=a^{-x}$ 与 $y=a^x$ 的图形关于 y 轴对称，如图 1-15 所示。

（3）**对数函数**　$y=\log_a x$（$a>0,a\neq1$）是指数函数 $y=a^x$ 的反函数，其定义域为 $(0,+\infty)$，且通过 $(1,0)$ 点。当 $a>1$ 时函数单调增加；当 $0<a<1$ 时函数单调减少，如图 1-16 所示。

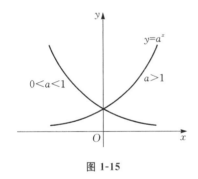

图 1-15

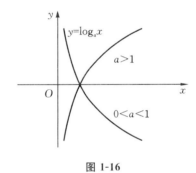

图 1-16

（4）**三角函数**　常用的三角函数如下：

正弦函数　$y=\sin x$，定义域为 $(-\infty,+\infty)$，值域为 $[-1,1]$，是奇函数，且是以 2π 为周期的周期函数。因为 $|\sin x|\leqslant1$，所以它是有界函数，如图 1-17 所示。

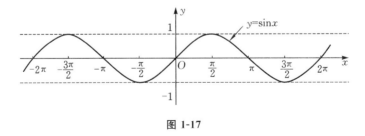

图 1-17

余弦函数　$y=\cos x$，其定义域为 $(-\infty,+\infty)$，值域为 $[-1,1]$，是偶函数，且是以 2π 为周期的周期函数。因为 $|\cos x|\leqslant1$，所以它是有界函数，如图 1-18 所示。

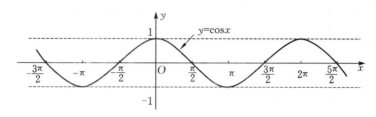

图 1-18

正切函数　$y = \tan x$，其定义域为除去 $x = k\pi + \dfrac{\pi}{2}(k = 0, \pm 1, \pm 2, \cdots)$ 的其他实数，值域为 $(-\infty, +\infty)$，是奇函数，且还是以 π 为周期的周期函数，如图 1-19 所示。

余切函数　$y = \cot x$，其定义域为除去 $x = k\pi(k = 0, \pm 1, \pm 2, \cdots)$ 的其他实数，值域为 $(-\infty, +\infty)$，是奇函数，且还是以 π 为周期的周期函数，如图 1-20 所示。

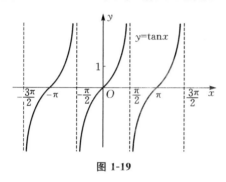

图 1-19

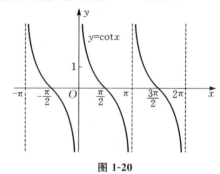

图 1-20

另外，常用的三角函数还有：

正割函数 $y = \sec x = \dfrac{1}{\cos x}$，余割函数 $y = \csc x = \dfrac{1}{\sin x}$。它们都是以 2π 为周期的周期函数。

（5）反三角函数　　三角函数的反函数称为反三角函数。三角函数 $y = \sin x, y = \cos x, y = \tan x, y = \cot x$ 的反函数依次为：

反正弦函数　$y = \text{Arcsin}x$，如图 1-21 所示。

反余弦函数　$y = \text{Arccos}x$，如图 1-22 所示。

反正切函数　$y = \text{Arctan}x$，如图 1-23 所示。

反余切函数　$y = \text{Arccot}x$，如图 1-24 所示。

反三角函数的图形都可由相应的三角函数的图形按反函数作图法的一般规则作出。

这四个反三角函数都是多值函数。但是，我们可以选取这些函数的单值支来研究。例如，把 $\text{Arcsin}x$ 的值限制在闭区间 $\left[-\dfrac{\pi}{2}, \dfrac{\pi}{2}\right]$ 上，称为反正弦函数的**主值**，并记作 $\arcsin x$，这样函数 $y = \arcsin x$ 就是定义在闭区间 $[-1, 1]$ 上的单值函数，且有 $-\dfrac{\pi}{2} \leqslant \arcsin x \leqslant \dfrac{\pi}{2}$。通常我们也称 $y = \arcsin x$ 为反正弦函数，它在闭区间 $[-1, 1]$ 上是单调增加的。

类似地，其他三个反三角函数的主值也称为反余弦函数、反正切函数和反余切函数，它们都是单值函数。这四个反三角函数的定义域、函数值的取值范围、单调性等如下：

反正弦函数 $y = \arcsin x, x \in [-1,1], -\frac{\pi}{2} \leqslant \arcsin x \leqslant \frac{\pi}{2}$，在$[-1,1]$上单调增加，图形如图1-21中实线部分所示。

反余弦函数 $y = \arccos x, x \in [-1,1], 0 \leqslant \arccos x \leqslant \pi$，在$[-1,1]$上单调减少，图形如图1-22中实线部分所示。

反正切函数 $y = \arctan x, x \in (-\infty, +\infty), -\frac{\pi}{2} < \arctan x < \frac{\pi}{2}$，在$(-\infty, +\infty)$内单调增加，图形如图1-23中实线部分所示。

反余切函数 $y = \text{arccot} x, x \in (-\infty, +\infty), 0 < \text{arccot} x < \pi$，在$(-\infty, +\infty)$内单调减少，图形如图1-24中实线部分所示。

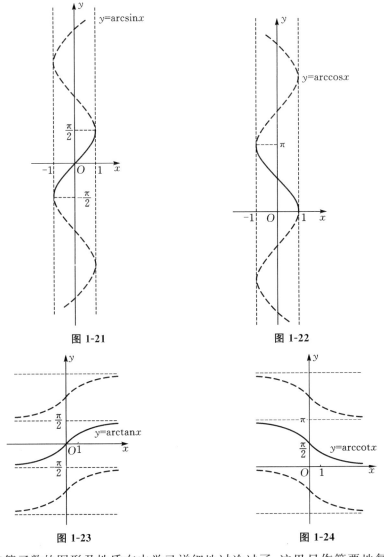

图 1-21   图 1-22

图 1-23   图 1-24

基本初等函数的图形及性质在中学已详细地讨论过了，这里只作简要地复习。要记住它们的表达式、定义域及相应的图形,熟悉它们的各种特性和变化规律。

2) 复合函数

在有些实际问题中,函数的自变量与因变量是通过另外一些变量才建立起它们之间的对应关系的,如高度为一定值的圆柱体的体积与其底面圆半径 r 的关系,就可通过另外一个变量"其底面圆面积 S"建立起对应关系。这就得到复合函数的概念。

定义 1.6　设函数 $y = f(u)$ 的定义域为 $D(f)$,函数 $u = g(x)$ 在 D 上有定义,且 $g(D) \bigcap D(f) \neq \varnothing$,则由下式确定的函数

$$y = f[g(x)]$$

称为由函数 $y = f(u)$ 与函数 $u = g(x)$ 构成的**复合函数**,记作

$$(f \circ g)(x) = f(g(x)),$$

它的定义域为 $\{x \mid g(x) \in D(f)\} \bigcap D$,变量 u 称为**中间变量**。

这里值得注意的是,这里复合函数的定义域不一定是函数 $u = g(x)$ 的定义域 D,$\{x \mid g(x) \in D(f)\} \bigcap D$ 是 D 中所有使得 $g(x) \in D(f)$ 的实数 x 的全体的集合。例如,$y = f(u) = \sqrt{u}, u = g(x) = 1 - x^2$。显然,$g(x)$ 的定义域为 $(-\infty, +\infty)$,而 $D(f) = [0, +\infty)$。因此,$y = f[g(x)] = \sqrt{1 - x^2}$ 的定义域是 $[-1, 1]$,其值域 $R(f \circ g) = [0, 1]$。

3) 初等函数

由常数与基本初等函数经有限次的四则运算和有限次的复合运算所构成并可用一个式子表示的函数统称为**初等函数**。例如

$$y = \sqrt{1 - x^2}, \quad y = \cos^2 x, \quad y = \sqrt{\tan \frac{x}{2}}$$

都是初等函数。

不是初等函数的函数,称为非初等函数,如前面给出的狄利克雷函数。

在应用上,工程和物理学中还经常用到一类初等函数:双曲函数和反双曲函数。

(1) 双曲函数

双曲正弦函数　　$\text{sh} x = \dfrac{e^x - e^{-x}}{2}, x \in (-\infty, +\infty)$。

双曲余弦函数　　$\text{ch} x = \dfrac{e^x + e^{-x}}{2}, x \in (-\infty, +\infty)$。

双曲正切函数　　$\text{th} x = \dfrac{\text{sh} x}{\text{ch} x} = \dfrac{e^x - e^{-x}}{e^x + e^{-x}}, x \in (-\infty, +\infty)$。

其图象如图 1-25 和图 1-26 所示。

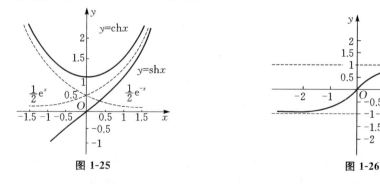

图 1-25　　　　　　　　　　　　　　　　图 1-26

双曲正弦函数的定义域为$(-\infty,+\infty)$,它是奇函数,其图象通过原点$(0,0)$且关于原点对称,在$(-\infty,+\infty)$内单调增加。

双曲余弦函数的定义域为$(-\infty,+\infty)$,它是偶函数,其图象通过点$(0,1)$且关于y轴对称,在$(-\infty,0)$内单调减少,在$(0,+\infty)$内单调增加。

双曲正切函数的定义域为$(-\infty,+\infty)$,它是奇函数,其图象通过原点$(0,0)$且关于原点对称,在$(-\infty,+\infty)$内是单调增加。

由双曲函数的定义,容易验证下列基本公式成立:
$$\operatorname{sh}(x\pm y)=\operatorname{sh}x\operatorname{ch}y\pm\operatorname{ch}x\operatorname{sh}y,$$
$$\operatorname{ch}(x\pm y)=\operatorname{ch}x\operatorname{ch}y\pm\operatorname{sh}x\operatorname{sh}y,$$
$$\operatorname{sh}2x=2\operatorname{sh}x\operatorname{ch}x,$$
$$\operatorname{ch}2x=\operatorname{sh}^2x+\operatorname{ch}^2x=1+2\operatorname{sh}^2x=2\operatorname{ch}^2x-1,$$
$$\operatorname{ch}^2x-\operatorname{sh}^2x=1。$$

（2）反双曲函数

双曲函数的反函数称为反双曲函数,$y=\operatorname{sh}x,y=\operatorname{ch}x$和$y=\operatorname{th}x$的反函数,依次记为

反双曲正弦函数　　$y=\operatorname{arsh}x。$

反双曲余弦函数　　$y=\operatorname{arch}x。$

反双曲正切函数　　$y=\operatorname{arth}x。$

反双曲正弦函数$y=\operatorname{arsh}x$的定义域为$(-\infty,+\infty)$,它是奇函数,在$(-\infty,+\infty)$内单调增加,由$y=\operatorname{sh}x$的图象,根据反函数图象与其所对应的直接函数的图象的关系,可得$y=\operatorname{arsh}x$的图象。利用求反函数的方法,不难得到
$$y=\operatorname{arsh}x=\ln(x+\sqrt{x^2+1})。$$

反双曲余弦函数$y=\operatorname{arch}x$的定义域为$[1,+\infty)$,在$[1,+\infty)$上单调增加,利用求反函数的方法,不难得到
$$y=\operatorname{arch}x=\ln(x+\sqrt{x^2-1})。$$

反双曲正切函数$y=\operatorname{arth}x$的定义域为$(-1,1)$,它在$(-1,1)$内是单调增加的,它是奇函数,其图象关于原点$(0,0)$对称,容易求得
$$y=\operatorname{arth}x=\frac{1}{2}\ln\frac{1+x}{1-x}。$$

5.极坐标简介

（1）极坐标系

在平面直角坐标系中,用二元实数对来确定平面上一点的位置。现在介绍在航海、测量等地理定位问题中常用的另一种坐标系——极坐标系。

一般地,在平面内取一个定点O,称为**极点**,向右方向引一水平射线Ox,称为**极轴**,在Ox上规定长度单位,再选定角度的正方向（通常取逆时针方向）,这样就构成了一个**极坐标系**。对于平面内任意一点P,用ρ表示线段OP的长度,θ表示从Ox到OP的角度,ρ称为点P的**极径**,θ称为点P的**极角**,有序数组(ρ,θ)称为点P的**极坐标**。

建立极坐标系后，对于给定的 ρ 和 θ，就可以在平面内确定唯一一点 P；反过来，给定平面内一点 P，也可以找到它的极坐标 (ρ,θ)。但和直角坐标系不同的是，平面内任意一点的极坐标可以有无数种表示法。

例如，对任意的 θ，$(0,\theta)$ 均表示极点 O。又如 $P\left(6,\dfrac{\pi}{4}\right)$ 以及 $P\left(6,\dfrac{\pi}{4}+2\pi\right)$ 和 $P\left(6,\dfrac{\pi}{4}-2\pi\right)$ 也都表示同一点。这是因为 (ρ,θ) 和 $(\rho,2n\pi+\theta)$（n 为任意整数）是同一点的极坐标。但如果限定 $0\leqslant\theta<2\pi$ 或 $-\pi<\theta\leqslant\pi$，那么除极点外，平面内的点和极坐标就一一对应了。

（2）平面曲线的极坐标方程

在极坐标系中，如果一条平面曲线上每点的极坐标 (ρ,θ) 都满足方程 $F(\rho,\theta)=0$；反之，若以方程 $F(\rho,\theta)=0$ 的解为坐标的点都在曲线上，那么称曲线为方程的图形，方程称为曲线的极坐标方程。有些平面曲线如果用极坐标方程来表示，会比直角坐标方程来得简单。

例 6　圆心在极点 O，半径为 R 的圆的极坐标方程为 $\rho=R$。

例 7　圆心是 $A(a,0)$，半径为 a 的圆的极坐标方程为 $\rho=2a\cos\theta$，如图 1-27 所示。

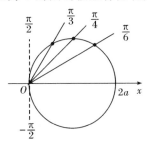

图 1-27

（3）直角坐标系与极坐标系的关系

直角坐标与极坐标可由下列公式相互转换：
$$\begin{cases} x=\rho\cos\theta, \\ y=\rho\sin\theta, \end{cases} \text{其中 } 0\leqslant\rho<\infty,0\leqslant\theta<2\pi(\text{或}-\pi<\theta\leqslant\pi)。$$

从而，在极坐标系下，$f(x,y)=f(\rho\cos\theta,\rho\sin\theta)$，且有 $x^2+y^2=\rho^2$，$\tan\theta=\dfrac{y}{x}(x\neq0)$。

例 8　将曲线的极坐标方程 $\rho=4\sin\theta$ 化为直角坐标方程。

解　将原方程化为 $\rho^2=4\rho\sin\theta$，利用极坐标与直角坐标的关系，得其直角坐标方程为
$$x^2+y^2=4y,$$
该曲线为圆心在 $(0,2)$，半径为 2 的圆。

有时还需将极坐标系问题转化为直角坐标系中的参数方程问题。对于极坐标系中的曲线 $\rho=\rho(\theta)$，对应在直角坐标系中的参数方程为
$$\begin{cases} x=\rho(\theta)\cos\theta, \\ y=\rho(\theta)\sin\theta。 \end{cases}$$

习　题　1.1

1. 下列函数 $f(x)$ 和 $g(x)$ 是否相同,为什么?

(1) $f(x) = \sqrt{x^2}, g(x) = |x|$;　　　　(2) $f(x) = \dfrac{x^2-1}{x-1}$ 与 $g(x) = x+1$;

(3) $f(x) = \sin^2 x + \cos^2 x$ 与 $g(x) = 1$。

2. 求下列函数定义域。

(1) $y = \sqrt{\lg(x-2)}$;　　　　(2) $y = \dfrac{1}{x} - \sqrt{1-x^2}$;

(3) $y = \dfrac{x}{\sqrt{x^2-3x+2}}$;　　　　(4) $y = \sqrt{x-2} + \dfrac{1}{x-3} + \lg(5-x)$;

(5) $y = \arcsin \dfrac{x-1}{2}$;　　　　(6) $y = \dfrac{\lg(3-x)}{\sqrt{|x|-1}}$;

(7) $y = \arccos(2\sin x)$;　　　　(8) $y = \sqrt{4-x} + \arctan \dfrac{1}{x}$。

3. 设 $f(x) = \dfrac{1-x}{1+x}$,求 $f(0), f(-x), f\left(\dfrac{1}{x}\right)$。

4. 设 $f(x) = \begin{cases} 1, & -1 \leqslant x \leqslant 0, \\ x+1, & 0 \leqslant x \leqslant 2, \end{cases}$ 求 $f(x-1)$。

5. 求下列函数的反函数。

(1) $y = \sqrt[3]{x+1}$;　　　　(2) $y = \dfrac{1-x}{1+x}$;

(3) $y = 2\sin 3x$;　　　　(4) $y = \dfrac{e^x - e^{-x}}{2}$。

6. 讨论下列函数在指定区间的单调性。

(1) $y = \dfrac{x}{x-1}$ $(-\infty, 1)$;　　　　(2) $y = x + \ln x$ $(0, +\infty)$。

7. 设下面所考虑的函数都是定义在对称区间 $(-a, a)$ 内的,证明:

(1) 两个偶函数的和是偶函数,两个奇函数的和是奇函数;

(2) 两个偶函数的乘积是偶函数,两个奇函数的乘积是偶函数,偶函数与奇函数的乘积是奇函数。

8. 下列函数可以看成由哪些简单函数复合而成?

(1) $y = \tan 5x$;　　　　(2) $y = \sin^3(4x)$;

(3) $y = (2-3x)^{\frac{1}{2}}$;　　　　(4) $y = \arcsin(\ln x)$;

(5) $y = e^{\cos 2x}$;　　　　(6) $y = \lg \sqrt{1+x^2}$。

9. $f(x) = \sin x, f[\varphi(x)] = 1 - x^2$,求 $\varphi(x)$ 及其定义域。

10. 设火车从甲地出发,以 0.5km/min^2 的匀加速度前进,经过 2min 后开始匀速行驶,再经过 7min 后以 0.5km/min^2 匀减速到达乙站,试求火车在这段时间内所行驶的路程 s 与

时间 t 的函数关系。

11. 作出下列极坐标方程的图形。

(1) $\rho = 3$;

(2) $\theta = \dfrac{\pi}{4}$;

(3) $\rho = a\cos\theta\,(a > 0)$;

(4) $\rho = a(1 - \cos\theta)\,(a > 0)$。

1.2　数列的极限

1.2.1　数列极限的概念

极限概念是由于求某些实际问题的精确解答而产生的。例如,我国古代数学家刘徽(公元 3 世纪)利用圆内接正多边形来推算圆面积的方法 —— 割圆术,就是极限思想在几何学上的应用。

设有一个圆,先作内接正 6 边形,它的面积记为 A_1;再作内接正 12 边形,面积记为 A_2;再作内接正 24 边形,面积记为 A_3;依次下去,每次边数加倍,一般地,把内接正 $6 \times 2^{n-1}$ 边形的面积记为 $A_n(n = 1, 2, \cdots)$。这样,就得到由内接正多边形面积依次排成的数列:

$$A_1, A_2, A_3, \cdots, A_n, \cdots$$

n 越大,内接正多边形与圆的差别就越小,从而以 A_n 作为圆面积的近似值也就越精确。但是无论 n 取多么大,A_n 始终是多边形的面积,而不是圆的面积。设想 n 无限增大(记为 $n \to \infty$,读作 n 趋向于无穷大),即内接正多边形的边数无限增加,在这个过程中,从图形上看,内接正多边形将无限接近于圆,因此从整体上看,内接正多边形的面积 A_n 将无限接近于某一个确定的数值,这个数值就是所要求的圆的面积。在数学上,将这个确定的数值称为数列 $A_1, A_2, \cdots, A_n, \cdots$ 的极限。正是这个数列的极限精确地表达了圆的面积。

在解决实际问题中逐渐形成的这种极限方法,已成为高等数学的一种基本方法,因此有必要做进一步的阐明。

先说明数列的概念。如果按照某一法则,对每个 $n \in \mathbf{N}^+$,对应着一个确定的实数 x_n,这些实数 x_n 按照下标 n 从小到大排列得到的一个序列

$$x_1, x_2, x_3, \cdots, x_n, \cdots$$

称之为**数列**,简记为数列 $\{x_n\}$。数列中的每一个数叫作**数列的项**,第 n 项 x_n 叫作数列的**一般项**。例如,

(1) $2, \dfrac{3}{2}, \dfrac{4}{3}, \dfrac{5}{4}, \cdots, 1 + \dfrac{1}{n}, \cdots$

(2) $0, 2, 0, 2, \cdots, 1 + (-1)^n, \cdots$

(3) $0, \dfrac{3}{2}, \dfrac{2}{3}, \dfrac{5}{4}, \cdots, 1 + (-1)^n\dfrac{1}{n}, \cdots$

(4) $2, 4, 6, 8, \cdots, 2n, \cdots$

(5) $1, 3, 5, 7, \cdots, 2n - 1, \cdots$

在几何上，数列 $\{x_n\}$ 可看作数轴上的一个动点，它依次取数轴上的点 x_1，$x_2,x_3,\cdots,x_n\cdots$。

数列 $\{x_n\}$ 也可看作自变量为正整数 n 的函数：$x_n = f(n)$，$n \in \mathbf{N}^+$。当自变量取 $1,2,3,\cdots,n,\cdots$ 时对应的函数值就是数列 $\{x_n\}$。

我们研究数列 $x_n = 1 + \dfrac{1}{n}$。首先，将数列中的项依次在数轴上描出，如图 1-28 所示。

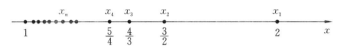

图 1-28

可直观地看出，当 n 越来越大时，对应的项 x_n 会越来越接近于 1，即"当 $n \to \infty$ 时，$x_n \to 1$"。

从变化趋势上看，数列分为两大类：一类是当 $n \to \infty$ 时，x_n 无限地接近某一常数，如数列（1）和（3）；另一类是当 $n \to \infty$ 时，x_n 不趋于任何确定的数，如数列（2）、（4）和（5）。前者我们称为有极限的数列或收敛的数列，后者称为无极限的数列或发散的数列。

若随着 n 的无限变大，x_n 无限地接近某一确定的数值 a，则称常数 a 是数列 $\{x_n\}$ 的极限，或称数列 $\{x_n\}$ 收敛于 a。

上述定义说明了极限的本质：看数列变化的总趋势。但它仅仅是一个定性的描述，而对于无限地接近这种只能靠感觉，却没有定量的刻画，在理论上是不严密的。

如何用量化的数学语言来刻画" $n \to \infty$ "和" $x_n \to a$ "这一事实呢？

x_n 无限接近于 a 等价于 $|x_n - a|$ 无限接近于 0。所谓无限接近于 0，即在 n 无限增大的过程中，$|x_n - a|$ 可以任意小。" $|x_n - a|$ 可以任意小"是指：不论事先指定一个多么小的正数，在 n 无限增大的变化过程中，总有那么一个时刻（也就是 n 增大到一定程度），在该时刻以后，$|x_n - a|$ 总小于那个事先指定的小正数。

下面以数列 $\left\{1 + \dfrac{1}{n}\right\}$ 为例，来说明"当 n 无限增大时，$|x_n - 1|$ 可以任意小"。

对于

$$|x_n - 1| = \left|(1 + \frac{1}{n}) - 1\right| = \left|\frac{1}{n}\right| = \frac{1}{n},$$

给定一个小正数，比如取 $\varepsilon_1 = \dfrac{1}{1000}$，要使得 $|x_n - 1| = \dfrac{1}{n} < \dfrac{1}{1000}$，只需 $n > 1000$ 即可，也就是说在这个数列中，从第 1001 项开始，以后的所有项均满足 $|x_n - 1| < \dfrac{1}{1000}$。

又给 $\varepsilon_2 = \dfrac{1}{10000}$，由类似地讨论知，从第 10001 项开始，以后的各项均满足 $|x_n - 1| < \dfrac{1}{10000}$。

一般地,任给 $\varepsilon > 0$,不论多么小,要使 $|x_n - 1| = \dfrac{1}{n} < \varepsilon$,只需 $\dfrac{1}{n} > \varepsilon$ 即可,因此,从第 $\left[\dfrac{1}{\varepsilon}\right] + 1$ 项开始,以后各项都满足 $|x_n - 1| < \varepsilon$。因 ε 是任意的,这就说明当 n 越来越大时,数列 $\{x_n\}$ 会越来越接近于 1。

一般来说,如果有一个数列 $\{x_n\}$,不论事先指定一个多么小的正数 ε,在 n 无限增大的变化过程中,总有那么一个时刻,即在那个时刻以后,总有那么一项,在那一项以后,$|x_n - a|$ 总小于事先指定的正数 ε,这时我们就称"数列 $\{x_n\}$ 以常数 a 为极限"。

经过上面的分析,可以给出收敛数列及其极限的精确定义。

定义 1.7　设 $\{x_n\}$ 为一数列,如果存在常数 a,对于任意给定的正数 ε（不论它多么小）,总存在正整数 N,使得当 $n > N$ 时,不等式 $|x_n - a| < \varepsilon$ 都成立,那么就称数列 $\{x_n\}$ **收敛于** a,常数 a 称为数列 $\{x_n\}$ 的**极限**。记为 $\lim\limits_{n \to \infty} x_n = a$ 或 $x_n \to a(n \to \infty)$。

如果不存在这样的常数 a,就说数列 $\{x_n\}$ 没有极限,或者说数列 $\{x_n\}$ **是发散的**,习惯上也说极限 $\lim\limits_{n \to \infty} x_n$ 不存在。

定义中的正整数 N 与 ε 有关,一般说来,N 将随 ε 减小而增大,这样的 N 也不是唯一的。显然,如果已经证明了符合要求的 N 存在,则比这个 N 大的任何正整数均符合要求,在以后有关数列极限的叙述中,如无特殊声明,N 均表示正整数。此外,由邻域的定义可知,$x_n \in U(a, \varepsilon)$ 等价于 $|x_n - a| < \varepsilon$。

数列 $\{x_n\}$ 以 a 为极限可做如下几何解释:

将常数 a 及数列 $x_1, x_2, x_3, \cdots, x_n, \cdots$ 在数轴上用它们的对应点表示出来,再在数轴上作点 a 的 ε 邻域,即开区间 $(a - \varepsilon, a + \varepsilon)$,如图 1-29 所示。

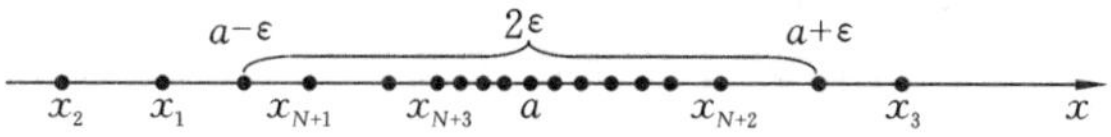

图 1-29

从几何意义上看,当"$n > N$ 时有 $|x_n - a| < \varepsilon$"意味着:所有下标大于 N 的项 x_n 都落在邻域 $U(a, \varepsilon)$ 内,而在 $U(a, \varepsilon)$ 之外,数列 $\{x_n\}$ 中的项至多只有有限个（至多只有 N 个）。

为了记述方便,引入记号"$\forall$",表示"对于任意给定的"或"对于每一个",记号"$\exists$"表示"存在"。于是"对于任意给定的 ε"写成"$\forall \varepsilon > 0$","存在正整数 N"写成"$\exists$ 正整数 N",数列的极限 $\lim\limits_{n \to \infty} x_n = a$ 的定义式可以表示为:

$\lim\limits_{n \to \infty} x_n = a \Leftrightarrow \forall \varepsilon > 0, \exists$ 正整数 N,使得当 $n > N$ 时,有 $|x_n - a| < \varepsilon$。

数列极限的定义并未提供直接求极限的方法,以后将介绍极限的求法。

例 1　证明:$\lim\limits_{n \to \infty} 1 + \dfrac{(-1)^n}{n} = 1$。

证　由于

$$\left| 1 + \frac{(-1)^n}{n} - 1 \right| = \frac{1}{n},$$

因此，对任意给定的 $\varepsilon > 0$，要使 $\left| 1 + \dfrac{(-1)^n}{n} - 1 \right| < \varepsilon$，只要 $\dfrac{1}{n} < \varepsilon$，即 $n > \dfrac{1}{\varepsilon}$。

所以，取 $N = \left[\dfrac{1}{\varepsilon} \right] + 1$，则对任意给定的 $\varepsilon > 0$，当 $n > N$ 时，就有

$$\left| 1 + \frac{(-1)^n}{n} - 1 \right| < \varepsilon,$$

即

$$\lim_{n \to \infty} 1 + \frac{(-1)^n}{n} = 1。$$

例 2   已知 $x_n = \dfrac{(-1)^n}{(n+1)^2}$，证明数列 $\{x_n\}$ 的极限是 0。

证 $|x_n - a| = \left| \dfrac{(-1)^n}{(n+1)^2} - 0 \right| = \dfrac{1}{(n+1)^2} < \dfrac{1}{n+1} < \dfrac{1}{n}$。

$\forall \varepsilon > 0$（设 $\varepsilon < 1$），只要 $\dfrac{1}{n} < \varepsilon$，即 $n > \dfrac{1}{\varepsilon}$，不等式 $|x_n - a| < \varepsilon$ 必定成立。

所以，取 $N = \left[\dfrac{1}{\varepsilon} \right]$，则当 $n > N$ 时就有

$$\left| \frac{(-1)^n}{(n+1)^2} - 0 \right| < \varepsilon,$$

即

$$\lim_{n \to \infty} \frac{(-1)^n}{(n+1)^2} = 0。$$

一般地，在利用定义来证明某个数 a 是数列 $\{x_n\}$ 的极限时，对于任意给定的正数 ε，要能够找出定义中所说的这种正整数 N 确实存在，没有必要去求最小的 N。有时从 $|x_n - a| < \varepsilon$ 直接找出 N 是非常困难的，此时可以先把 $|x_n - a|$ 放大成某个量（这个量是 n 的一个函数），那么当这个量小于 ε 时，$|x_n - a| < \varepsilon$ 当然也成立。当然由放大的这个量小于 ε 来定出 N 是比较容易的，如上面的例子的方法。

例 3   设 $|q| < 1$，证明 $\lim\limits_{n \to \infty} q^{n-1} = 0$。

证 $\forall \varepsilon > 0$（设 $\varepsilon < 1$），因为 $|q^{n-1} - 0| = |q|^{n-1}$，要使 $|q^{n-1} - 0| < \varepsilon$，只要 $|q|^{n-1} < \varepsilon$。

对上式两边取自然对数，得 $(n-1)\ln|q| < \ln\varepsilon$。因为 $|q| < 1$，$\ln|q| < 0$，故 $n > 1 + \dfrac{\ln\varepsilon}{\ln|q|}$。

取 $N = \left[1 + \dfrac{\ln\varepsilon}{\ln|q|} \right]$，则当 $n > N$ 时，就有 $|q^{n-1} - 0| < \varepsilon$，即 $\lim\limits_{n \to \infty} q^{n-1} = 0$。

1.2.2   收敛数列的性质

定理 1.1   （极限的唯一性）如果数列 $\{x_n\}$ 收敛，那么它的极限唯一。

证   用反证法。设数列 $\{x_n\}$ 收敛且同时收敛于 a 和 b，即 $\lim\limits_{n \to \infty} x_n = a$，$\lim\limits_{n \to \infty} x_n = b$，且 $a \neq b$，不妨设 $a < b$，由极限定义，取 $\varepsilon = \dfrac{b-a}{2}$，则 $\exists$ 正整数 N_1，当 $n > N_1$ 时，有 $|x_n - a| < \dfrac{b-a}{2}$，

即

$$\frac{3a-b}{2} < x_n < \frac{a+b}{2}, \tag{1.1}$$

∃ 正整数 N_2，当 $n > N_2$ 时，有 $|x_n - b| < \frac{b-a}{2}$，即

$$\frac{a+b}{2} < x_n < \frac{3b-a}{2}, \tag{1.2}$$

取 $N = \max\{N_1, N_2\}$，则当 $n > N$ 时,(1.1)与(1.2)两式同时成立。但由(1.1)式可得

$$x_n < \frac{a+b}{2}$$

由(1.2)式可得 $x_n > \frac{a+b}{2}$，这是矛盾的，故定理的结论成立。

例 4　设 $x_n = (-1)^{n+1}\ (n=1,2,3,\cdots)$，证明数列 $\{x_n\}$ 是发散的。

证　假设数列 $\{x_n\}$ 收敛，由定理 1.1，它有唯一的极限 a，即 $\lim\limits_{n\to\infty} x_n = a$。取 $\varepsilon = \frac{1}{3}$，∃ 正整数 N，当 $n > N$ 时，恒有

$$|x_n - a| < \frac{1}{3},$$

即 $n > N$ 时，所有的 x_n 都在开区间 $\left(a - \frac{1}{3}, a + \frac{1}{3}\right)$ 内。但这是不可能的，因为 $n \to \infty$ 时，x_n 无休止地取 1 和 -1 两个数，这两个数的距离 $|1 - (-1)| = 2$ 超过了区间长度 $a + \frac{1}{3} - \left(a - \frac{1}{3}\right) = \frac{2}{3}$，故 1 与 -1 不可能同时落入区间 $\left(a - \frac{1}{3}, a + \frac{1}{3}\right)$ 内，因而数列 $\{x_n\}$ 发散。

下面介绍数列有界性的概念。

定义 1.8　设有数列 $\{x_n\}$，若存在正数 M，使对一切 n，有 $|x_n| \leqslant M$，则称数列 $\{x_n\}$ 是**有界**的，否则，称它是**无界**的。

对于数列 $\{x_n\}$，若存在常数 A，使对一切 n，有 $x_n \leqslant A$，则称数列 $\{x_n\}$ 有上界；若存在常数 B，使对一切 n，有 $x_n \geqslant B$，则称数列 $\{x_n\}$ 有下界。

显然，数列 $\{x_n\}$ 有界的**充要条件**是 $\{x_n\}$ 既有上界，又有下界。

定理 1.2　（收敛数列的有界性）如果数列 $\{x_n\}$ 收敛，那么数列 $\{x_n\}$ 一定有界。

证　因为数列 $\{x_n\}$ 收敛，设 $\lim\limits_{n\to\infty} x_n = a$。根据数列极限的定义，对于 $\varepsilon = 1$，∃ 正整数 N，当 $n > N$ 时，不等式 $|x_n - a| < 1$ 都成立，于是当 $n > N$ 时，

$$|x_n| = |x_n - a + a| \leqslant |x_n - a| + |a| < 1 + |a|.$$

取　　　　　$M = \max\{|x_1|, |x_2|, \cdots, |x_N|, 1 + |a|\},$

则对一切的 n，都有 $|x_n| \leqslant M$。这就证明了数列 $\{x_n\}$ 是有界的。

根据上述定理，如果数列 $\{x_n\}$ 无界，那么数列 $\{x_n\}$ 一定发散。但是，此定理的逆命题是不成立的，即如果数列 $\{x_n\}$ 有界，却不能断定数列 $\{x_n\}$ 一定收敛。例如数列 $x_n = (-1)^n$ 有界，但这个数列却是发散的。所以数列有界是数列收敛的必要条件，但不是充分条件。

定理 1.3　（极限的保号性）如果$\lim\limits_{n\to\infty}x_n=a$,且$a>0$（或$a<0$）,那么存在正整数$N$,当$n>N$时,都有$x_n>0$（或$x_n<0$）。

证　只就$a>0$的情形证明。由数列极限的定义,对于$\varepsilon=\dfrac{a}{2}$,存在正整数N,当$n>N$时,有

$$|x_n-a|<\dfrac{a}{2},$$

从而

$$x_n>\dfrac{a}{2}>0。$$

推论 1.1　对于数列$\{x_n\}$,若存在正整数N,当$n>N$时,$x_n\geqslant0$（或$x_n\leqslant0$）,且$\lim\limits_{n\to\infty}x_n=a$,那么$a\geqslant0$（或$a\leqslant0$）。

定理 1.4　（保不等式性）设$\{x_n\}$,$\{y_n\}$的极限都存在,若存在正整数N,使得当$n>N$时,$x_n\geqslant y_n$,则$\lim\limits_{n\to\infty}x_n\geqslant\lim\limits_{n\to\infty}y_n$。

利用反证法和保号性定理很容易证明此定理。

最后,介绍子数列的概念以及关于收敛的数列与其子数列间关系的一个定理。

在数列$\{x_n\}$中任意抽取无限多项并保持这些项在原数列$\{x_n\}$中的先后次序,这样得到的一个数列称为原数列$\{x_n\}$的**子数列**（或**子列**）。

设在数列$\{x_n\}$中,第一次抽取x_{n_1},第二次在x_{n_1}后抽取x_{n_2},第三次在x_{n_2}后抽取x_{n_3},…,这样无休止地抽取下去,得到一个数列

$$x_{n_1},x_{n_2},\cdots,x_{n_k},\cdots$$

这个数列$\{x_{n_k}\}$就是数列$\{x_n\}$的一个子数列。

在子数列$\{x_{n_k}\}$中,x_{n_k}是第k项,而x_{n_k}在数列$\{x_n\}$中却是第n_k项,显然$n_k\geqslant k$。

定理 1.5　（收敛数列与其子数列间的关系）如果数列$\{x_n\}$收敛于a,那么它的任一子数列也收敛,且极限也是a。

证　设数列$\{x_{n_k}\}$是数列$\{x_n\}$的任一子数列。

由于$\lim\limits_{n\to\infty}x_n=a$,故对$\forall\varepsilon>0$,$\exists$正整数$N$,当$n>N$时,$|x_n-a|<\varepsilon$成立。

取$K=N$,则当$k>K$时,$n_k>n_K=n_N\geqslant N$,于是$|x_{n_k}-a|<\varepsilon$。这就证明了$\lim\limits_{k\to\infty}x_{n_k}=a$。

由定理1.5可知,如果数列$\{x_n\}$有两个子列收敛于不同的极限,那么数列$\{x_n\}$是发散的。例如数列$\{(-1)^n\}$（$n=1,2,\cdots$）的子列$\{x_{2k-1}\}$收敛于-1,而子列$\{x_{2k}\}$收敛于1,因此数列$\{(-1)^n\}$（$n=1,2,\cdots$）是发散的。同时此例也说明,发散数列的子列可能收敛。

习　题　1.2

1.下列数列哪些收敛?哪些发散?观察数列一般项的变化趋势,对于收敛数列,写出其极限。

(1)$x_n=\dfrac{1}{3^n}$;　　　　　　　　　　　　(2)$x_n=\dfrac{(-1)^n}{n}$;

$(3) x_n = 1 - \dfrac{1}{n^2}$;

$(4) x_n = \dfrac{n+1}{n-1}$;

$(5) x_n = (-1)^n - \dfrac{1}{n}$;

$(6) x_n = \sin \dfrac{1}{n}$。

2. 利用数列极限的定义证明。

$(1) \lim\limits_{n \to \infty} \dfrac{1}{n^2} = 0$;

$(2) \lim\limits_{n \to \infty} \dfrac{n-1}{2n+1} = \dfrac{1}{2}$。

3. 证明：若 $\lim\limits_{n \to \infty} x_n = a$，则 $\lim\limits_{n \to \infty} |x_n| = |a|$，并举例说明反之未必成立。

4. 设数列 $\{x_n\}$ 有界，又 $\lim\limits_{n \to \infty} y_n = 0$，证明：$\lim\limits_{n \to \infty} x_n y_n = 0$。

1.3　函数的极限

　　函数概念反映了客观事物相互依赖的关系。它是从数量方面来描述这种关系,但在某些实际问题中,仅仅知道函数关系是不够的,还必须考虑在自变量按照某种方式变化时,相应的函数值的变化趋势,即所谓的函数极限,才能使问题得到解决。

　　正如我们对数列极限的定义,数列 $\{x_n\}$ 可看作自变量为正整数 n 的函数:

$$x_n = f(n), \quad n \in \mathbf{N}^+,$$

所以,数列的极限可视为函数极限的特殊类型。如果把数列极限概念中的函数为 $f(n)$ 而自变量的变化过程为 $n \to \infty$ 等特殊性撇开,这样可以引出函数极限的一般概念:在自变量的某个变化过程中,如果对应的函数值无限接近于某个确定的数,那么这个确定的数就叫作在这一变化过程中函数的极限。由于自变量的变化过程不同,函数的极限就表现为不同的形式。根据自变量的不同的变化趋势,主要讨论以下两种情形的极限:

　　(1) 自变量 x 的绝对值 $|x|$ 无限增大即趋向无穷大(记作 $x \to \infty$) 时,对应的函数值 $f(x)$ 的变化情形。

　　(2) 自变量 x 任意地接近于有限值 x_0,或者称 x 趋近于 x_0(记为 $x \to x_0$) 时,对应的函数 $f(x)$ 的变化情形。

1.3.1　函数的极限的定义

1. 自变量趋向于无穷大时函数的极限

当自变量 x 的绝对值无限增大时,函数值无限地接近一个常数的情形与数列极限类似,所不同的只是自变量的变化可以是连续的。因此只要把数列极限中的 n 延伸为连续取值的自变量 x,并让 x 趋向于 $+\infty$,便可引出自变量 $x \to +\infty$ 时函数极限的定义。

　　定义 1.9　设函数 $f(x)$ 定义在 $[a, +\infty)$ 上,如果存在常数 A,若对任给的正数 ε(不论它多么小),总存在正数 X,使得当 $x > X$ 时,对应的函数值 $f(x)$ 都满足不等式

$$|f(x) - A| < \varepsilon,$$

那么,我们称函数 $f(x)$ 当 $x \to +\infty$ 时极限存在并以 A 为极限,记作

$$\lim\limits_{x \to +\infty} f(x) = A \text{ 或 } f(x) \to A (x \to +\infty)。$$

定义 1.9 可以简单地表达为：

$$\lim_{x \to +\infty} f(x) = A \Leftrightarrow \forall \varepsilon > 0, \exists X > 0, \text{当 } x > X \text{ 时，有 } |f(x) - A| < \varepsilon.$$

类似于定义 1.9，我们可定义 x 趋于 $-\infty$ 时函数的极限的概念：设函数 $f(x)$ 在区间 $(-\infty, a]$ 上有定义，如果存在常数 A，$\forall \varepsilon > 0$，$\exists X > 0$，使得当 $x < -X$ 时，总有

$$|f(x) - A| < \varepsilon,$$

则称 $f(x)$ 当 $x \to -\infty$ 时极限存在并以 A 为极限，记作

$$\lim_{x \to -\infty} f(x) = A \text{ 或 } f(x) \to A (x \to -\infty).$$

定义 1.10 设函数 $f(x)$ 当 $|x|$ 大于某一正数时有定义，如果存在常数 A，对于任意给定的正数 ε（不论它多么小），总存在正数 X，使得当 $|x| > X$ 时，对应的函数值 $f(x)$ 都满足不等式

$$|f(x) - A| < \varepsilon,$$

那么，我们称函数 $f(x)$ 当 $x \to \infty$ 时极限存在并以 A 为极限，记作

$$\lim_{x \to \infty} f(x) = A \text{ 或 } f(x) \to A (x \to \infty).$$

从几何上来说，极限 $\lim_{x \to \infty} f(x) = A$ 定义的意义是：对于任意给定的正数 ε，总有一个正数 X，使得在区间 $(-\infty, -X)$ 与 $(X, +\infty)$ 内，函数 $f(x)$ 的图形完全落在直线 $y = A - \varepsilon$ 与 $y = A + \varepsilon$ 之间，如图 1-30 所示。这时直线 $y = A$ 是函数 $y = f(x)$ 的图形的水平渐近线。

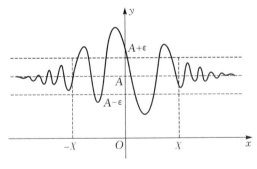

图 1-30

由定义 1.9、定义 1.10 及绝对值性质可得下面的定理：

定理 1.6 $\lim_{x \to \infty} f(x) = A$ 的充要条件是 $\lim_{x \to +\infty} f(x) = \lim_{x \to -\infty} f(x) = A$。

例 1 证明：$\lim_{x \to \infty} \dfrac{1}{x} = 0$。

证 由于 $\left| \dfrac{1}{x} - 0 \right| = \dfrac{1}{|x|}$，$\forall \varepsilon > 0$，要使 $\left| \dfrac{1}{x} - 0 \right| < \varepsilon$，只要 $\dfrac{1}{|x|} < \varepsilon$ 或 $|x| > \dfrac{1}{\varepsilon}$ 即可，所以取 $X = \dfrac{1}{\varepsilon}$，则当 $|x| > X = \dfrac{1}{\varepsilon}$ 时，不等式 $\left| \dfrac{1}{x} - 0 \right| < \varepsilon$ 成立，这就证明了 $\lim_{x \to \infty} \dfrac{1}{x} = 0$。

直线 $y = 0$ 是函数 $y = \dfrac{1}{x}$ 的图形的水平渐近线。

例 2　证明：$\lim\limits_{x\to\infty}\dfrac{\sin x}{x}=0$。

证　由于 $\left|\dfrac{\sin x}{x}-0\right|\leqslant\left|\dfrac{1}{x}\right|$，$\forall\varepsilon>0$，要使 $\left|\dfrac{\sin x}{x}-0\right|<\varepsilon$，只要 $\left|\dfrac{1}{x}\right|<\varepsilon$，即 $|x|>\dfrac{1}{\varepsilon}$ 即可。

因而取 $X=\dfrac{1}{\varepsilon}$，则当 $|x|>X$ 时，有 $\left|\dfrac{\sin x}{x}-0\right|<\varepsilon$，所以 $\lim\limits_{x\to\infty}\dfrac{\sin x}{x}=0$。

2. 自变量趋于有限值时函数的极限

现在考虑自变量的变化过程为 $x\to x_0$。如果当 x 无限接近于 x_0 时，对应的函数 $f(x)$ 的值无限接近于确定的数值 A，则称当 x 趋于 x_0 时，$f(x)$ 以 A 为极限。当然，这里我们首先假定函数 $f(x)$ 在点 x_0 的某个去心邻域内有定义。

在 $x\to x_0$ 的过程中，对应的函数值 $f(x)$ 无限接近于 A，就是 $|f(x)-A|$ 能任意小，或者说，在 x 与 x_0 接近到一定程度（比如 $0<|x-x_0|<\delta,\delta$ 为某一正数）时，$|f(x)-A|$ 可以小于任意给定的（小的）正数 ε，即 $|f(x)-A|<\varepsilon$。反之，对于任意给定的正数 ε，如果 x 与 x_0 接近到一定程度（比如 $0<|x-x_0|<\delta,\delta$ 为某一正数）就有 $|f(x)-A|<\varepsilon$，则能保证当 $x\to x_0$ 时，$f(x)$ 无限接近于 A。

通过以上分析，我们给出 $x\to x_0$ 时函数的极限的定义如下：

定义 1.11　设函数 $f(x)$ 在 x_0 的某个去心邻域内有定义。如果存在常数 A，对任意给定的正数 ε（不论它多么小），总存在正数 δ，使得当 x 满足不等式 $0<|x-x_0|<\delta$（即 $x\in\overset{\circ}{U}(x_0,\delta)$），对应的函数值 $f(x)$ 都满足不等式 $|f(x)-A|<\varepsilon$，那么我们称函数 $f(x)$ 当 x 趋于 x_0 时极限存在且以 A 为极限，记作

$$\lim_{x\to x_0}f(x)=A\ \text{或}\ f(x)\to A(x\to x_0)。$$

如果这样的常数不存在，就称 $x\to x_0$ 时函数 $f(x)$ 没有极限。

定义中 $0<|x-x_0|<\delta$ 为一去心邻域，表示 $x\neq x_0$，说明 $x\to x_0$ 时 $f(x)$ 有没有极限与 $f(x)$ 在点 x_0 是否有定义无关。

定义 1.11 可以简单地表达为：

$\lim\limits_{x\to x_0}f(x)=A\Leftrightarrow\forall\varepsilon>0,\exists\delta>0$，当 $0<|x-x_0|<\delta$ 时，有 $|f(x)-A|<\varepsilon$。

极限 $\lim\limits_{x\to x_0}f(x)=A$ 定义的几何解释为：对任意给定的正数 ε，作平行于 x 轴的直线 $y=A-\varepsilon$ 与 $y=A+\varepsilon$，则总是存在正数 δ，使得在区间 $(x_0-\delta,x_0)$ 与 $(x_0,x_0+\delta)$ 内函数 $y=f(x)$ 的图形全部落在这两条直线之间，如图 1-31 所示。

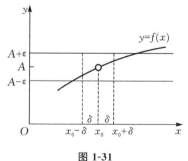

图 1-31

例 3　证明：$\lim\limits_{x \to x_0} c = c$，其中 c 为常数。

证　由于 $|f(x) - A| = |c - c| = 0$，因此 $\forall \varepsilon > 0$，可任取 $\delta > 0$，当 $0 < |x - x_0| < \delta$ 时，有

$$|f(x) - A| = |c - c| = 0 < \varepsilon,$$

所以

$$\lim\limits_{x \to x_0} c = c。$$

例 4　证明：$\lim\limits_{x \to x_0} x = x_0$。

证　由于 $|f(x) - x_0| = |x - x_0|$，因此，$\forall \varepsilon > 0$，取 $\delta = \varepsilon$，当 $0 < |x - x_0| < \delta$ 时，有

$$|f(x) - x_0| = |x - x_0| < \varepsilon$$

成立，所以

$$\lim\limits_{x \to x_0} x = x_0。$$

例 5　证明：$\lim\limits_{x \to 2} (3x - 1) = 5$。

证　对于 $\forall \varepsilon > 0$，要使

$$|(3x - 1) - 5| = 3|x - 2| < \varepsilon,$$

只要 $|x - 2| < \dfrac{\varepsilon}{3}$ 即可。因此，取 $\delta = \dfrac{\varepsilon}{3}$，则当 $0 < |x - 2| < \delta$ 时，有

$$|(3x - 1) - 5| < \varepsilon,$$

从而

$$\lim\limits_{x \to 2} (3x - 1) = 5。$$

例 6　证明：当 $x_0 > 0$ 时，$\lim\limits_{x \to x_0} \sqrt{x} = \sqrt{x_0}$。

证　因为

$$\left| \sqrt{x} - \sqrt{x_0} \right| = \left| \frac{x - x_0}{\sqrt{x} + \sqrt{x_0}} \right| \leqslant \frac{1}{\sqrt{x_0}} |x - x_0|,$$

故 $\forall \varepsilon > 0$，要使 $\left| \sqrt{x} - \sqrt{x_0} \right| < \varepsilon$，只需 $|x - x_0| < \sqrt{x_0}\varepsilon$ 且 $x > 0$，而当 $|x - x_0| < x_0$ 时，一定有 $x > 0$。因此，取 $\delta = \min\{\sqrt{x_0}\varepsilon, x_0\}$，当 $0 < |x - x_0| < \delta$ 时，恒有 $\left| \sqrt{x} - \sqrt{x_0} \right| < \varepsilon$ 成立，所以

$$\lim\limits_{x \to x_0} \sqrt{x} = \sqrt{x_0}。$$

例 7　证明：$\lim\limits_{x \to 2} (x^2 + 1) = 5$。

证　由于

$$|(x^2 + 1) - 5| = |x^2 - 4| = |x + 2||x - 2|,$$

又由于在 $x \to 2$ 变化过程中，当 $|x - 2| < 1$（即 $1 < x < 3$）时，有

$$|x + 2| = |(x - 2) + 4| \leqslant |x - 2| + 4 < 5,$$

故

$$|(x^2 + 1) - 5| = |x + 2||x - 2| < 5|x - 2|,$$

因此 $\forall \varepsilon > 0$，要使 $|(x^2 + 1) - 5| < \varepsilon$，只需 $5|x - 2| < \varepsilon$，即 $|x - 2| < \dfrac{\varepsilon}{5}$。故取

$\delta = \min\left\{1, \dfrac{\varepsilon}{5}\right\}$，当 $0 < |x-2| < \delta$ 时，便有 $|(x^2+1)-5| < \varepsilon$ 恒成立，所以

$$\lim_{x \to 2}(x^2+1) = 5。$$

在 $x \to x_0$ 的过程中，x 既可以是 x_0 左侧的点，也可以是 x_0 右侧的点。但有时函数仅在 x_0 的左邻域（或右邻域）有定义，或者问题中只需要研究当从 x_0 的左侧（或右侧）趋于 x_0 时函数 $f(x)$ 的变化趋势。为此，下面给出左极限与右极限的概念。

如果当 x 从 x_0 的左侧（$x < x_0$）趋向 x_0 时（记作 $x \to x_0^-$），在 $\lim f(x) = A$ 的定义中，把 $0 < |x-x_0| < \delta$ 改为 $x_0 - \delta < x < x_0$，则称 A 是 $f(x)$ 在 $x \to x_0$ 时的**左极限**，记作

$$\lim_{x \to x_0^-} f(x) = A \text{ 或 } f(x_0^-) = A。$$

类似地，在 $\lim_{x \to x_0} f(x) = A$ 的定义中，把 $0 < |x-x_0| < \delta$ 改为 $x_0 < x < x_0 + \delta$，则称 A 是 $f(x)$ 在 $x \to x_0$ 时的**右极限**，记作

$$\lim_{x \to x_0^+} f(x) = A \text{ 或 } f(x_0^+) = A。$$

左极限与右极限统称为**单侧极限**。

如果函数 $f(x)$ 当 $x \to x_0$ 时有极限 A，那么无论 x 从 x_0 的左侧趋于 x_0，还是从 x_0 的右侧趋于 x_0，$f(x)$ 都无限接近于常数 A，则说明 $f(x)$ 在 x_0 处的左右极限都存在且等于 A；如果 $f(x)$ 在 x_0 处左右极限都存在且等于常数 A，这说明当 x 在 x_0 的邻近以任何方式趋于 x_0 时，$f(x)$ 总是无限接近于 A。因此，有结论：

定理 1.7　$\lim\limits_{x \to x_0} f(x) = A$ 的充要条件是 $\lim\limits_{x \to x_0^-} f(x) = \lim\limits_{x \to x_0^+} f(x) = A$。

此定理为我们判断一个函数在某点处的极限是否存在提供了很好的方法，即：一个在 x_0 的去心邻域内有定义的函数 $f(x)$，如果 $f(x_0^-)$ 与 $f(x_0^+)$ 都存在，但不相等，或者 $f(x_0^-)$ 与 $f(x_0^+)$ 中至少有一个不存在，那么就可以断言 $f(x)$ 当 $x \to x_0$ 时极限不存在。

例 8　设 $f(x) = \begin{cases} x-1, & x<0, \\ 0, & x=0, \\ x+1, & x>0。 \end{cases}$ 证明 $\lim\limits_{x \to 0} f(x)$ 不存在。

证　因为

$$\lim_{x \to 0^-} f(x) = \lim_{x \to 0^-}(x-1) = -1, \ \lim_{x \to 0^+} f(x) = \lim_{x \to 0^+}(x+1) = 1,$$

由于 $f(0^-) \neq f(0^+)$，故 $\lim\limits_{x \to 0} f(x)$ 不存在。

例 9　设 $f(x) = \begin{cases} x+b, & x \leqslant 0, \\ \mathrm{e}^x, & x>0, \end{cases}$ 问 b 取何值时，可使极限 $\lim\limits_{x \to 0} f(x)$ 存在？

解　因为

$$\lim_{x \to 0^-} f(x) = \lim_{x \to 0^-}(x+b) = b, \ \lim_{x \to 0^+} f(x) = \lim_{x \to 0^+} \mathrm{e}^x = 1。$$

由定理 1.7 可知，要使 $\lim\limits_{x \to 0} f(x)$ 存在，必须 $\lim\limits_{x \to x_0^+} f(x) = \lim\limits_{x \to x_0^-} f(x)$，因此 $b=1$。

但要注意，并不是所有的分段函数在分段点处的极限都需要分左、右极限来考察。如

例 10　设 $f(x) = \begin{cases} x^2, & x \neq 0, \\ 1, & x = 0, \end{cases}$ 试讨论 $\lim\limits_{x \to 0} f(x)$ 是否存在。

解　因为 $\lim\limits_{x \to 0} f(x) = \lim\limits_{x \to 0} x^2 = 0$，故 $\lim\limits_{x \to 0} f(x)$ 存在。

1.3.2　函数极限的性质

函数极限与数列极限一样，也具有唯一性、有界性、保号性等性质，并且证明方法和几何解释均类似。由于函数自变量变化的过程有各种形式，以下仅以"$\lim\limits_{x \to x_0} f(x)$"这种形式为代表，讨论与函数极限性质有关的定理，并就其中几个给出证明。其他形式的极限也有相应的性质。

定理 1.8　（唯一性）如果 $\lim\limits_{x \to x_0} f(x)$ 存在，那么这个极限唯一。

定理 1.9　（局部有界性）如果 $\lim\limits_{x \to x_0} f(x) = A$，那么存在常数 $M > 0$ 和 $\delta > 0$，使得当 $0 < |x - x_0| < \delta$ 时，有 $|f(x)| \leqslant M$。

证　因为 $\lim\limits_{x \to x_0} f(x) = A$，对于 $\varepsilon = 1$，则 $\exists \delta > 0$，当 $0 < |x - x_0| < \delta$ 时，有
$$|f(x) - A| < 1,$$
可得
$$|f(x)| \leqslant |A| + 1。$$
取 $M = |A| + 1$，则当 $0 < |x - x_0| < \delta$ 时，有 $|f(x)| \leqslant M$。则定理得证。

定理 1.10　（局部保号性）如果 $\lim\limits_{x \to x_0} f(x) = A$，且 $A > 0$（或 $A < 0$），那么存在常数 $\delta > 0$，使得当 $0 < |x - x_0| < \delta$ 时，有 $f(x) > 0$（或 $f(x) < 0$）。

证　只就 $A > 0$ 情形证明。

因为 $\lim\limits_{x \to x_0} f(x) = A > 0$，所以取 $\varepsilon = \dfrac{A}{2} > 0$，则 $\exists \delta > 0$，当 $0 < |x - x_0| < \delta$ 时，有
$$|f(x) - A| < \frac{A}{2} \Rightarrow f(x) > A - \frac{A}{2} = \frac{A}{2} > 0。$$

类似地可以证明 $A < 0$ 的情形。

从定理 1.10 的证明中可知，在定理 1.10 的条件下，可得下面更强的结论：

定理1.11　如果 $\lim\limits_{x \to x_0} f(x) = A (A \neq 0)$，那么就存在着 x_0 的某一去心邻域 $\mathring{U}(x_0)$，当 $x \in \mathring{U}(x_0)$ 时，就有
$$|f(x)| > \frac{|A|}{2}。$$

由定理 1.10，易得以下推论。

推论 1.2　如果在 x_0 的某一去心邻域内 $f(x) \geqslant 0$（或 $f(x) \leqslant 0$），且 $\lim\limits_{x \to x_0} f(x) = A$，那么 $A \geqslant 0$（或 $A \leqslant 0$）。

定理 1.12　（函数极限与数列极限的关系）如果极限 $\lim\limits_{x \to x_0} f(x)$ 存在，$\{x_n\}$ 为函数

$f(x)$ 定义域内任一收敛于 x_0 的数列,且 $x_n \neq x_0 (n \in \mathbf{N}^+)$,那么相应的函数值数列 $\{f(x_n)\}$ 必收敛,且 $\lim\limits_{n \to \infty} f(x_n) = \lim\limits_{x \to x_0} f(x)$。

证　设 $\lim\limits_{x \to x_0} f(x) = A$,则 $\forall \varepsilon > 0, \exists \delta > 0$,当 $0 < |x - x_0| < \delta$ 时,恒有 $|f(x) - A| < \varepsilon$ 成立。

又因为 $\lim\limits_{n \to \infty} x_n = x_0$,所以对于上述的 $\delta > 0$,$\exists N \in \mathbf{N}^+$,当 $n > N$ 时,恒有 $|x_n - x_0| < \delta$ 成立。

又 $x_n \neq x_0 (n \in \mathbf{N}^+)$,当 $n > N$ 时,有 $0 < |x_n - x_0| < \delta \Rightarrow |f(x_n) - A| < \varepsilon$ 成立,所以 $\lim\limits_{n \to \infty} f(x_n) = A$。

习　题　1.3

1. 观察下列函数在给定自变量的变化趋势下是否有极限,如果有极限,写出它们的极限。

(1) $x \sin \dfrac{1}{x} (x \to 0)$;

(2) $\cos x (x \to \infty)$;

(3) $\operatorname{arccot} x (x \to 0)$;

(4) $\arctan x (x \to +\infty)$。

2. 用函数极限的定义证明。

(1) $\lim\limits_{x \to +\infty} \dfrac{\sin x}{\sqrt{x}} = 0$;

(2) $\lim\limits_{x \to \infty} \dfrac{3x^2 - 1}{x^2 + 4} = 3$;

(3) $\lim\limits_{x \to 2} (2x - 1) = 3$;

(4) $\lim\limits_{x \to -2} \dfrac{x^2 - 4}{x + 2} = -4$。

3. 选择题。

(1) 设 $f(x) = \begin{cases} 3x + 2, & x \leqslant 0, \\ x^2 - 2, & x > 0, \end{cases}$ 则 $\lim\limits_{x \to 0^+} f(x) = ($　　$)$。

(A) 2　　　　　(B) -2　　　　　(C) 1　　　　　(D) 0

(2) 设 $f(x) = |x|$,则 $\lim\limits_{x \to 1} f(x) = ($　　$)$。

(A) -1　　　　(B) 1　　　　　(C) 0　　　　　(D) 不存在

(3) $f(x_0^+)$ 与 $f(x_0^-)$ 都存在是函数 $f(x)$ 在点 $x = x_0$ 处有极限的($\quad$)。

(A) 必要条件　　　　　　　　(B) 充分条件

(C) 充要条件　　　　　　　　(D) 无关条件

(4) 函数 $f(x)$ 在点 $x = x_0$ 处有定义是当 $x \to x_0$ 时 $f(x)$ 有极限的($\quad$)。

(A) 必要条件　　　　　　　　(B) 充分条件

(C) 充分必要条件　　　　　　(D) 无关条件

(5) 设 $f(x) = \dfrac{|x - 1|}{x - 1}$,则 $\lim\limits_{x \to 1} f(x) = ($　　$)$。

(A) 0　　　　　(B) -1　　　　(C) 1　　　　　(D) 不存在

4. 证明:$\lim\limits_{x \to \infty} \arctan x$ 不存在。

5. 证明:函数 $f(x) = |x|$ 当 $x \to 0$ 时极限为零。

1.4   无穷小量与无穷大量

1.4.1   无穷小量及其性质

1. 无穷小量的概念

定义 1.12   如果函数 $f(x)$ 当 $x \to x_0$(或 $x \to \infty$)时的极限为零,则称函数 $f(x)$ 为当 $x \to x_0$(或 $x \to \infty$)时的**无穷小量**,简称无穷小。

例如,(1) $\lim\limits_{x \to \infty} \dfrac{1}{x^2} = 0$,所以函数 $\dfrac{1}{x^2}$ 为 $x \to \infty$ 时的无穷小量;

(2) $\lim\limits_{x \to 2}(x^2 - 4) = 0$,所以函数 $x^2 - 4$ 为 $x \to 2$ 时的无穷小量;

(3) $\lim\limits_{n \to \infty} \dfrac{2}{n+1} = 0$,所以数列 $\left\{\dfrac{2}{n+1}\right\}$ 为 $n \to \infty$ 时的无穷小量。

注   (1) 判定一个函数 $f(x)$ 是否为无穷小,必须针对自变量 x 的某一具体变化过程。例如,当 $x \to \infty$ 时,$\dfrac{1}{x}$ 是无穷小量;但当 $x \to 1$ 时,$\dfrac{1}{x}$ 便不是无穷小量。

(2) 无穷小量不能理解为非常非常小的数,因为这个数再小,它的极限总等于它本身(见前例 $\lim\limits_{x \to x_0} c = c$),不等于 0。常数中只有 0 是无穷小量,且它在 x 的任何变化过程中,总是无穷小量,这是一个特例。

无穷小与函数极限有着紧密的联系,下面的定理说明了无穷小量与函数极限的关系。

定理 1.13 $\lim\limits_{\substack{x \to x_0 \\ (\text{或} x \to \infty)}} f(x) = A$ 的充要条件是 $f(x) = A + \alpha(x)$,其中 $\alpha(x)$ 为该极限过程中的无穷小量。

证   为方便起见,仅对 $x \to x_0$ 的情形证明,其他极限过程可仿此进行证明。

必要性:设 $\lim\limits_{x \to x_0} f(x) = A$,则 $\forall \varepsilon > 0$,$\exists \delta > 0$,当 $0 < |x - x_0| < \delta$ 时,有
$$|f(x) - A| < \varepsilon,$$

令 $\alpha(x) = f(x) - A$,由极限定义可知,$\lim\limits_{x \to x_0} \alpha(x) = 0$,即 $\alpha(x)$ 是 $x \to x_0$ 时的无穷小量,且
$$f(x) = A + \alpha(x)。$$

充分性:设 $f(x) = A + \alpha(x)$,其中 A 是常数,$\alpha(x)$ 是 $x \to x_0$ 的无穷小,于是
$$|f(x) - A| = |\alpha(x)|,$$

因 $\alpha(x)$ 是 $x \to x_0$ 的无穷小,所以 $\forall \varepsilon > 0$,$\exists \delta > 0$,当 $0 < |x - x_0| < \delta$ 时,有 $|\alpha(x)| < \varepsilon$,即
$$|f(x) - A| < \varepsilon。$$

这就证明了 A 是 $f(x)$ 当 $x \to x_0$ 时的极限。

2. 无穷小量的性质

性质 1   在某一极限过程中,如果 $\alpha(x)$,$\beta(x)$ 是无穷小量,则 $\alpha(x) \pm \beta(x)$ 也是无穷小量。

证　我们只证 $x \to x_0$ 的情形，其他情形证法类似。

由于 $x \to x_0$ 时，$\alpha(x)$，$\beta(x)$ 均为无穷小量，故 $\forall \varepsilon > 0$，$\exists \delta_1 > 0$，当 $0 < |x - x_0| < \delta_1$ 时，

$$|\alpha(x)| < \frac{\varepsilon}{2}, \tag{1.3}$$

$\exists \delta_2 > 0$，当 $0 < |x - x_0| < \delta_2$ 时，

$$|\beta(x)| < \frac{\varepsilon}{2}, \tag{1.4}$$

取 $\delta = \min\{\delta_1, \delta_2\}$，则当 $0 < |x - x_0| < \delta$ 时，(1.3)(1.4) 两式同时成立，因此

$$|\alpha(x) \pm \beta(x)| \leqslant |\alpha(x)| + |\beta(x)| < \frac{\varepsilon}{2} + \frac{\varepsilon}{2} = \varepsilon.$$

由无穷小量的定义可知，$x \to x_0$ 时，$\alpha(x) \pm \beta(x)$ 为无穷小量。

推论 1.3　在同一极限过程中的有限个无穷小量的代数和仍为无穷小量。

性质 2　在某一极限过程中，若 $\alpha(x)$ 是无穷小量，$f(x)$ 是有界变量，则 $\alpha(x)f(x)$ 仍是无穷小量。

证　我们只证 $x \to \infty$ 时的情形，其他情形证法类似。

因为 $f(x)$ 为有界函数，则存在 $M > 0$，$X_1 > 0$，当 $|x| > X_1$ 时，有

$$|f(x)| \leqslant M.$$

又因 $\alpha(x)$ 为 $x \to \infty$ 时的无穷小量，即 $\lim\limits_{x \to \infty} \alpha(x) = 0$，则 $\forall \varepsilon > 0$，$\exists X_2 > 0$，使得当 $|x| > X_2$ 时，有

$$|\alpha(x)| < \frac{\varepsilon}{M},$$

取 $X = \max\{X_1, X_2\}$，则对于上述任给的正数 ε，当 $|x| > X$ 时，有

$$|\alpha(x)f(x)| < \frac{\varepsilon}{M}M = \varepsilon.$$

这就证明了当 $x \to \infty$ 时，$\alpha(x)f(x)$ 是无穷小量。

推论 1.4　常数与无穷小的乘积是无穷小。

推论 1.5　有限个无穷小的乘积是无穷小。

在运用上述结论时要注意定理的条件。例如，无穷多个无穷小量之和就不一定是无穷小量，如 $\lim\limits_{n \to \infty} (\underbrace{\frac{1}{n} + \frac{1}{n} + \cdots + \frac{1}{n}}_{n\text{个}}) = 1$，即当 $n \to \infty$ 时，$(\underbrace{\frac{1}{n} + \frac{1}{n} + \cdots + \frac{1}{n}}_{n\text{个}})$ 不是无穷小。

再如无穷小与有界函数、常数、无穷小的乘积都是无穷小，但不能认为无穷小量与任何量的乘积都是无穷小。例如当 $x \to 0$ 时，$x \frac{1}{x^2} = \frac{1}{x}$ 就不是无穷小量。

例 1　求极限 $\lim\limits_{x \to 0} x \sin \frac{1}{x}$。

解　由于

$$\left| \sin \frac{1}{x} \right| \leqslant 1 (x \neq 0),$$

故 $\sin\dfrac{1}{x}$ 在 $x=0$ 的任一去心邻域内是有界的,而函数 x 当 $x\to0$ 时是无穷小,由性质2知

函数 $x\sin\dfrac{1}{x}$ 是 $x\to0$ 时的无穷小,即 $\lim\limits_{x\to0}x\sin\dfrac{1}{x}=0$。

1.4.2   无穷大量

如果当 $x\to x_0$(或 $x\to\infty$)时,对应的函数绝对值 $|f(x)|$ 无限增大,就称函数 $f(x)$ 为当 $x\to x_0$(或 $x\to\infty$) 时的无穷大。精确地说,就是:

定义 1.13   函数 $f(x)$ 在某 $\overset{\circ}{U}(x_0)$ 内有定义(或 $|x|$ 大于某一正数时有定义)。如果对于任意给定的正数 M(不论它有多么大),总存在正数 δ(或正数 X),只要 x 适合 $0<|x-x_0|<\delta$(或 $|x|>X$)时,对应的函数值 $f(x)$ 总满足不等式 $|f(x)|>M$,则称函数 $f(x)$ 为当 $x\to x_0$(或 $x\to\infty$) 时的**无穷大量**,简称**无穷大**。

当 $x\to x_0$(或 $x\to\infty$)时的无穷大的函数 $f(x)$,按函数极限的定义,它的极限是不存在的。但是,与其他"极限不存在"的情况不同的是,无穷大有确定的变化趋势——绝对值无限增大。为了便于叙述函数的这一性态,我们也说"函数极限是无穷大",并记作

$$\lim_{x\to x_0}f(x)=\infty\;(\text{或}\lim_{x\to\infty}f(x)=\infty)。$$

如果在无穷大的定义中,把 $|f(x)|>M$ 换成 $f(x)>M$(或 $f(x)<-M$),就记作

$$\lim_{\substack{x\to x_0\\(x\to\infty)}}f(x)=+\infty\;(\text{或}\lim_{\substack{x\to x_0\\(x\to\infty)}}f(x)=-\infty)。$$

对于其他极限过程都可类似地给出无穷大量的定义。必须注意,无穷大 ∞ 不是数,而是变量,是一种变化趋势,不可与很大很大的数混为一谈。

例 2   证明:$\lim\limits_{x\to1}\dfrac{1}{x-1}=\infty$(图 1-32)。

证   设 $\forall M>0$,要使 $\left|\dfrac{1}{x-1}\right|>M$,只要 $|x-1|<\dfrac{1}{M}$。所以,取 $\delta=\dfrac{1}{M}$,则只要当 $0<|x-1|<\delta$ 时,就有 $\left|\dfrac{1}{x-1}\right|>M$,即 $\lim\limits_{x\to1}\dfrac{1}{x-1}=\infty$。

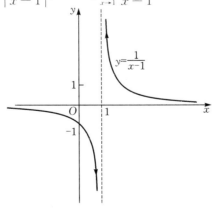

图 1-32

直线 $x=1$ 是函数 $y=\dfrac{1}{x-1}$ 的图形的铅直渐近线。

一般来说,如果 $\lim\limits_{x\to x_0}f(x)=\infty$,则直线 $x=x_0$ 是函数 $y=f(x)$ 的图形的铅直渐近线。

应该注意,称一个函数为无穷大量时,必须明确地指出自变量的变化趋势。对于一个函数,一般来说,自变量趋向不同会导致函数值的趋向不同。例如函数 $f(x)=\dfrac{1}{x-1}$,当 $x\to1$ 时,它是一个无穷大量,而当 $x\to\infty$ 时,它趋于零。

由无穷大量的定义可知,在某一极限过程中的无穷大量必是无界的,但其逆命题不成立。例如,从函数 $f(x)=x\sin x$ 的图象可以看出 $x\sin x$ 在区间 $[0,+\infty)$ 上无界,但这函数当 $x\to+\infty$ 时不是无穷大量。

下面定理给出了无穷大量与无穷小量之间的关系。

定理 1.14　在自变量的同一变化过程中,如果 $f(x)$ 为无穷大,则 $\dfrac{1}{f(x)}$ 为无穷小;如果 $f(x)$ 是无穷小且 $f(x)\neq0$,则 $\dfrac{1}{f(x)}$ 是无穷大。

证　设 $\lim\limits_{x\to x_0}f(x)=\infty$。$\forall\varepsilon>0$,根据无穷大的定义,对于 $M=\dfrac{1}{\varepsilon}$,$\exists\delta>0$,当 $0<|x-x_0|<\delta$ 时,有
$$|f(x)|>M=\frac{1}{\varepsilon},$$
即
$$\left|\frac{1}{f(x)}\right|<\varepsilon,$$
所以 $\dfrac{1}{f(x)}$ 为当 $x\to x_0$ 时的无穷小。

反之,设 $\lim\limits_{x\to x_0}f(x)=0$,且 $f(x)\neq0$。$\forall M>0$,根据无穷小的定义,对于 $\varepsilon=\dfrac{1}{M}$,$\exists\delta>0$,当 $0<|x-x_0|<\delta$ 时,有
$$|f(x)|<\varepsilon=\frac{1}{M},$$
由于当 $0<|x-x_0|<\delta$ 时 $f(x)\neq0$,从而
$$\left|\frac{1}{f(x)}\right|>M,$$
所以, $\dfrac{1}{f(x)}$ 为当 $x\to x_0$ 时的无穷大。

类似地可以证明当 $x\to\infty$ 时的情况。

习　题　1.4

1.选择题。

(1) 设 α 和 β 分别是自变量同一变化过程中的无穷小量与无穷大量,则 $\alpha+\beta$ 是这一变化过程中的(　　)。

　　(A) 无穷小量　　　　(B) 有界变量　　　　(C) 常量　　　　(D) 无穷大量

(2) 设 α 和 β 分别是自变量同一变化过程中的无穷大量，则 $\alpha - \beta$ 是这一变化过程中的(　　)。

　　(A) 无穷小量　　　　(B) 无穷大量　　　　(C) 有界变量　　(D) 以上都不对

(3) "当 $x \to x_0$ 时，$f(x) - A$ 是一个无穷小量"是"函数 $f(x)$ 在点 $x \to x_0$ 时以 A 为极限"的(　　)。

　　(A) 必要而不充分条件　　　　　　　(B) 充分而不必要的条件

　　(C) 充分必要条件　　　　　　　　　(D) 无关条件

(4) 当 $x \to \infty$ 时，$\dfrac{\sin x}{x}$ 是(　　)。

　　(A) 无穷小量　　　　(B) 无穷大量　　　　(C) 无界变量　　(D) 有界变量

2. 求下列极限。

(1) $\lim\limits_{x \to \infty} \dfrac{1}{x^3 + 1}$;

(2) $\lim\limits_{x \to \infty} \dfrac{2x + 1}{x}$;

(3) $\lim\limits_{x \to 1} \dfrac{x + 1}{x^2 - 1}$;

(4) $\lim\limits_{x \to 0} \dfrac{1 - x^2}{1 - x}$;

(5) $\lim\limits_{x \to 0} x^2 \sin \dfrac{1}{x}$;

(6) $\lim\limits_{x \to \infty} \dfrac{\arctan x}{x}$。

3. 函数 $x\cos x$ 在 $(-\infty, +\infty)$ 内是否有界? 当 $x \to +\infty$ 时，函数是否为无穷大? 为什么?

4. 求函数 $f(x) = \dfrac{4}{2 - x^2}$ 的图形的渐近线。

1.5　极限的运算法则

　　前面介绍了极限的定义，极限的定义只能验证某个常数是否是某个函数的极限，而没有具体给出求函数极限的方法。本节介绍的极限的运算法则可使我们从一些简单的函数极限出发，计算比较复杂的函数极限。

1.5.1　极限的四则运算法则

　　在下面的讨论中，记号"lim"下面没有标明自变量的变化过程，实际上，下面的定理对 $x \to x_0$ 及 $x \to \infty$ 都是成立的。在同一命题中，考虑的是自变量 x 的同一变化过程。

　　定理 1.15　若 $\lim f(x) = A$，$\lim f(x) = B$，则

(1) $\lim[f(x) \pm g(x)] = \lim f(x) \pm \lim g(x) = A \pm B$;

(2) $\lim f(x)g(x) = \lim f(x) \lim g(x) = AB$;

(3) 若 $B \neq 0$，则有 $\lim \dfrac{f(x)}{g(x)} = \dfrac{\lim f(x)}{\lim g(x)} = \dfrac{A}{B}$。

　　证　只证(1)。因为

$$\lim f(x) = A, \quad \lim f(x) = B,$$

由定理 1.13 有
$$f(x) = A + \alpha(x), g(x) = B + \beta(x),$$
其中 $\alpha(x)$ 和 $\beta(x)$ 为同一变化过程中的无穷小。于是
$$f(x) \pm g(x) = [A + \alpha(x)] \pm [B + \beta(x)] = (A \pm B) + [\alpha(x) \pm \beta(x)],$$
因为 $\alpha(x) + \beta(x)$ 是无穷小，由定理 1.13 得
$$\lim[f(x) \pm g(x)] = A \pm B = \lim f(x) \pm \lim g(x)。$$
（2）和（3）的证明过程留给读者作为练习。

定理 1.15 中的（1）和（2）可推广到有限个函数的情形。例如，如果 $\lim f(x), \lim g(x),$ $\lim h(x)$ 都存在，则有
$$\lim[f(x) \pm g(x) \pm h(x)] = \lim f(x) \pm \lim g(x) \pm \lim h(x);$$
$$\lim[f(x) \cdot g(x) \cdot h(x)] = \lim f(x) \cdot \lim g(x) \cdot \lim h(x)。$$
由上述定理易于推得：

推论 1.6　若 $\lim f(x)$ 存在，而 C 为常数，则
$$\lim[Cf(x)] = C\lim f(x)。$$
这说明，求极限时，常数因子可以提到极限符号外面，这是因为 $\lim C = C$。

推论 1.7　若 $\lim f(x) = A, n \in \mathbf{N}^+$，则
$$\lim[f(x)]^n = [\lim f(x)]^n。$$

这是因为
$$\lim[f(x)]^n = \lim[f(x) \cdot f(x) \cdot \cdots \cdot f(x)]$$
$$= \lim f(x) \cdot \lim f(x) \cdot \cdots \cdot \lim f(x) = [\lim f(x)]^n。$$

对于数列，也有类似的极限四则运算法则。

定理 1.16　设有数列 $\{x_n\}$ 和 $\{y_n\}$，如果
$$\lim_{n \to \infty} x_n = A, \lim_{n \to \infty} y_n = B,$$
那么

（1）$\lim\limits_{n \to \infty}(x_n \pm y_n) = \lim\limits_{n \to \infty} x_n \pm \lim\limits_{n \to \infty} y_n = A \pm B$；

（2）$\lim\limits_{n \to \infty} x_n y_n = \lim\limits_{n \to \infty} x_n \lim\limits_{n \to \infty} y_n = AB$；

（3）若 $B \neq 0$，则 $\lim\limits_{n \to \infty} \dfrac{x_n}{y_n} = \dfrac{A}{B}$。

证明略。

例 1　求 $\lim\limits_{x \to 1}(2x^2 - 4x + 1)$。

解　$\lim\limits_{x \to 1}(2x^2 - 4x + 1) = \lim\limits_{x \to 1} 2x^2 - \lim\limits_{x \to 1} 4x + \lim\limits_{x \to 1} 1 = 2\lim\limits_{x \to 1} x^2 - 4\lim\limits_{x \to 1} x + 1$
$$= 2(\lim_{x \to 1} x)^2 - 4 + 1 = 2 - 4 + 1 = -1。$$

例 2　求 $\lim\limits_{x \to 2} \dfrac{x^3 - 1}{x^2 - 5x + 3}$。

解　这里分母的极限不为零，故

$$\lim_{x \to 2} \frac{x^3-1}{x^2-5x+3} = \frac{\lim_{x \to 2}(x^3-1)}{\lim_{x \to 2}(x^2-5x+3)} = \frac{\lim_{x \to 2}x^3 - \lim_{x \to 2}1}{\lim_{x \to 2}x^2 - 5\lim_{x \to 2}x + \lim_{x \to 2}3}$$

$$= \frac{(\lim_{x \to 2}x)^3 - 1}{(\lim_{x \to 2}x)^2 - 5 \times 2 + 3} = \frac{2^3-1}{2^2-10+3} = -\frac{7}{3}.$$

从以上两例可以看出:若 $f(x)$ 为多项式函数或当 $x \to x_0$ 时分母的极限不为零的分式函数,根据极限的运算法则可以得出

$$\lim_{x \to x_0} f(x) = f(x_0).$$

注意　在使用极限的四则运算法则时,要注意法则的条件:各函数的极限都存在;分式中分母的极限不为零。对于不满足这些条件的函数式求极限时,不能直接应用四则运算法则。这时通常会用到诸如因式分解、分式化简、根式有理化等知识对函数式进行恒等变形的处理之后再计算极限。

例3　求 $\lim_{x \to 3} \frac{x-3}{x^2-9}$。

解　由于 $x \to 3$ 时,$x \neq 3$,故可消去分子分母的公因式 $x-3$,得

$$\lim_{x \to 3} \frac{x-3}{x^2-9} = \lim_{x \to 3} \frac{1}{x+3} = \frac{1}{6}.$$

例4　求 $\lim_{x \to 2}(\frac{x^2}{x^2-4} - \frac{1}{x-2})$。

解　$\lim_{x \to 2}(\frac{x^2}{x^2-4} - \frac{1}{x-2}) = \lim_{x \to 2} \frac{x^2-x-2}{x^2-4} = \lim_{x \to 2} \frac{(x-2)(x+1)}{(x-2)(x+2)}$

$$= \lim_{x \to 2} \frac{x+1}{x+2} = \frac{3}{4}.$$

例5　求 $\lim_{x \to 0} \frac{\sqrt{1+x}-1}{3x}$。

解　此极限仍属于"$\frac{0}{0}$"型,可采用根式有理化的办法去掉分母中的"零因子",那么

$$\lim_{x \to 0} \frac{\sqrt{1+x}-1}{3x} = \lim_{x \to 0} \frac{(\sqrt{1+x}-1)(\sqrt{1+x}+1)}{3x(\sqrt{1+x}+1)} = \lim_{x \to 0} \frac{x}{3x(\sqrt{1+x}+1)}$$

$$= \frac{1}{3} \lim_{x \to 0} \frac{1}{\sqrt{1+x}+1} = \frac{1}{6}.$$

例6　求 $\lim_{x \to \infty} \frac{3x^2+4}{9x^2-2x+8}$。

解　注意到当 $x \to \infty$ 时,分子和分母的极限都不存在,故不能用商的极限运算法则。现将分子分母同除以 x^2,得

$$\lim_{x \to \infty} \frac{3x^2+4}{9x^2-2x+8} = \lim_{x \to \infty} \frac{3+\frac{4}{x^2}}{9-\frac{2}{x}+\frac{8}{x^2}} = \frac{3+0}{9-0+0} = \frac{1}{3}.$$

例 7　求 $\lim\limits_{x \to \infty} \dfrac{6x^2 - 2x + 7}{3x^3 - x^2 + 1}$。

解　分子分母同除以 x^3，得

$$\lim_{x \to \infty} \frac{6x^2 - 2x + 7}{3x^3 - x^2 + 1} = \lim_{x \to \infty} \frac{\dfrac{6}{x} - \dfrac{2}{x^2} + \dfrac{7}{x^3}}{3 - \dfrac{1}{x} + \dfrac{1}{x^3}} = \frac{0}{3} = 0。$$

例 8　求 $\lim\limits_{x \to \infty} \dfrac{3x^3 - x^2 + 1}{6x^2 - 2x + 7}$。

解　应用例 7 的结果并根据定理 1.14，得

$$\lim_{x \to \infty} \frac{3x^3 - x^2 + 1}{6x^2 - 2x + 7} = \infty。$$

由例 6、例 7、例 8 可推得一般结论：当 $a_0 \neq 0, b_0 \neq 0, m$ 和 n 为正整数时，有

$$\lim_{x \to \infty} \frac{a_0 x^n + a_1 x^{n-1} + \cdots + a_n}{b_0 x^m + b_1 x^{m-1} + \cdots + b_m} = \begin{cases} 0, & m > n, \\ \dfrac{a_0}{b_0}, & m = n, \\ \infty, & m < n。 \end{cases}$$

1.5.2　复合函数的极限运算法则

定理 1.17　（复合函数的极限运算法则）设函数 $y = f[\varphi(x)]$ 是由函数 $y = f(u)$ 与函数 $u = \varphi(x)$ 复合而成，且在点 x_0 的某个去心邻域内有定义，若 $\lim\limits_{x \to x_0} \varphi(x) = u_0$，且存在 $\delta_0 > 0$，当 $0 < |x - x_0| < \delta_0$ 时，有 $\varphi(x) \neq u_0$，又 $\lim\limits_{u \to u_0} f(u) = A$，则

$$\lim_{x \to x_0} f[\varphi(x)] = \lim_{u \to u_0} f(u) = A。$$

证　按函数极限的定义，只需证明：$\forall \varepsilon > 0, \exists \delta > 0$，使得当 $0 < |x - x_0| < \delta$ 时，有 $|f[\varphi(x)] - A| < \varepsilon$ 成立。

由 $\lim\limits_{u \to u_0} f(u) = A$ 知，$\forall \varepsilon > 0, \exists \eta > 0$，使得当 $0 < |u - u_0| < \eta$ 时，$|f(u) - A| < \varepsilon$ 成立。

又由于 $\lim\limits_{x \to x_0} \varphi(x) = u_0$，对上述的 $\eta > 0$，$\exists \delta_1 > 0$，使得当 $0 < |x - x_0| < \delta_1$ 时，有 $|\varphi(x) - u_0| < \eta$ 成立。

由假设，当 $0 < |x - x_0| < \delta_0$ 时，$\varphi(x) \neq u_0$，取 $\delta = \min\{\delta_0, \delta_1\}$，当 $0 < |x - x_0| < \delta$ 时，有 $|\varphi(x) - u_0| < \eta$ 与 $|\varphi(x) - u_0| \neq 0$ 同时成立，即有

$$0 < |\varphi(x) - u_0| < \eta,$$

从而　　　　　　　　　$|f[\varphi(x)] - A| = |f(u) - A| < \varepsilon。$

所以　　　　　　　　　$\lim\limits_{x \to x_0} f[\varphi(x)] = \lim\limits_{u \to u_0} f(u) = A。$

定理 1.17 表明：如果函数 $f(u)$ 和 $\varphi(x)$ 满足该定理的条件，那么作代换 $u = \varphi(x)$，可把求 $\lim\limits_{x \to x_0} f[\varphi(x)]$ 化为求 $\lim\limits_{u \to u_0} f(u)$，这里 $u_0 = \lim\limits_{x \to x_0} \varphi(x)$。

在定理 1.17 中,把 $\lim\limits_{x \to x_0} \varphi(x) = u_0$ 换成 $\lim\limits_{x \to x_0} \varphi(x) = \infty$ 或 $\lim\limits_{x \to \infty} \varphi(x) = \infty$,而把 $\lim\limits_{u \to u_0} f(u) = A$

换成 $\lim\limits_{u \to \infty} f(u) = A$,可得类似结论。

例 9   求 $\lim\limits_{x \to 3} \sqrt{\dfrac{x^2 - 9}{x - 3}}$。

解   令 $u = \dfrac{x^2 - 9}{x - 3}$,由于 $\lim\limits_{x \to 3} \dfrac{x^2 - 9}{x - 3} = 6$,故

$$\lim\limits_{x \to 3} \sqrt{\dfrac{x^2 - 9}{x - 3}} = \lim\limits_{u \to 6} \sqrt{u} = \sqrt{6}。$$

例 10   求 $\lim\limits_{x \to +\infty} \ln(\arctan x)$。

解   令 $u = \arctan x$,由于 $\lim\limits_{x \to +\infty} \arctan x = \dfrac{\pi}{2}$,故

$$\lim\limits_{x \to +\infty} \ln(\arctan x) = \lim\limits_{u \to \frac{\pi}{2}} \ln u = \ln \dfrac{\pi}{2}。$$

习   题   1.5

1. 若在某极限过程中,$\lim f(x)$ 与 $\lim g(x)$ 均不存在,问 $\lim[f(x) \pm g(x)]$ 是否一定不存在?举例说明。

2. 若在某极限过程中,$\lim f(x)$ 存在,$\lim g(x)$ 不存在,问 $\lim[f(x) \pm g(x)]$,$\lim[f(x) \cdot g(x)]$ 是否存在?为什么?

3. 计算下列极限。

(1) $\lim\limits_{x \to 3} \dfrac{x^2 - 3}{x^2 + 1}$;

(2) $\lim\limits_{x \to 1} \dfrac{x^2 - 2x + 1}{x^2 - 1}$;

(3) $\lim\limits_{x \to 1} \dfrac{x^2 - 1}{x^3 - 1}$;

(4) $\lim\limits_{x \to \infty} \left(2 - \dfrac{1}{x} + \dfrac{1}{x^2}\right)$;

(5) $\lim\limits_{x \to \infty} \dfrac{x^2 + x}{x^4 - 3x^2 + 1}$;

(6) $\lim\limits_{x \to \infty} \dfrac{x^2 - 6x + 8}{x^2 - 5x + 4}$;

(7) $\lim\limits_{x \to 0} \dfrac{\sqrt{x + 1} - 1}{x}$;

(8) $\lim\limits_{x \to 1} \left(\dfrac{1}{1 - x} - \dfrac{3}{1 - x^3}\right)$。

4. 计算下列极限。

(1) $\lim\limits_{n \to \infty} \left(1 + \dfrac{1}{2} + \dfrac{1}{2^2} + \cdots + \dfrac{1}{2^n}\right)$;

(2) $\lim\limits_{n \to \infty} \dfrac{1 + 2 + 3 + \cdots + (n + 1)}{n^2}$。

5. 用极限的复合运算法则计算下列极限。

(1) $\lim\limits_{x \to 0} \sqrt{e^x + x + 1}$;

(2) $\lim\limits_{x \to \frac{1}{\sqrt{2}}} \arcsin x^2$;

(3) $\lim\limits_{x \to \frac{\pi}{4}} \ln \cos x$;

(4) $\lim\limits_{x \to \infty} e^{\frac{1}{x}}$。

1.6　极限存在准则与两个重要极限

本节介绍判定极限存在的两个准则以及作为准则应用的例子,讨论两个重要极限:
$\lim\limits_{x\to 0}\dfrac{\sin x}{x}=1$ 及 $\lim\limits_{x\to\infty}(1+\dfrac{1}{x})^x=\mathrm{e}$。

1.6.1　极限存在的准则 I

1.准则 I　如果数列 $\{x_n\},\{y_n\}$ 及 $\{z_n\}$ 满足下列条件:

(1) 从某项起,即 $\exists n_0\in\mathbf{N}^+$,当 $n>n_0$ 时,有 $y_n\leqslant x_n\leqslant z_n$;

(2) $\lim\limits_{n\to\infty}y_n=a,\lim\limits_{n\to\infty}z_n=a$;

则数列 $\{x_n\}$ 的极限存在,且 $\lim\limits_{n\to\infty}x_n=a$。

证　因为 $\lim\limits_{n\to\infty}y_n=a,\lim\limits_{n\to\infty}z_n=a$,故 $\forall\varepsilon>0,\exists N_1\in\mathbf{N}^+$,当 $n>N_1$ 时,有 $|y_n-a|<\varepsilon$ 成立;$\exists N_2\in\mathbf{N}^+$,当 $n>N_2$ 时,有 $|z_n-a|<\varepsilon$ 成立。取 $N=\max\{n_0,N_1,N_2\}$,则当 $n>N$ 时,同时有

$$|y_n-a|<\varepsilon,\ |z_n-a|<\varepsilon$$

成立,即

$$a-\varepsilon<y_n<a+\varepsilon,a-\varepsilon<z_n<a+\varepsilon$$

同时成立。

又因当 $n>N$ 时,$y_n\leqslant x_n\leqslant z_n$,从而有

$$a-\varepsilon<y_n\leqslant x_n\leqslant z_n<a+\varepsilon,$$

即

$$|x_n-a|<\varepsilon$$

成立。所以 $\lim\limits_{n\to\infty}x_n=a$。

例 1　求 $\lim\limits_{n\to\infty}(\dfrac{1}{n^2+1}+\dfrac{1}{n^2+2}+\cdots+\dfrac{1}{n^2+n})$。

解　设　$x_n=\dfrac{1}{n^2+1}+\dfrac{1}{n^2+2}+\cdots+\dfrac{1}{n^2+n}$,

由于

$$0\leqslant\dfrac{1}{n^2+i}\leqslant\dfrac{1}{n^2},i=1,2,3,\cdots,$$

故　$0\leqslant x_n=\dfrac{1}{n^2+1}+\dfrac{1}{n^2+2}+\cdots+\dfrac{1}{n^2+n}\leqslant\dfrac{n}{n^2}=\dfrac{1}{n}$ 且 $\lim\limits_{n\to\infty}\dfrac{1}{n}=0$,

由准则 I 得

$$\lim\limits_{n\to\infty}(\dfrac{1}{n^2}+\dfrac{1}{n^2+1}+\cdots+\dfrac{1}{n^2+n})=0。$$

数列极限存在的准则 I 可以推广到函数的极限。

准则 I′　设函数 $f(x),g(x),h(x)$ 满足以下条件:

(1) 当 $x\in\overset{\circ}{U}(x_0,\delta)$(或 $|x|>M,M>0$) 时,$g(x)\leqslant f(x)\leqslant h(x)$;

(2) $\lim\limits_{\substack{x\to x_0\\(x\to\infty)}}g(x)=A,\ \lim\limits_{\substack{x\to x_0\\(x\to\infty)}}h(x)=A$;

则 $\lim\limits_{\substack{x \to x_0 \\ (x \to \infty)}} f(x)$ 存在，且等于 A。

准则 I 及准则 I′ 称为**夹逼定理**。

2. 第一个重要极限 $\lim\limits_{x \to 0} \dfrac{\sin x}{x} = 1$

下面作为其应用，证明第一个重要极限 $\lim\limits_{x \to 0} \dfrac{\sin x}{x} = 1$。

证 首先注意到函数 $f(x) = \dfrac{\sin x}{x}$ 对于一切 $x \neq 0$ 都有定义。

在如图 1-33 所示的单位圆中，设圆心角 $\angle AOB = x$，x 取弧度 $\left(0 < x < \dfrac{\pi}{2}\right)$，点 A 处的切线与 OB 的延长线交于 D，又 $BC \perp OA$，则 $\sin x = BC$，$x = \overset{\frown}{AB}$，$\tan x = AD$。

又因为
$$S_{\triangle AOB} < S_{\text{扇}AOB} < S_{\triangle AOD},$$

所以
$$\frac{1}{2}\sin x < \frac{1}{2}x < \frac{1}{2}\tan x,$$

即
$$\sin x < x < \tan x,$$

不等号各边都除以 $\sin x$，得
$$\cos x < \frac{\sin x}{x} < 1, 0 < x < \frac{\pi}{2}。$$

又因为 $\cos x$，$\dfrac{\sin x}{x}$ 均为偶函数，当用 $-x$ 代替 x 时，$\cos x$ 与 $\dfrac{\sin x}{x}$ 都不变，所以当 $-\dfrac{\pi}{2} < x < 0$ 时，也有
$$\cos x < \frac{\sin x}{x} < 1,$$

即上面的不等式对于满足 $0 < |x| < \dfrac{\pi}{2}$ 的一切 x 都成立。

由于 $\lim\limits_{x \to 0}\cos x = 1$，$\lim\limits_{x \to 0}1 = 1$，故由夹逼定理得，
$$\lim_{x \to 0} \frac{\sin x}{x} = 1。$$

函数 $y = \dfrac{\sin x}{x}$ 的图形如图 1-34 所示。

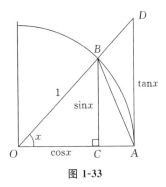

图 1-33

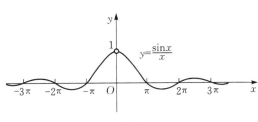

图 1-34

例 2　求 $\lim\limits_{x\to 0}\dfrac{\tan x}{x}$。

解　$\lim\limits_{x\to 0}\dfrac{\tan x}{x}=\lim\limits_{x\to 0}\dfrac{\sin x}{x}\dfrac{1}{\cos x}=\lim\limits_{x\to 0}\dfrac{\sin x}{x}\lim\limits_{x\to 0}\dfrac{1}{\cos x}=1$。

例 3　求 $\lim\limits_{x\to 0}\dfrac{\sin 7x}{\tan 2x}$。

解　$\lim\limits_{x\to 0}\dfrac{\sin 7x}{\tan 2x}=\lim\limits_{x\to 0}\left(\dfrac{\sin 7x}{7x}\cdot\dfrac{2x}{\tan 2x}\cdot\dfrac{7}{2}\right)=\dfrac{7}{2}$。

其中用到了复合函数的极限运算法则。如在 $\lim\limits_{x\to 0}\dfrac{\sin 7x}{7x}$ 中,令 $u=7x$,则有

$$\lim\limits_{x\to 0}\dfrac{\sin 7x}{7x}=\lim\limits_{u\to 0}\dfrac{\sin u}{u}=1。$$

例 4　求 $\lim\limits_{x\to 0}\dfrac{1-\cos x}{x^2}$。

解　$\lim\limits_{x\to 0}\dfrac{1-\cos x}{x^2}=\lim\limits_{x\to 0}\dfrac{2\sin^2\frac{x}{2}}{x^2}=\dfrac{1}{2}\lim\limits_{x\to 0}\dfrac{\sin^2\frac{x}{2}}{(\frac{x}{2})^2}=\dfrac{1}{2}\lim\limits_{x\to 0}\left(\dfrac{\sin\frac{x}{2}}{\frac{x}{2}}\right)^2=\dfrac{1}{2}$。

例 5　求 $\lim\limits_{x\to 0}\dfrac{\tan x-\sin x}{x^3}$。

解　$\lim\limits_{x\to 0}\dfrac{\tan x-\sin x}{x^3}=\lim\limits_{x\to 0}\dfrac{\sin x(1-\cos x)}{x^3\cos x}$

$$=\lim\limits_{x\to 0}\dfrac{\sin x}{x}\lim\limits_{x\to 0}\dfrac{(1-\cos x)}{x^2}\lim\limits_{x\to 0}\dfrac{1}{\cos x}=\dfrac{1}{2}。$$

例 6　求 $\lim\limits_{x\to\infty}x\sin\dfrac{1}{x}$。

解　令 $u=\dfrac{1}{x}$,则当 $x\to\infty$ 时,$u\to 0$,于是由复合函数的极限运算法则得

$$\lim\limits_{x\to\infty}x\sin\dfrac{1}{x}=\lim\limits_{u\to 0}\dfrac{\sin u}{u}=1。$$

例 7　求 $\lim\limits_{x\to 0}\dfrac{\arcsin x}{x}$。

解　令 $\arcsin x=t$,则 $x=\sin t$,当 $x\to 0$ 时,有 $t\to 0$,于是

$$\lim\limits_{x\to 0}\dfrac{\arcsin x}{x}=\lim\limits_{t\to 0}\dfrac{t}{\sin t}=1。$$

从以上几例中可以看出,在运用极限 $\lim\limits_{x\to 0}\dfrac{\sin x}{x}=1$ 求某些函数极限时,式中的变量可换为其他形式的变量,只要在极限过程中,该变量趋于零。即如果在某极限过程中,有 $\lim\varphi(x)=0(\varphi(x)\neq 0)$,则 $\lim\dfrac{\sin\varphi(x)}{\varphi(x)}=1$ 仍然是成立的。

1.6.2　极限存在的准则 II

1.准则 II　(单调有界收敛准则)单调有界的数列必有极限。

如果数列$\{x_n\}$满足条件

$$x_1 \leqslant x_2 \leqslant \cdots \leqslant x_n \leqslant x_{n+1} \leqslant \cdots$$

则称数列$\{x_n\}$是单调增加的；如果数列$\{x_n\}$满足条件

$$x_1 \geqslant x_2 \geqslant \cdots \geqslant x_n \geqslant x_{n+1} \geqslant \cdots$$

则称数列$\{x_n\}$是单调减少的。单调增加和单调减少的数列统称为**单调数列**。

在1.2节中曾证明：收敛的数列一定有界，但有界的数列不一定收敛。现在准则 Ⅱ 表明：如果数列不仅有界，并且是单调的，那么这数列的极限必定存在，也就是该数列一定收敛。

对于准则 Ⅱ 我们不予证明，而给出如下几何解释（见图 1-35）。

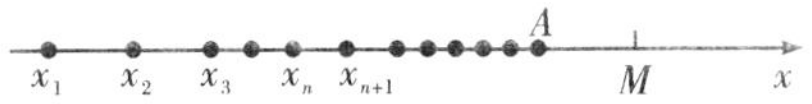

图 1-35

从数轴上看，对应于单调数列的点 x_n 只能向一个方向移动，所以只有两种可能的情形：（1）点 x_n 沿着数轴向无穷远（$x_n \to +\infty$ 或 $x_n \to -\infty$）无限接近；（2）点 x_n 无限接近于某一个定点 A（如图 1-35 所示），即 $x_n \to A(n \to \infty)$。在假定数列有界的条件下，一切 $x_n \in [-M, M]$，那么第（1）种情形就不可能发生，只有第（2）种情形，即 $\lim\limits_{n \to \infty} x_n = A$，且 $|A| < |M|$。

2. 第二个重要极限 $\lim\limits_{x \to \infty}(1 + \dfrac{1}{x})^x = \mathrm{e}$。

作为准则 Ⅱ 的应用，我们讨论另一个重要极限 $\lim\limits_{x \to \infty}(1 + \dfrac{1}{x})^x = \mathrm{e}$。

证　我们先证明：数列 $\left\{\left(1 + \dfrac{1}{n}\right)^n\right\}$ 收敛。

根据准则 Ⅱ，只需证明 $\left\{\left(1 + \dfrac{1}{n}\right)^n\right\}$ 单调增加，且有上界（或单调减少且有下界）。

由二项式定理，我们知道

$$x_n = \left(1 + \frac{1}{n}\right)^n = 1 + C_n^1 \frac{1}{n} + C_n^2 \frac{1}{n^2} + \cdots + C_n^n \frac{1}{n^n}$$

$$= 1 + 1 + \frac{1}{2!}\left(1 - \frac{1}{n}\right) + \frac{1}{3!}\left(1 - \frac{1}{n}\right)\left(1 - \frac{2}{n}\right) + \cdots + \frac{1}{n!}\left(1 - \frac{1}{n}\right)\left(1 - \frac{2}{n}\right)\cdots$$

$$\left(1 - \frac{n-1}{n}\right),$$

$$x_{n+1} = \left(1 + \frac{1}{n+1}\right)^{n+1} = 1 + C_{n+1}^1 \frac{1}{n+1} + C_{n+1}^2 \frac{1}{(n+1)^2} + \cdots + C_{n+1}^{n+1} \frac{1}{(n+1)^{n+1}}$$

$$= 1 + 1 + \frac{1}{2!}\left(1 - \frac{1}{n+1}\right) + \frac{1}{3!}\left(1 - \frac{1}{n+1}\right)\left(1 - \frac{2}{n+1}\right) + \cdots$$

$$+ \frac{1}{n!}\left(1 - \frac{1}{n+1}\right)\left(1 - \frac{2}{n+1}\right)\cdots\left(1 - \frac{n-1}{n+1}\right)$$

$$+ \frac{1}{(n+1)!}\left(1 - \frac{1}{n+1}\right)\left(1 - \frac{2}{n+1}\right)\cdots\left(1 - \frac{n}{n+1}\right),$$

逐项比较 x_n 与 x_{n+1} 的每一项,有

$$x_n < x_{n+1}, n = 1,2,3,\cdots$$

这说明数列 $\{x_n\}$ 单调增加。

又

$$x_n < 1 + 1 + \frac{1}{2!} + \frac{1}{3!} + \cdots + \frac{1}{n!} < 1 + 1 + \frac{1}{2} + \frac{1}{2\times 3} + \cdots + \frac{1}{(n-1)n} = 3 - \frac{1}{n} < 3,$$

即数列 $\left\{\left(1 + \frac{1}{n}\right)^n\right\}$ 有界。由单调有界数列收敛准则可知 $\left\{\left(1 + \frac{1}{n}\right)^n\right\}$ 收敛。

通常我们将 $\left\{\left(1 + \frac{1}{n}\right)^n\right\}$ 的极限记为 e,即

$$\lim_{n\to\infty}\left(1 + \frac{1}{n}\right)^n = e。$$

可以证明这里的极限 e 就是自然对数函数的底。

再证明重要极限 $\lim\limits_{x\to\infty}\left(1 + \frac{1}{x}\right)^x = e$。

对于任意非常大的正实数 x,存在正整数 n,使得 $n \leqslant x < n+1$,并且有 $x \to +\infty$ 与 $n \to \infty$ 两个极限过程是等价的。此时有

$$1 + \frac{1}{n+1} < 1 + \frac{1}{x} \leqslant 1 + \frac{1}{n}$$

及

$$\left(1 + \frac{1}{n+1}\right)^n < \left(1 + \frac{1}{x}\right)^x \leqslant \left(1 + \frac{1}{n}\right)^{n+1}。$$

由于 $x \to +\infty$ 时,有 $n \to \infty$,而

$$\lim_{n\to\infty}\left(1 + \frac{1}{n+1}\right)^n = \frac{\lim\limits_{n\to\infty}\left(1 + \frac{1}{n+1}\right)^{n+1}}{\lim\limits_{n\to\infty}\left(1 + \frac{1}{n+1}\right)} = e,$$

$$\lim_{n\to\infty}\left(1 + \frac{1}{n}\right)^{n+1} = \lim_{n\to\infty}\left(1 + \frac{1}{n}\right)^n\left(1 + \frac{1}{n}\right) = e,$$

由夹逼定理,得

$$\lim_{x\to+\infty}\left(1 + \frac{1}{x}\right)^x = e。$$

下面证 $\lim\limits_{x\to-\infty}\left(1 + \frac{1}{x}\right)^x = e$。

令 $x = -(t+1)$,则 $x \to -\infty$ 时,$t \to +\infty$,故

$$\lim_{x\to-\infty}\left(1 + \frac{1}{x}\right)^x = \lim_{t\to+\infty}\left(1 - \frac{1}{t+1}\right)^{-(t+1)} = \lim_{t\to+\infty}\left(\frac{t}{t+1}\right)^{-(t+1)}$$

$$= \lim_{t\to+\infty}\left(\frac{t+1}{t}\right)^{(t+1)} = \lim_{t\to+\infty}\left(1 + \frac{1}{t}\right)^t\left(1 + \frac{1}{t}\right) = e。$$

综上所述，即有

$$\lim_{x\to\infty}\left(1+\frac{1}{x}\right)^x = \mathrm{e}。 \tag{1.5}$$

在式(1.5)中，令 $t=\dfrac{1}{x}$，则当 $x\to\infty$ 时，$t\to 0$，这时式(1.5)变为

$$\lim_{t\to 0}(1+t)^{\frac{1}{t}} = \mathrm{e}。 \tag{1.6}$$

例 8　求 $\lim\limits_{x\to\infty}(1-\dfrac{1}{x})^x$。

解　令 $x=-t$，则当 $x\to\infty$ 时，有 $t\to\infty$，于是

$$\lim_{x\to\infty}(1-\frac{1}{x})^x = \lim_{t\to\infty}\left(1+\frac{1}{t}\right)^{-t} = \lim_{x\to\infty}\frac{1}{\left(1+\dfrac{1}{t}\right)^t} = \frac{1}{\mathrm{e}}。$$

例 9　求 $\lim\limits_{x\to 0}(1-2x)^{\frac{1}{x}}$。

解　$$\lim_{x\to 0}(1-2x)^{\frac{1}{x}} = \lim_{x\to 0}\left[(1-2x)^{-\frac{1}{2x}}\right]^{-2},$$

令 $-2x=t$，则当 $x\to 0$ 时，有 $t\to 0$，于是利用复合函数极限的运算法则得到

$$\lim_{x\to 0}(1-2x)^{\frac{1}{x}} = \lim_{t\to 0}\left[(1+t)^{\frac{1}{t}}\right]^{-2} = \mathrm{e}^{-2}。$$

和第一个重要极限的情形类似，在具体使用式(1.5)和(1.6)求极限时，我们有下面更一般的形式：

(1) 在某极限过程中，若 $\lim\varphi(x)=\infty$，则

$$\lim\left[1+\frac{1}{\varphi(x)}\right]^{\varphi(x)} = \mathrm{e};$$

(2) 在某极限过程中，若 $\lim\psi(x)=0$，则

$$\lim\left[1+\psi(x)\right]^{\frac{1}{\psi(x)}} = \mathrm{e}。$$

例 10　求 $\lim\limits_{x\to\infty}\left(1+\dfrac{3}{x}\right)^{2x}$。

解　$$\lim_{x\to\infty}\left(1+\frac{3}{x}\right)^{2x} = \lim_{x\to\infty}\left[\left(1+\frac{3}{x}\right)^{\frac{x}{3}}\right]^6 = \mathrm{e}^6。$$

例 11　求 $\lim\limits_{x\to\infty}\left(\dfrac{3+x}{2+x}\right)^{2x}$。

解　$$\lim_{x\to\infty}\left(\frac{3+x}{2+x}\right)^{2x} = \lim_{x\to\infty}\left[\left(1+\frac{1}{x+2}\right)^x\right]^2$$

$$= \lim_{x\to\infty}\left[\left(1+\frac{1}{x+2}\right)^{x+2}\right]^2 \cdot \left(1+\frac{1}{x+2}\right)^{-4} = \mathrm{e}^2 \cdot 1 = \mathrm{e}^2。$$

例 12　求 $\lim\limits_{x\to 0}\dfrac{\mathrm{e}^x-1}{x}$。

解　令 $u=\mathrm{e}^x-1$，即 $x=\ln(u+1)$，则当 $x\to 0$ 时，$u\to 0$，于是

$$\lim_{x\to 0}\frac{\mathrm{e}^x-1}{x} = \lim_{u\to 0}\frac{u}{\ln(1+u)} = \lim_{u\to 0}\frac{1}{\ln(1+u)^{\frac{1}{u}}} = \frac{1}{\ln\mathrm{e}} = 1。$$

在上面的解题过程中同时得到

$$\lim_{u \to 0} \frac{\ln(1+u)}{u} = 1。$$

习　题　1.6

1. 计算下列极限。

(1) $\displaystyle\lim_{x \to 0} \frac{\tan 3x}{2x}$；

(2) $\displaystyle\lim_{x \to 0} \frac{\sin 2x}{\sin 5x}$；

(3) $\displaystyle\lim_{x \to 0} x \cot x$；

(4) $\displaystyle\lim_{n \to \infty} 2^n \sin \frac{x}{2^n} \,(x \neq 0)$；

(5) $\displaystyle\lim_{x \to 0} \frac{1 - \cos 2x}{x \sin x}$；

(6) $\displaystyle\lim_{x \to 0} \frac{x - \sin x}{x + \sin x}$；

(7) $\displaystyle\lim_{x \to \pi} \frac{\sin x}{\pi - x}$；

(8) $\displaystyle\lim_{x \to 0} \frac{3x^2 + 5}{5x + 3} \sin \frac{2}{x}$。

2. 计算下列极限。

(1) $\displaystyle\lim_{x \to \infty} \left(1 + \frac{5}{x}\right)^{-2x}$；

(2) $\displaystyle\lim_{x \to 0} (1 + 2x)^{\frac{1}{x}}$；

(3) $\displaystyle\lim_{x \to \infty} \left(\frac{1 + x}{x}\right)^{2x}$；

(4) $\displaystyle\lim_{x \to \infty} \left(\frac{x}{x+1}\right)^{x+3}$；

(5) $\displaystyle\lim_{x \to \infty} \left(1 - \frac{1}{x}\right)^{kx}$（$k$ 为正整数）；

(6) $\displaystyle\lim_{x \to 0} (1 + 3\tan^2 x)^{\cot^2 x}$。

3. 用夹逼定理证明：

(1) $\displaystyle\lim_{n \to \infty} \left(\frac{1}{\sqrt{n^2 + 1}} + \frac{1}{\sqrt{n^2 + 2}} + \cdots + \frac{1}{\sqrt{n^2 + n}}\right) = 1$；

(2) $\displaystyle\lim_{n \to \infty} n \left(\frac{1}{n^2 + \pi} + \frac{1}{n^2 + 2\pi} + \cdots + \frac{1}{n^2 + n\pi}\right) = 1$。

1.7　无穷小的比较

我们知道,两个无穷小的和、差及积仍是无穷小,但是两个无穷小的商却会出现不同的结果,例如,当 $x \to 0$ 时,$5x, x^2, \sin x$ 都是无穷小,而

$$\lim_{x \to 0} \frac{x^2}{5x} = 0, \lim_{x \to 0} \frac{5x}{x^2} = \infty, \lim_{x \to 0} \frac{\sin x}{3x} = \frac{1}{3},$$

可看出,在同一变化过程中的两个无穷小之比的极限有各种不同的情况,反映了不同的无穷小趋于零的快慢程度。就上面例子来说,在 $x \to 0$ 的过程中,$x^2 \to 0$ 比 $5x \to 0$"快些",反过来,$5x \to 0$ 比 $x^2 \to 0$ 要"慢些",而 $3x \to 0$ 与 $\sin x \to 0$"快慢相仿"。

为此,我们用两个无穷小量比值的极限来衡量这两个无穷小量趋于零的速度的快慢,来说明两个无穷小的比较。并且研究这个问题还能得到一种求极限的方法,也有助于以后内容的学习。

定义 1.14　设 $\alpha(x), \beta(x)$ 都是在同一个自变量变化过程中的无穷小量，且 $\beta(x) \neq 0$。

(1) 若 $\lim \dfrac{\alpha(x)}{\beta(x)} = 0$，则称 $\alpha(x)$ 是比 $\beta(x)$ **高阶的无穷小量**，记为 $\alpha(x) = o(\beta(x))$；

(2) 若 $\lim \dfrac{\alpha(x)}{\beta(x)} = \infty$，则称 $\alpha(x)$ 是比 $\beta(x)$ **低阶的无穷小量**；

(3) 若 $\lim \dfrac{\alpha(x)}{\beta(x)} = A(A \neq 0)$，则称 $\alpha(x)$ 与 $\beta(x)$ 是**同阶无穷小量**。

特别地，若 $\lim \dfrac{\alpha(x)}{\beta(x)} = 1$，则称 $\alpha(x)$ 与 $\beta(x)$ 是**等价无穷小量**，记为 $\alpha(x) \sim \beta(x)$。

显然，等价无穷小是同阶无穷小的特殊情形，即 $A = 1$ 的情形。

例如：

因为 $\lim\limits_{x \to 0} \dfrac{x^2}{5x} = 0$，所以当 $x \to 0$ 时，x^2 是比 $5x$ 高阶的无穷小，即 $x^2 = o(5x)(x \to 0)$；

因为 $\lim\limits_{x \to 0} \dfrac{1 - \cos x}{x^2} = \dfrac{1}{2}$，所以当 $x \to 0$ 时，$1 - \cos x$ 是 x^2 的同阶无穷小量；

因为 $\lim\limits_{x \to 0} \dfrac{\sin x}{x} = 1$，所以当 $x \to 0$ 时，$\sin x$ 与 x 是等价无穷小，即 $\sin x \sim x(x \to 0)$；

因为 $\lim\limits_{x \to 0} \dfrac{e^x - 1}{x} = 1$，所以当 $x \to 0$ 时，$e^x - 1$ 与 x 是等价无穷小，即 $e^x - 1 \sim x(x \to 0)$；

因为 $\lim\limits_{x \to 0} \dfrac{\ln(1 + x)}{x} = 1$，所以当 $x \to 0$ 时，$\ln(1 + x)$ 与 x 是等价无穷小，即 $\ln(1 + x) \sim x(x \to 0)$。

例 1　证明：当 $x \to 0$ 时，$1 - \cos x \sim \dfrac{x^2}{2}$。

证　因为

$$\lim_{x \to 0} \frac{1 - \cos x}{\dfrac{x^2}{2}} = \lim_{x \to 0} \frac{2\sin^2 \dfrac{x}{2}}{\dfrac{x^2}{2}} = \lim_{x \to 0} \left(\frac{\sin \dfrac{x}{2}}{\dfrac{x}{2}} \right)^2 = 1,$$

所以

$$1 - \cos x \sim \frac{x^2}{2}(x \to 0)。$$

关于等价无穷小，有如下定理：

定理 1.18　β 与 α 是等价无穷小的充分必要条件为 $\beta = \alpha + o(\alpha)$。

证　**必要性**　设 $\alpha \sim \beta$，则

$$\lim \frac{\beta - \alpha}{\alpha} = \lim \left(\frac{\beta}{\alpha} - 1 \right) = 0,$$

所以

$$\beta - \alpha = o(\alpha),$$

即

$$\beta = \alpha + o(\alpha)。$$

充分性　设 $\beta = \alpha + o(\alpha)$，则

$$\lim\frac{\beta}{\alpha}=\lim\frac{\alpha+o(\alpha)}{\alpha}=\lim\left(1+\frac{o(\alpha)}{\alpha}\right)=1\ ,$$

所以
$$\beta\sim\alpha。$$

等价无穷小量在极限计算中有重要作用,能够简化极限的运算。我们有如下定理:

定理 1.19　设 $\alpha,\alpha',\beta,\beta'$ 均为同一个自变量变化过程中的无穷小量,又 $\alpha\sim\alpha'$,$\beta\sim\beta'$,且 $\lim\dfrac{\beta'}{\alpha'}$ 存在,则

$$\lim\frac{\beta}{\alpha}=\lim\frac{\beta'}{\alpha'}。$$

证　$\lim\dfrac{\beta}{\alpha}=\lim(\dfrac{\beta}{\beta'}\cdot\dfrac{\beta'}{\alpha'}\cdot\dfrac{\alpha'}{\alpha})=\lim\dfrac{\beta}{\beta'}\cdot\lim\dfrac{\beta'}{\alpha'}\cdot\lim\dfrac{\alpha'}{\alpha}=\lim\dfrac{\beta'}{\alpha'}。$

定理 1.19 表明,在求两个无穷小之比的极限时,分子和分母乘积中的无穷小量因子可用其等价无穷小来替代,以简化极限的运算。

在极限运算中,常用的等价无穷小量有下列几种:

当 $x\rightarrow0$ 时 $\sin x\sim x,\tan x\sim x,\arcsin x\sim x,\arctan x\sim x,1-\cos x\sim\dfrac{1}{2}x^2$,

$\mathrm{e}^x-1\sim x,\ln(1+x)\sim x,\sqrt{1+x}-1\sim\dfrac{1}{2}x,(1+x)^a-1\sim\alpha x(\alpha\in\mathbf{R})。$

例 2　求极限 $\lim\limits_{x\rightarrow0}\dfrac{\sin5x}{\tan2x}$。

解　因为当 $x\rightarrow0$ 时,$\sin5x\sim5x,\tan2x\sim2x$,所以

$$\lim_{x\rightarrow0}\frac{\sin5x}{\tan2x}=\lim_{x\rightarrow0}\frac{5x}{2x}=\frac{5}{2}。$$

例 3　求极限 $\lim\limits_{x\rightarrow0}\dfrac{(x+1)\sin x}{\arcsin x}$。

解　因为当 $x\rightarrow0$ 时,$\sin x\sim x,\arcsin x\sim x$,所以

$$\lim_{x\rightarrow0}\frac{(x+1)\sin x}{\arcsin x}=\lim_{x\rightarrow0}\frac{(x+1)x}{x}=\lim_{x\rightarrow0}(x+1)=1。$$

例 4　求 $\lim\limits_{x\rightarrow0}\dfrac{\sin x}{x^3+3x}$。

解　因为当 $x\rightarrow0$ 时,$\sin x\sim x$,而无穷小 x^3+3x 与它本身显然是等价的,所以

$$\lim_{x\rightarrow0}\frac{\sin x}{x^3+3x}=\lim_{x\rightarrow0}\frac{x}{x(x^2+3)}=\lim_{x\rightarrow0}\frac{1}{x^2+3}=\frac{1}{3}。$$

例 5　求 $\lim\limits_{x\rightarrow0}\dfrac{(1+x^2)^{\frac{1}{3}}-1}{\cos x-1}$。

解　因为当 $x\rightarrow0$ 时,$(1+x^2)^{\frac{1}{3}}-1\sim\dfrac{1}{3}x^2,\cos x-1\sim-\dfrac{1}{2}x^2$,所以

$$\lim_{x\rightarrow0}\frac{(1+x^2)^{\frac{1}{3}}-1}{\cos x-1}=\lim_{x\rightarrow0}\frac{\dfrac{1}{3}x^2}{-\dfrac{1}{2}x^2}=-\frac{2}{3}。$$

例 6　求 $\lim\limits_{x\to 0}\dfrac{\tan x-\sin x}{x^3}$。

解　因为当 $x\to 0$ 时，$\tan x\sim x$，$1-\cos x\sim\dfrac{1}{2}x^2$，所以

$$\lim_{x\to 0}\frac{\tan x-\sin x}{x^3}=\lim_{x\to 0}\frac{\tan x(1-\cos x)}{x^3}=\lim_{x\to 0}\frac{x\cdot\dfrac{x^2}{2}}{x^3}=\frac{1}{2}。$$

注意　用等价无穷小代换时，一般只能用在分子或分母是乘积运算关系时，而不能用在代数和运算中，否则易出错。如例 6

$$\lim_{x\to 0}\frac{\tan x-\sin x}{x^3}=\lim_{x\to 0}\frac{x-x}{x^3}=0,$$

这是一个错误的结果。

习　题　1.7

1.证明下列各式。

(1) $\arctan x\sim x(x\to 0)$；　　　　　　　(2) $\sin(\tan x)\sim x(x\to 0)$。

2.利用等价无穷小的替换性质，求下列极限。

(1) $\lim\limits_{x\to 0}\dfrac{\arctan 3x}{\tan 2x}$；

(2) $\lim\limits_{x\to 0}\dfrac{\ln(1+2x)}{\arcsin 3x}$；

(3) $\lim\limits_{x\to 0}\dfrac{1-\cos x}{\sin^2 x}$；

(4) $\lim\limits_{x\to 0}\dfrac{\tan x-\sin x}{\sin^3 x}$；

(5) $\lim\limits_{x\to 0}\dfrac{\sqrt{x^2+1}-1}{x\sin x}$；

(6) $\lim\limits_{x\to 0}\dfrac{e^{2x}-1}{\sin 4x}$；

(7) $\lim\limits_{x\to 0}\dfrac{e^{\tan x}-1}{1-e^{\sin 6x}}$；

(8) $\lim\limits_{x\to 0}\dfrac{\sin x-\tan x}{(\sqrt[3]{1+x^2}-1)(\sqrt{1+\sin x}-1)}$。

1.8　函数的连续性

1.8.1　函数连续性的概念

连续函数是高等数学中非常重要的一类函数。自然界中有很多现象，如气温的上升或下降、植物的生长、距离的增加等，它们都是连续变化的。这种现象在函数关系上的反映，就是函数的连续性。例如就气温的变化来看，气温随着时间的变化而变化，当时间的变动很微小时，气温的变化也很微小，这种特点就是所谓的连续性。由此看出，连续函数对揭示自然界连续变化的现象有着很重要的作用。本节我们给出函数连续性的定义。

为引入函数 $y=f(x)$ 的连续性，我们来介绍增量的概念。

定义 1.15　设函数 $y=f(x)$ 在点 x_0 的某一邻域内有定义，在这邻域内当自变量的值由 x_0 变到 x 时，对应的函数值就由 $f(x_0)$ 变到 $f(x)$，这时称 $\Delta x=x-x_0$ 为自变量的

改变量或增量，$\Delta y = f(x) - f(x_0) = f(x_0 + \Delta x) - f(x_0)$ 称为对应于 Δx 的函数的改变量或增量。

在几何上，$\Delta x, \Delta y$ 如图 1-36 所示。

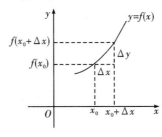

图 1-36

注意　Δx 是一个整体记号，不能理解为 Δ 与 x 的乘积。增量 Δx 和 Δy 可以是正数，也可以是零或负数。

从直观上看，当 x_0 固定时，Δy 随 Δx 的变化而变化，当 $\Delta x \to 0$ 时 $\Delta y \to 0$，易见函数 $y = f(x)$ 在点 x_0 处连续可以这样描述：如果当 Δx 趋于零时，对应的 Δy 也趋于零，即 $\lim\limits_{\Delta x \to 0} \Delta y = 0$，那么就称函数 $f(x)$ 在点 x_0 处是连续的，即有下述定义：

定义 1.16　设函数 $y = f(x)$ 在点 x_0 的某一邻域有定义，如果
$$\lim_{\Delta x \to 0} \Delta y = \lim_{\Delta x \to 0} \left[f(x_0 + \Delta x) - f(x_0) \right] = 0,$$
那么称函数 $y = f(x)$ 在点 x_0 处连续。

为了应用方便起见，下面把函数 $y = f(x)$ 在点 x_0 处连续的定义用不同的方式来叙述。

设 $x = x_0 + \Delta x$，则 $\Delta x \to 0$ 就是 $x \to x_0$，又由于
$$\Delta y = f(x_0 + \Delta x) - f(x_0) = f(x) - f(x_0)$$
即
$$f(x) = f(x_0) + \Delta y,$$
可见 $\Delta y \to 0$ 就是 $f(x) \to f(x_0)$，因此 $\lim\limits_{\Delta x \to 0} \Delta y = 0$ 与 $\lim\limits_{x \to x_0} f(x) = f(x_0)$ 相当。所以，函数 $y = f(x)$ 在点 x_0 处连续的定义又可叙述如下：

定义 1.17　设 $y = f(x)$ 在点 x_0 的某一邻域内有定义，如果
$$\lim_{x \to x_0} f(x) = f(x_0),$$
则称函数 $y = f(x)$ 在点 x_0 处连续。

从此定义可以看出，函数 $f(x)$ 要在点 x_0 处连续，必须同时满足三个条件：(1) $f(x)$ 在点 x_0 处有定义；(2) $f(x)$ 在点 x_0 处有极限；(3) 极限值与函数值 $f(x_0)$ 相等。

例 1　证明函数 $f(x) = 3x^2 - 1$ 在 $x = 1$ 处连续。

证　因为 $f(1) = 2$，且
$$\lim_{x \to 1} f(x) = \lim_{x \to 1} (3x^2 - 1) = 2 = f(1),$$
故函数 $f(x) = 3x^2 - 1$ 在 $x = 1$ 处连续。

例 2   证明函数 $f(x) = |x|$ 在 $x = 0$ 处连续。

证 $f(x) = |x|$ 在 $x = 0$ 的邻域内有定义,且 $f(0) = 0$,则

$$\lim_{x \to 0^-} f(x) = \lim_{x \to 0^-} (-x) = 0, \lim_{x \to 0^+} f(x) = \lim_{x \to 0^+} x = 0,$$

从而 $\lim_{x \to 0} f(x) = 0 = f(0)$,因此函数 $y = f(x)$ 在 $x = 0$ 处连续。

相应于函数的左、右极限,我们给出函数左连续和右连续的定义。

定义 1.18   设函数 $f(x)$ 在点 x_0 点及其某个左(右)邻域有定义,且 $\lim_{x \to x_0^-} f(x) = f(x_0)$ 或 $f(x_0^-) = f(x_0)$,称函数 $f(x)$ 在点 x_0 处**左连续**;如果 $\lim_{x \to x_0^+} f(x) = f(x_0)$ 或 $f(x_0^+) = f(x_0)$,称函数 $f(x)$ 在点 x_0 处**右连续**。

函数在点 x_0 的左、右连续性统称为函数的**单侧连续性**。

根据上述定义,容易得到函数的连续性与其左、右连续性的关系。

定理 1.20 $f(x)$ 在点 x_0 连续的充要条件是:$f(x)$ 在点 x_0 既左连续且右连续。

例 3   讨论函数 $f(x) = \begin{cases} x + 2, & x \geqslant 0, \\ x - 2, & x < 0 \end{cases}$ 在点 $x = 0$ 处的连续性。

解   因为

$$\lim_{x \to 0^+} f(x) = \lim_{x \to 0^+} (x + 2) = 2, \lim_{x \to 0^-} f(x) = \lim_{x \to 0^-} (x - 2) = -2,$$

而 $f(0) = 2$,所以 $f(x)$ 在点 $x = 0$ 右连续,但不左连续,从而它在 $x = 0$ 不连续。

定义 1.19   如果函数 $f(x)$ 在开区间 (a, b) 内每一点都连续,则称函数 $f(x)$ 在区间 (a, b) 内连续;如果函数 $f(x)$ 同时在 a 点右连续,在 b 点左连续,则称函数 $f(x)$ 在闭区间 $[a, b]$ 上连续。

函数 $y = f(x)$ 在其连续区间上的图形是一条连绵不断的曲线。

在 1.5 节中,我们曾经证明:

(1) 如果 $f(x)$ 是多项式函数,则对于任意的实数 x_0,都有 $\lim_{x \to x_0} f(x) = f(x_0)$,则多项式函数 $f(x)$ 在区间 $(-\infty, +\infty)$ 内是连续的。

(2) 对于有理分式函数 $F(x) = \dfrac{P(x)}{Q(x)}$,只要 $Q(x_0) \neq 0$,就有 $\lim_{x \to x_0} F(x) = F(x_0)$,因此有理分式函数在其定义域内的每一点处都是连续的。

由 1.3 节例 6 可知:

(3) 函数 $f(x) = \sqrt{x}$ 在区间 $[0, +\infty)$ 上是连续的。

下面,我们来证明函数 $y = \sin x$ 在 $(-\infty, +\infty)$ 内是连续的。

例 4   证明函数 $y = \sin x$ 在 $(-\infty, +\infty)$ 内连续。

证   任取 $x_0 \in (-\infty, +\infty)$,给 x_0 以增量 Δx,相应地有

$$\Delta y = \sin(x_0 + \Delta x) - \sin x_0 = 2\cos\left(x_0 + \frac{\Delta x}{2}\right)\sin\frac{\Delta x}{2}.$$

而

$$0 \leqslant |\Delta y| = \left|2\cos\left(x_0 + \frac{\Delta x}{2}\right)\sin\frac{\Delta x}{2}\right| = 2\left|\cos\left(x_0 + \frac{\Delta x}{2}\right)\right| \cdot \left|\sin\frac{\Delta x}{2}\right|$$

$$\leqslant 2\left|\sin\frac{\Delta x}{2}\right|\leqslant 2\cdot\frac{|\Delta x|}{2}=|\Delta x|,$$

又
$$\lim_{\Delta x\to 0}0=0,\lim_{\Delta x\to 0}|\Delta x|=0,$$

由夹逼原理有
$$\lim_{\Delta x\to 0}\Delta y=0,$$

再由 x_0 的任意性知函数 $y=\sin x$ 在 $(-\infty,+\infty)$ 内连续。

类似可以证明,函数 $y=\cos x$ 在 $(-\infty,+\infty)$ 内连续。

1.8.2　函数的间断点及分类

定义 1.20　设函数 $f(x)$ 在 x_0 的某去心邻域内 $\mathring{U}(x_0)$ 有定义。若 $f(x)$ 在点 x_0 处不连续,则称 x_0 是函数 $f(x)$ 的一个**间断点**或**不连续点**。

由函数 $f(x)$ 在 x_0 处连续的定义可知,函数 $f(x)$ 在点 x_0 处间断必为下列三种情形之一:

(1) $f(x)$ 在 x_0 点无定义;

(2) $f(x)$ 在 x_0 点有定义,但极限 $\lim\limits_{x\to x_0}f(x)$ 不存在;

(3) $f(x)$ 在 x_0 点有定义,并且极限 $\lim\limits_{x\to x_0}f(x)$ 存在,但 $\lim\limits_{x\to x_0}f(x)\neq f(x_0)$。

注意　讨论函数在 x_0 处连续或间断的前提条件是函数 $f(x)$ 在 x_0 的某去心邻域内 $\mathring{U}(x_0)$ 有定义。

下面举例来说明函数间断点的几种常见类型。

例 5　讨论函数 $f(x)=\dfrac{x^2-1}{x-1}$ 在 $x=1$ 处的连续性。

解　虽然 $\lim\limits_{x\to 1}\dfrac{x^2-1}{x-1}=\lim\limits_{x\to 1}(x+1)=2$,但函数 $f(x)=\dfrac{x^2-1}{x-1}$ 在 $x=1$ 处没有定义,故 $f(x)=\dfrac{x^2-1}{x-1}$ 在 $x=1$ 处不连续,如图 1-37 所示。

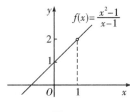

图 1-37

若补充定义,令 $f(1)=2$,则函数
$$f(x)=\begin{cases}\dfrac{x^2-1}{x-1},&x\neq 1,\\2,&x=1\end{cases}$$

在 $x=1$ 处连续。

例 6　讨论函数 $f(x) = \begin{cases} 2x, & x \neq 0, \\ 1, & x = 0 \end{cases}$ 在点 $x = 0$ 处的连续性。

解　因为 $\lim\limits_{x \to 0} f(x) = \lim\limits_{x \to 0} 2x = 0$，而 $f(0) = 1$，所以 $\lim\limits_{x \to 0} f(x) \neq f(0)$，故函数 $f(x)$ 在点 $x = 0$ 处不连续。

若改变函数 $f(x)$ 在 $x = 0$ 的定义，令 $f(0) = 0$，则函数 $f(x) = \begin{cases} 2x, & x \neq 0, \\ 0, & x = 0 \end{cases}$ 在点 $x = 0$ 处连续。

例 7　讨论 $f(x) = \begin{cases} x - 1, & x < 0, \\ 0, & x = 0, \\ x + 1, & x > 0 \end{cases}$ 在 $x = 0$ 的连续性。

解　因为

$$\lim_{x \to 0^-} f(x) = \lim_{x \to 0^-} (x - 1) = -1, \lim_{x \to 0^+} f(x) = \lim_{x \to 0^+} (x + 1) = 1。$$

因此，$x \to 0$ 时，左右极限虽然都存在，但不相等，故 $\lim\limits_{x \to 0} f(x)$ 不存在(如图 1-38)，因此 $f(x)$ 在 $x = 0$ 处不连续。

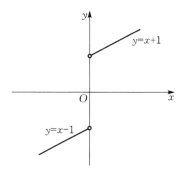

图 1-38

若 $\lim\limits_{x \to x_0} f(x)$ 存在，且 $\lim\limits_{x \to x_0} f(x) = a$，而函数 $y = f(x)$ 在点 x_0 处无定义，或者虽然有定义，但 $f(x_0) \neq a$，则点 x_0 是函数 $y = f(x)$ 的一个间断点，称此类间断点为函数的**可去间断点**。

此时，若补充或改变函数 $y = f(x)$ 在点 x_0 处的函数值为 $f(x_0) = a$，则可得到一个在点 x_0 处连续的函数，这也是为什么把这类间断点称为可去间断点的原因，如例 5 和例 6。

若函数 $y = f(x)$ 在点 x_0 处的左、右极限均存在，但不相等，则点 x_0 为 $f(x)$ 的间断点，且称这样的间断点为**跳跃间断点**，如例 7。

例 8　函数 $g(x) = \dfrac{1}{x}$ 在 $x = 0$ 处无定义，所以 $x = 0$ 是 $g(x) = \dfrac{1}{x}$ 的间断点。又 $\lim\limits_{x \to 0} \dfrac{1}{x} = \infty$，我们称 $x = 0$ 为函数 $g(x) = \dfrac{1}{x}$ 的**无穷间断点**，如图 1-39 所示。

例9　函数 $y = \sin\dfrac{1}{x}$ 在 $x = 0$ 处没有定义,且当 $x \to 0$ 时,函数值在 -1 到 1 之间无限振荡,所以 $x = 0$ 称为函数 $y = \sin\dfrac{1}{x}$ 的**振荡间断点**,如图 1-40 所示。

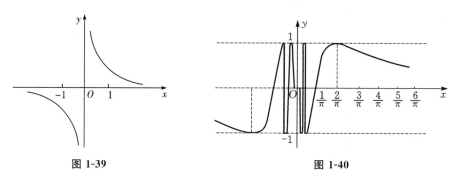

图 1-39　　　　　　　　　　图 1-40

以函数 $f(x)$ 在 x_0 的左极限 $f(x_0^-)$、右极限 $f(x_0^+)$ 是否都存在,我们将间断点分为以下两类:设 x_0 是函数 $f(x)$ 的间断点,若:

(1) $f(x_0^-)$,$f(x_0^+)$ 均存在,则称 x_0 为函数 $f(x)$ 的**第一类间断点**。其中左、右极限相等者称为**可去间断点**,不相等者称为**跳跃间断点**。

(2) $f(x_0^-)$,$f(x_0^+)$ 至少有一个不存在,则称 x_0 为函数 $f(x)$ 的**第二类间断点**。其中极限为无穷大的称为**无穷间断点**,极限不存在且在某两个值之间变化无穷多次的称之为**振荡间断点**。

习　题　1.8

1.讨论下列函数的连续性,指出定义域,并画出函数图形。

$(1) f(x) = \begin{cases} x^2, & 0 \leqslant x \leqslant 1, \\ 2-x, & 1 < x \leqslant 2; \end{cases}$　　$(2) f(x) = \begin{cases} x, & -1 \leqslant x \leqslant 1, \\ 1, & x < -1 \text{ 或 } x > 1. \end{cases}$

2.讨论下列函数在指出的点处是否连续,若连续,请说明理由;若间断,请说明这些间断点属于哪一类。如果是可去间断点,则补充或改变函数的定义使它连续。

$(1) y = \dfrac{x^2-1}{x^2-3x+2}, x=1, x=2$;　　$(2) y = \begin{cases} x-1, & x \leqslant 1, \\ 3-x, & x > 1, \end{cases} x=1$;

$(3) y = \cos^2\dfrac{1}{x}, x=0$;　　$(4) y = \dfrac{x}{\tan x}, x=0, x=k\pi(k \neq 0, k \in \mathbf{Z})$;

$(5) y = \dfrac{x-a}{|x-a|}, x=a$;　　$(6) y = x\sin\dfrac{1}{x}, x=0$。

3.设 $f(x) = \begin{cases} a+x^2, & x>1, \\ 2, & x=1, \\ b-x, & x<1 \end{cases}$ 在点 $x=1$ 处连续,求常数 a,b 的值。

4.讨论函数 $f(x) = \lim\limits_{n \to \infty} \dfrac{1-x^{2n}}{1+x^{2n}}x$ 的连续性,若有间断点,则判别其类型。

1.9　连续函数的运算与性质

1.9.1　连续函数的和、差、积、商的连续性

由连续函数的定义及极限的四则运算法则,可得到连续函数的运算法则:

定理 1.21　若函数 $f(x)$,$g(x)$ 均在点 x_0 处连续,则(1) $af(x)+bg(x)(a,b$ 为常数);(2)$f(x)g(x)$;(3)$\dfrac{f(x)}{g(x)}(g(x_0)\neq 0)$ 均在点 x_0 处连续。

证　只证明(1)。因为 $f(x)$,$g(x)$ 均在点 x_0 处连续,所以
$$\lim_{x\to x_0}f(x)=f(x_0),\ \lim_{x\to x_0}g(x)=g(x_0)。$$

设 $h(x)=af(x)+bg(x)$,则
$$\lim_{x\to x_0}h(x)=\lim_{x\to x_0}[af(x)+bg(x)]=\lim_{x\to x_0}af(x)+\lim_{x\to x_0}bg(x)=af(x_0)+bg(x_0)=h(x_0),$$
即 $h(x)=af(x)+bg(x)$ 在点 x_0 连续。

例 1　因 $\sin x$ 和 $\cos x$ 都在区间$(-\infty,+\infty)$ 内连续,故由定理 1.21 知 $\tan x$ 和 $\cot x$ 在它们的定义域内是连续的。

事实上,三角函数 $\sin x$,$\cos x$,$\tan x$,$\cot x$,$\sec x$,$\csc x$ 在其定义域内都是连续的。

1.9.2　反函数的连续性

定理 1.22　(连续函数的反函数的连续性)如果函数 $y=f(x)$ 在区间 I_x 上单调增加(或单调减少)且连续,那么它的反函数 $x=f^{-1}(y)$ 也在对应的区间 $I_y=\{y\,|\,y=f(x),x\in I_x\}$ 上单调增加(或单调减少)且连续。

例 2　因 $y=\sin x$ 在$\left[-\dfrac{\pi}{2},\dfrac{\pi}{2}\right]$ 上单调增加且连续,所以它的反函数 $y=\arcsin x$ 在 $[-1,1]$ 上也是单调增加且连续。同样,由 $y=\cos x$ 在$[0,\pi]$ 上单调减少且连续,则 $y=\arccos x$ 在$[-1,1]$ 上单调减少且连续。

类似地有,$y=\arctan x$ 在$(-\infty,+\infty)$ 内连续且单调增加;$y=\text{arccot}\,x$ 在$(-\infty,+\infty)$ 内连续且单调减少。

总之,三角函数 $\sin x$,$\cos x$,$\tan x$,$\cot x$,$\sec x$,$\csc x$ 与反三角函数 $\arcsin x$,$\arccos x$,$\arctan x$,$\text{arccot}\,x$ 在各自的定义域内都是连续的。

1.9.3　复合函数的连续性

由连续函数的定义及复合函数的极限运算法则可以得到下面定理。

定理 1.23　设函数 $y=f[\varphi(x)]$ 由函数 $y=f(u)$ 与函数 $u=\varphi(x)$ 复合而成,$\mathring{U}(x_0)\subset D(f\circ\varphi)$。若$\lim\limits_{x\to x_0}\varphi(x)=u_0$,而函数 $y=f(u)$ 在点 $u=u_0$ 连续,则
$$\lim_{x\to x_0}f[\varphi(x)]=\lim_{u\to u_0}f(u)=f(u_0)。$$

证　因为 $f(u)$ 在点 u_0 连续,所以

$$\lim_{u \to u_0} f(u) = f(u_0)_\circ$$

在定理 1.17 复合函数的极限运算法则中,令 $A = f(u_0)$,于是

$$\lim_{x \to x_0} f[\varphi(x)] = \lim_{u \to u_0} f(u) = A = f(u_0),$$

证毕。

又因为在此定理中有

$$\lim_{x \to x_0} f[\varphi(x)] = f(u_0), u_0 = \lim_{x \to x_0} \varphi(x),$$

故

$$\lim_{x \to x_0} f[\varphi(x)] = f(u_0) = f[\lim_{x \to x_0} \varphi(x)]_\circ$$

此式说明,在定理 1.23 的条件下,求复合函数 $f[\varphi(x)]$ 的极限时,函数符号 f 与极限符号 $\lim_{x \to x_0}$ 可以交换次序。

在定理 1.23 中,把 $x \to x_0$ 换成 $x \to \infty$ 时定理的结论仍然成立。

例 3 求 $\lim_{x \to 3} \sqrt{\dfrac{x^2 - 9}{x - 3}}$。(见 1.5 节例 6)

解 $y = \sqrt{\dfrac{x^2 - 9}{x - 3}}$ 可看作由 $y = \sqrt{u}$ 与 $u = \dfrac{x^2 - 9}{x - 3}$ 复合而成,因为 $\lim_{x \to 3} \dfrac{x^2 - 9}{x - 3} = 6$,而函数 $y = \sqrt{u}$ 在点 $u = 6$ 处连续,所以

$$\lim_{x \to 3} \sqrt{\dfrac{x^2 - 9}{x - 3}} = \sqrt{\lim_{x \to 3} \dfrac{x^2 - 9}{x - 3}} = \sqrt{6}_\circ$$

例 4 求(1) $\lim_{x \to \infty} \sin\left(1 + \dfrac{1}{x}\right)^x$; (2) $\lim_{x \to 0} \mathrm{e}^{\frac{\sin x}{x}}$。

解 (1) $\lim_{x \to \infty} \sin\left(1 + \dfrac{1}{x}\right)^x = \sin\left[\lim_{x \to \infty}\left(1 + \dfrac{1}{x}\right)^x\right] = \sin\mathrm{e}_\circ$

(2) $\lim_{x \to 0} \mathrm{e}^{\frac{\sin x}{x}} = \mathrm{e}^{\lim_{x \to 0} \frac{\sin x}{x}} = \mathrm{e}^1 = \mathrm{e}_\circ$

定理 1.24 (复合函数的连续性)设函数 $y = f[\varphi(x)]$ 是由函数 $y = f(u)$ 与 $u = \varphi(x)$ 复合而成,$U(x_0) \subset D(f \circ \varphi)$。若函数 $u = \varphi(x)$ 在点 $x = x_0$ 连续,且 $\varphi(x_0) = u_0$,而函数 $y = f(u)$ 在点 $u = u_0$ 连续,则复合函数 $y = f[\varphi(x)]$ 在点 $x = x_0$ 连续。

证 因为函数 $\varphi(x)$ 在点 x_0 连续,所以 $\lim_{x \to x_0} \varphi(x) = \varphi(x_0) = u_0$。又函数 $f(u)$ 在点 u_0 连续,由定理 1.23 有

$$\lim_{x \to x_0} f[\varphi(x)] = f[\lim_{x \to x_0} \varphi(x)] = f[\varphi(x_0)],$$

这就证明了复合函数 $y = f[\varphi(x)]$ 在点 x_0 连续。

例 5 讨论函数 $y = \sin\dfrac{1}{x}$ 的连续性。

解 函数 $y = \sin\dfrac{1}{x}$ 是由 $y = \sin u$ 和 $u = \dfrac{1}{x}$ 复合而成的。当 $x \neq 0$ 时,$u = \dfrac{1}{x}$ 连续,

即 $\dfrac{1}{x}$ 在 $(-\infty,0)\bigcup(0,+\infty)$ 内连续,而 $\sin u$ 在 $(-\infty,+\infty)$ 内连续,由定理 1.24 可知,

函数 $y=\sin\dfrac{1}{x}$ 在 $(-\infty,0)\bigcup(0,+\infty)$ 内连续。

1.9.4　初等函数的连续性

前面已经证明了三角函数,反三角函数在各自的定义域内是连续的。

我们指出,指数函数 $y=a^x(a>0,a\neq1)$ 对于一切实数 x 都有定义,且在区间 $(-\infty,+\infty)$ 内是单调的和连续的,它的值域为 $(0,+\infty)$。

由定理 1.22,对数函数 $y=\log_a x(a>1,a\neq1)$ 作为指数函数 $y=a^x$ 的反函数,在对应区间 $(0,+\infty)$ 内单调且连续。

对于幂函数 $y=x^\mu$,虽其定义域随 μ 的取值而变化,但无论 μ 为何值,在区间 $(0,+\infty)$ 内幂函数总是有定义的。可以证明函数 $y=x^\mu$ 在 $(0,+\infty)$ 内是连续的。因为对于任何 $x>0$,

$$y=x^\mu=a^{\mu\log_a x}(a>0,a\neq1)$$

是由 $y=a^u$ 与 $u=\mu\log_a x$ 两个连续函数复合而成的。由定理 1.24 知,函数 $y=x^\mu$ 在 $(0,+\infty)$ 内连续。

还可以进一步的证明:对于 μ 的各种不同取值,幂函数 $y=x^\mu$ 在其定义域内是连续的。

综上所述可得:

定理 1.25　基本初等函数在它们的定义域内都是连续的。

由初等函数的定义、基本初等函数的连续性及本节定理 1.21、定理 1.24 得到一个重要的结论:

定理 1.26　一切初等函数在其定义区间内都是连续的。

所谓定义区间,就是包含在定义域内的区间。

根据函数 $f(x)$ 在 x_0 连续的定义,如果 $f(x)$ 在点 x_0 连续,则 $\lim\limits_{x\to x_0}f(x)=f(x_0)$,那么求 $\lim\limits_{x\to x_0}f(x)$ 时,只需求 $f(x_0)$ 便可。因此,上面关于初等函数连续性的结论提供了求极限的一个方法,即:如果 $f(x)$ 是初等函数,x_0 是 $f(x)$ 的定义区间内的点,则

$$\lim_{x\to x_0}f(x)=f(x_0)。$$

例 6　求下列极限。

(1) $\lim\limits_{x\to1}\dfrac{x^2+\ln(4-3x)}{\arctan x}$;

(2) $\lim\limits_{x\to0}\dfrac{x^2+1}{3x^2+\cos x^2+2}$。

解　(1) $\lim\limits_{x\to1}\dfrac{x^2+\ln(4-3x)}{\arctan x}=\dfrac{1+\ln(4-3)}{\arctan 1}=\dfrac{4}{\pi}$。

(2) $\lim\limits_{x\to0}\dfrac{x^2+1}{3x^2+\cos x^2+2}=\dfrac{0+1}{0+\cos 0+2}=\dfrac{1}{3}$。

在计算函数极限时,常遇到形如 $[f(x)]^{g(x)}$(其中 $f(x)>0$)的函数(通常称为幂指函

数)。当 $f(x),g(x)$ 均为连续函数,且 $f(x) > 0$ 时,$[f(x)]^{g(x)}$ 也是连续函数。

如果 $\lim f(x) = A > 0, \lim g(x) = B$,那么

$$\lim [f(x)]^{g(x)} = A^B。$$

事实上,因为 $[f(x)]^{g(x)} = e^{g(x)\ln f(x)}$,根据定理 1.23 可得

$$\lim [f(x)]^{g(x)} = \lim e^{g(x)\ln f(x)} = e^{\lim g(x)\ln f(x)},$$

而　　　$\lim g(x)\ln f(x) = \lim g(x) \cdot \lim \ln f(x) = \lim g(x) \cdot \ln[\lim f(x)] = B\ln A。$

于是　　　　$\lim [f(x)]^{g(x)} = \lim e^{g(x)\ln f(x)} = e^{\lim g(x)\ln f(x)} = e^{B\ln A} = A^B。$

例 7　求 $\lim\limits_{x \to 0} (\dfrac{\sin 2x}{x})^{1+x}$。

解　因为　　　　　　$\lim\limits_{x \to 0} \dfrac{\sin 2x}{x} = 2, \lim\limits_{x \to 0}(1+x) = 1,$

所以　　　　　　　　$\lim\limits_{x \to 0}\left(\dfrac{\sin 2x}{x}\right)^{1+x} = 2^1 = 2。$

例 8　求 $\lim\limits_{x \to 0}(1+2x)^{\frac{1}{\sin x}}$。

解　(解法一)由于　　$(1+2x)^{\frac{1}{\sin x}} = \left[(1+2x)^{\frac{1}{2x}}\right]^{\frac{2x}{\sin x}},$

因为　　　　　　$\lim\limits_{x \to 0}(1+2x)^{\frac{1}{2x}} = e, \lim\limits_{x \to 0}\dfrac{2x}{\sin x} = 2,$

故　　　　$\lim\limits_{x \to 0}(1+2x)^{\frac{1}{\sin x}} = \lim\limits_{x \to 0}\left[(1+2x)^{\frac{1}{2x}}\right]^{\frac{2x}{\sin x}} = e^2。$

(解法二)因为　$(1+2x)^{\frac{1}{\sin x}} = \left[(1+2x)^{\frac{1}{2x}}\right]^{\frac{2x}{\sin x}} = e^{\frac{2x}{\sin x} \cdot \ln(1+2x)^{\frac{1}{2x}}},$

则　　　$\lim\limits_{x \to 0}(1+2x)^{\frac{1}{\sin x}} = \lim\limits_{x \to 0} e^{\frac{2x}{\sin x} \cdot \ln(1+2x)^{\frac{1}{2x}}} = e^{\lim\limits_{x \to 0}\left[\frac{2x}{\sin x} \cdot \ln(1+2x)^{\frac{1}{2x}}\right]} = e^{2\ln e} = e^2。$

1.9.5　闭区间上连续函数的性质

在前面讨论了函数在区间上连续的概念,在闭区间上连续的函数具有几个重要的性质,从几何上看,这些性质都是十分明显的,但需要严密的实数理论才能证明,故我们这里只以定理形式给出,不加以证明。

先给出最大值和最小值的概念。对于在区间 I 上有定义的函数 $f(x)$,如果存在点 $x_0 \in I$,使得对于任意 $x \in I$,均有 $f(x) \leqslant f(x_0)(f(x) \geqslant f(x_0))$,则称 $f(x_0)$ 是函数 $f(x)$ 在区间 I 上的**最大(小)值**。

例如,函数 $\sin x$ 在区间 $[0,\pi]$ 上有最大值 1 和最小值 0。一般说来,在一个区间上连续的函数,在该区间上未必有最大值或最小值。如 $f(x) = x$ 在 $(0,1)$ 上既无最大值也无最小值。但是,在一个闭区间上连续的函数,它必在该闭区间上取得最大值和最小值。

定理 1.27　(最大值和最小值定理)在闭区间上连续的函数在该区间上一定能取得它的最大值和最小值。

定理 1.27 说明,如果函数 $f(x)$ 在区间 $[a,b]$ 上连续,那么至少存在一点 $\xi \in [a,b]$,使得 $f(\xi)$ 为函数 $f(x)$ 在区间 $[a,b]$ 上的最大值,又至少有一点 $\eta \in [a,b]$,使得 $f(\eta)$ 是函数 $f(x)$ 在区间 $[a,b]$ 上的最小值(见图 1-41)。

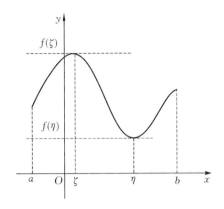

图 1-41

说明 (1)定理中的条件闭区间若换为开区间结论不一定成立,如函数 $\sin x$ 在开区间 $(0,\pi)$ 内无最小值。

(2)定理中对条件连续函数的要求也十分重要,闭区间上的非连续函数不一定有最值,如函数

$$f(x) = \begin{cases} \dfrac{1}{x}, x \in (0,1), \\ 2, \ x = 0 \ 与 \ 1。 \end{cases}$$

(3)定理中的 ξ 和 η 可能不唯一。

推论 1.8 (有界性定理)若函数 $y = f(x)$ 在闭区间 $[a,b]$ 上连续,则 $f(x)$ 在 $[a,b]$ 上有界。

定理 1.28 (零点定理)设函数 $f(x)$ 在闭区间 $[a,b]$ 上连续,且 $f(a)$ 与 $f(b)$ 异号 (即 $f(a)f(b) < 0$),则至少存在一点 $\xi \in (a,b)$,使得 $f(\xi) = 0$。

这里不予证明,只给出几何解释:

如果连续曲线弧 $y = f(x)$ 的两个端点位于 x 轴的不同侧,那么这段曲线弧与 x 轴至少有一个交点(见图 1-42)。

定理 1.29 (介值定理)设函数 $f(x)$ 在闭区间 $[a,b]$ 上连续,且 $f(a) \neq f(b)$,那么,对于 $f(a)$ 与 $f(b)$ 之间的任意实数 C,至少存在一点 $\xi \in (a,b)$,使得 $f(\xi) = C$。

证 设 $g(x) = f(x) - C$,则函数 $g(x)$ 在闭区间 $[a,b]$ 上连续,且 $g(a)$ 与 $g(b)$ 异号。根据零点定理,至少存在一点 $\xi \in (a,b)$,使得

$$g(\xi) = 0 (a < \xi < b),$$

但是 $g(\xi) = f(\xi) - C$,因此得

$$f(\xi) = C (a < \xi < b)。$$

几何解释 连续曲线弧 $y = f(x)$ 与水平直线 $y = C$ 至少相交于一点,如图 1-43 所示。

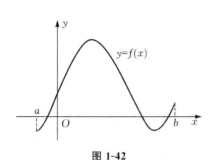

图 1-42

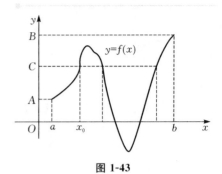

图 1-43

推论 1.9　闭区间上的连续函数必取得介于函数最大值 M 与最小值 m 之间的任何值。

例 9　证明方程 $x^3 - 4x^2 + 1 = 0$ 在区间 $(0,1)$ 内至少有一个根。

证　令 $f(x) = x^3 - 4x^2 + 1$，则 $f(x)$ 在闭区间 $[0,1]$ 上连续，且
$$f(0) = 1 > 0, f(1) = -2 < 0,$$
由零点定理知，至少存在一点 $\xi \in (0,1)$ 使得
$$f(\xi) = 0,$$
即
$$\xi^3 - 4\xi^2 + 1 = 0, \xi \in (0,1)。$$
此式说明方程 $x^3 - 4x^2 + 1 = 0$ 在区间 $(0,1)$ 内至少有一个根 $x = \xi$。

习　题　1.9

1. 求函数 $f(x) = \dfrac{x^3 + 3x^2 - x - 3}{x^2 + x - 6}$ 的连续区间，并将间断点分类。

2. 求下列极限。

(1) $\lim\limits_{x \to 0} \sqrt{x^2 + 2x + 5}$；

(2) $\lim\limits_{x \to \frac{\pi}{4}} (\sin 2x)^3$；

(3) $\lim\limits_{x \to \frac{\pi}{6}} \ln(2\cos 2x)$；

(4) $\lim\limits_{x \to 1} \dfrac{\sqrt{5x - 4} - \sqrt{x}}{x - 1}$；

(5) $\lim\limits_{x \to a} \dfrac{\sin x - \sin a}{x - a}$；

(6) $\lim\limits_{x \to 0} (\sqrt{x^2 + x} - \sqrt{x^2 - x})$。

3. 求下列极限。

(1) $\lim\limits_{x \to \infty} e^{\frac{1}{x}}$；

(2) $\lim\limits_{x \to 0} \ln \dfrac{\arctan x}{x}$；

(3) $\lim\limits_{x \to \infty} \left(1 + \dfrac{1}{x}\right)^{\frac{x}{2}}$；

(4) $\lim\limits_{x \to \infty} \left(\dfrac{x - 1}{x}\right)^{\frac{1}{\sin \frac{1}{x}}}$；

(5) $\lim\limits_{x \to \infty} \left(\dfrac{2x + 3}{2x + 1}\right)^{x+1}$。

4. 证明方程 $x^3 + 2x = 6$ 至少有一个根介于 1 和 3 之间。

5. 证明方程 $x = a\sin x + b$ 至少有一个正根，并且它不超过 $a + b$，其中 $a > 0, b > 0$。

6. 证明：若 $f(x)$ 与 $g(x)$ 在 $[a,b]$ 上连续，且 $f(a) < g(a)$，$f(b) > g(b)$，则至少存在一点 $c \in (a,b)$，使得 $f(c) = g(c)$。

综合练习 1

1.填空题。

(1) 已知当 $x \to 0$ 时，$1 - \cos ax$ 与 x^2 是等价无穷小，则常数 $a =$ ＿＿＿＿＿＿。

(2) $\lim\limits_{x \to 0} \dfrac{x(e^{2x} - 1)}{1 - \cos x} =$ ＿＿＿＿＿＿。

(3) $\lim\limits_{x \to \infty} \left(\dfrac{x^2 + 1}{x^2 - 2} \right)^{x^2} =$ ＿＿＿＿＿＿。

(4) 若函数 $f(x) = \begin{cases} x^2 - c^2, & x < 4, \\ cx + 20, & x \geqslant 4 \end{cases}$ 在 $(-\infty, +\infty)$ 上连续，则常数 c 的值为 ＿＿＿＿＿＿。

(5) 已知 $x = 0$ 是函数 $y = \dfrac{e^{2x} + a}{x}$ 的第一类间断点，则常数 a 的值为 ＿＿＿＿＿＿。

2.选择题。

(1) 设函数 $f(x)$ 在 $(-\infty, +\infty)$ 内单调有界，$\{x_n\}$ 为数列，下列命题正确的是（　　）。

　(A) 若 $\{x_n\}$ 收敛，则 $\{f(x_n)\}$ 收敛　　　　(B) 若 $\{x_n\}$ 单调，则 $\{f(x_n)\}$ 收敛

　(C) 若 $\{f(x_n)\}$ 收敛，则 $\{x_n\}$ 收敛　　　　(D) 若 $\{f(x_n)\}$ 单调，则 $\{x_n\}$ 收敛

(2) 当 $x \to 0^+$ 时，与 $\sqrt{x}$ 等价的无穷小量是（　　）。

　(A) $1 - e^{\sqrt{x}}$ 　　　　(B) $\ln \dfrac{1 - x}{1 - \sqrt{x}}$ 　　　　(C) $\sqrt{1 + \sqrt{x}} - 1$ 　　　　(D) $1 - \cos\sqrt{x}$

(3) 极限 $\lim\limits_{x \to \infty} \left[\dfrac{x^2}{(x - a)(x + b)} \right]^x =$（　　），这里 a, b 为常数。

　(A) 1 　　　　(B) e 　　　　(C) e^{a-b} 　　　　(D) e^{b-a}

(4) 设函数 $f(x) = \begin{cases} \dfrac{1 + 2e^{\frac{1}{x}}}{2 + e^{\frac{1}{x}}}, & x \neq 0, \\ 2, & x = 0, \end{cases}$ 则 $x = 0$ 是函数 $f(x)$ 的（　　）。

　(A) 可去间断点　　　　　　　　　　　(B) 跳跃间断点

　(C) 无穷间断点　　　　　　　　　　　(D) 连续点

(5) 设 $n \in \mathbf{N}^+$，则函数 $f(x) = \lim\limits_{n \to \infty} \dfrac{1 + x}{1 + x^{2n}}$（　　）。

　(A) 存在间断点 $x = 1$ 　　　　　　　(B) 存在间断点 $x = -1$

　(C) 存在间断点 $x = 0$ 　　　　　　　(D) 不存在间断点

3.设 $f\left(x + \dfrac{1}{x}\right) = x^2 + \dfrac{1}{x^2}$，求 $f(x)$ 和 $f\left(x - \dfrac{1}{x}\right)$。

4.计算下列极限。

(1) $\lim\limits_{x \to 1} \dfrac{x^n - 1}{x - 1}$（$n$ 为正整数）；　　　　(2) $\lim\limits_{x \to \infty} x(\sqrt{x^2 + 1} - \sqrt{x^2 - 1})$；

(3) $\lim\limits_{h \to 0} \dfrac{(x+h)^2 - x^2}{h}$;

(4) $\lim\limits_{x \to 0} \dfrac{2x\sin x}{\sqrt{1+x^2}}\arctan\dfrac{1}{x}$;

(5) $\lim\limits_{x \to 0} \dfrac{1 - \cos 2x}{x\ln(1+x)}$;

(6) $\lim\limits_{x \to +\infty} (\mathrm{e}^{\frac{2}{x}} - 1)x$;

(7) $\lim\limits_{x \to 1} (\dfrac{2}{x^2 - 1} - \dfrac{1}{x - 1})$;

(8) $\lim\limits_{x \to \pi} \dfrac{x - \pi}{\sin x}$;

(9) $\lim\limits_{x \to 0} \dfrac{\ln\cos ax}{\ln\cos bx}$;

(10) $\lim\limits_{x \to \frac{\pi}{2}} (\sin x)^{\tan x}$。

5. 下列函数在 $x = 0$ 处是否连续?为什么?

(1) $f(x) = \begin{cases} \mathrm{e}^{-\frac{1}{x^2}}, & x \neq 0, \\ 0, & x = 0; \end{cases}$

(2) $f(x) = \begin{cases} \dfrac{\sin x}{|x|}, & x \neq 0, \\ 1, & x = 0。 \end{cases}$

6. 设 $f(x) = \begin{cases} x\sin\dfrac{1}{x}, & x > 0, \\ a + x^2, & x \leqslant 0, \end{cases}$ 在 $(-\infty, +\infty)$ 内连续,求常数 a 的值。

7. 证明方程 $\sin x + x + 1 = 0$ 在 $(-\dfrac{\pi}{2}, \dfrac{\pi}{2})$ 在内至少有一个根。

8. 设 $f(x)$ 在 $[0,1]$ 上连续,且 $0 \leqslant f(x) \leqslant 1$,证明:至少存在一点 $\xi \in [0,1]$,使 $f(\xi) = \xi$。

9. 若函数 $f(x)$ 在闭区间 $[a,b]$ 上连续,$a < x_1 < x_2 < \cdots < x_n < b$,证明:在区间 (a,b) 内至少存在一点 ξ,使

$$f(\xi) = \frac{f(x_1) + f(x_2) + \cdots + f(x_n)}{n}。$$

10. 设 a 为正常数,$f(x)$ 在 $[0,2a]$ 上连续,且 $f(0) = f(2a)$,证明:方程 $f(x) = f(x+a)$ 在 $[0,a]$ 上至少有一根。

第 2 章　　导数与微分

微分学是微积分的重要组成部分,它的基本概念是导数与微分。

本章的主要内容是讨论导数和微分的定义以及它们的计算方法。导数与微分的应用则在第 3 章中讨论。

2.1　导数的定义

2.1.1　引例

为了清楚说明导数的定义,我们首先通过讨论函数与极限的本质提出导数解决问题和处理问题的方法,然后通过两个例子,即瞬时速度问题和切线问题来实现对实际问题的处理。在历史上,这两个问题与导数概念的形成有密切的联系。

函数实现了对变量变化的过程的描述,其手段是将两个变化过程,即自变量的变化过程与因变量的变化过程,通过这两个变量间的对应方式来实现对过程的描述。

$$f(x):D \to \mathbf{R}$$
$$\forall x \in D \to y \in \mathbf{R}$$

函数的概念使得我们能够进一步研究函数中两个变换过程的变化趋势的关系,比如研究"一尺之槌,日取其半,万世不竭"这样的论断,以及研究自变量的增量变化过程与因变量的增量变化过程的变化速度之间的关系。前者引出了函数的极限的概念,而后者正是导数要解决的问题。

自变量的增量定义为:自变量从初值 x_0 到终值 $x_0 + \Delta x$ 的改变量 Δx。显然 Δx 可以视为一个变化过程。Δx 可以取正值也可以取负值。

因变量的增量可以类似地定义为:$f(x)$ 从 $f(x_0)$ 到 $f(x_0 + \Delta x)$ 的改变量,记为 Δy。很显然,Δy 是随 Δx 的变化而变化。

对于要处理的问题:自变量的增量变化过程与因变量的增量变化过程的变化速度之间的关系,这两个过程可以由极限过程统一起来。

(1)我们来考虑 $\lim\limits_{\Delta x \to 0}\Delta y$,当函数 $f(x)$ 是连续函数时,$\lim\limits_{\Delta x \to 0}\Delta y = 0$,也就是 Δy 为当 $\Delta x \to 0$ 时的无穷小量,因此这一表达形式的意义不大。

(2)由此联想到通过无穷小的比较来判断它们的变化速度,不妨考虑 $\lim\limits_{\Delta x \to 0}\dfrac{\Delta y}{\Delta x}$。对于这样的极限过程,我们必须弄清楚该极限过程对于 $f(x)$ 的意义以及极限存在的条件。

我们首先通过两个例子来探索第一个问题。

1. 直线运动的速度

设一物体做变速直线运动,其运动方程为

$$s = s(t), t \in [0, T],$$

设 $\Delta t > 0$,且满足 $t_0, t_0 + \Delta t \in [0, T]$,在时间段$[t_0, t_0 + \Delta t]$上物体运动的平均速度为

$$\overline{v} = \frac{s(t_0 + \Delta t) - s(t_0)}{\Delta t} = \frac{\Delta s}{\Delta t}。$$

物体做变速直线运动,$\overline{v}$不能准确地刻画物体在t_0时刻的运动状态。不妨考虑 Δt 很小时,$\overline{v}$与物体在t_0时刻的瞬时速度 $v(t_0)$ 近似相等,且当 Δt 越来越小时,这个近似程度越来越高。因此这样定义物体在 t_0 时刻的瞬时速度 $v(t_0)$:如果当 $\Delta t \to 0$ 时,$\overline{v} = \frac{\Delta s}{\Delta t}$ 的极限存在,就把此极限称为物体在 t_0 时刻的瞬时速度,即

$$v(t_0) = \lim_{\Delta t \to 0} \frac{\Delta s}{\Delta t} = \lim_{\Delta t \to 0} \frac{s(t_0 + \Delta t) - s(t_0)}{\Delta t} = \lim_{t \to t_0} \frac{s(t) - s(t_0)}{t - t_0}。$$

2. 平面曲线的切线

圆、椭圆的切线可以定义为"与曲线只有一个交点的直线"。但对于更一般的曲线,这样的定义就不一定合适。比如,对于抛物线 $y = x^2$,在原点O处,两个坐标轴都符合上面的定义,但只有 x 轴是抛物线在O点的切线,下面给出平面曲线的切线定义。

定义 2.1　设曲线C是函数 $y = f(x)$ 的图形,点 $P_0(x_0, y_0)$ 是曲线C上的一个定点,点 $P(x, y)$ 是曲线上的动点,当点 P 沿着曲线C无限趋近于点P_0时,如果割线 P_0P 的极限位置 P_0T 存在,则称直线 P_0T 为曲线在点 P_0 处的切线。

在此定义下,曲线的切线如图 2-1 所示。

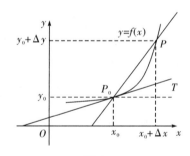

图 2-1

确定切线 P_0T 的位置,关键是要确定 P_0T 的斜率k,$k = \tan\alpha$(α 为 P_0T 的倾斜角),设割线 P_0P 的倾斜角为 φ,$\Delta x = x - x_0$,$\Delta y = f(x) - f(x_0) = f(x_0 + \Delta x) - f(x_0)$,则

$$\tan\varphi = \frac{\Delta y}{\Delta x} = \frac{f(x) - f(x_0)}{x - x_0} = \frac{f(x_0 + \Delta x) - f(x_0)}{\Delta x}。$$

当 $P \to P_0$ 时,其等价于 $x \to x_0$,即 $\Delta x \to 0$,此时有 $\varphi \to \alpha$。当过 P_0 的切线 P_0T 存在时,有

$$k = \tan\alpha = \lim_{\varphi \to \alpha} \tan\varphi = \lim_{\Delta x \to 0} \frac{\Delta y}{\Delta x}$$
$$= \lim_{x \to x_0} \frac{f(x) - f(x_0)}{x - x_0} = \lim_{\Delta x \to 0} \frac{f(x_0 + \Delta x) - f(x_0)}{\Delta x}。$$

求出了切线 P_0T 的斜率，切线 P_0T 也就确定了。

由直线的点斜式方程，得切线 P_0T 的方程为

$$f(x) - f(x_0) = k(x - x_0)。$$

2.1.2 导数的概念

1. 函数在一点处的导数

定义 2.2   设函数 $y = f(x)$ 在点 x_0 的某个邻域 $U(x_0)$ 内有定义，当自变量 x 在 x_0 处获得增量 $\Delta x[x_0 + \Delta x \in U(x_0)]$ 时，相应地，函数 y 取得增量 $\Delta y = f(x_0 + \Delta x) - f(x_0)$，如果当 $\Delta x \to 0$ 时，$\dfrac{\Delta y}{\Delta x}$ 的极限存在，则称函数 $y = f(x)$ 在点 x_0 处可导，并称此极限为 $y = f(x)$ 在 x_0 处的导数，记为 $f'(x_0)$，即

$$f'(x_0) = \lim_{\Delta x \to 0} \frac{\Delta y}{\Delta x} = \lim_{\Delta x \to 0} \frac{f(x_0 + \Delta x) - f(x_0)}{\Delta x} = \lim_{x \to x_0} \frac{f(x) - f(x_0)}{x - x_0}, \quad (2.1)$$

也可记为

$$y'(x_0),\ f'(x_0), y'\mid_{x=x_0},\ f'(x)\mid_{x=x_0}, \frac{\mathrm{d}y}{\mathrm{d}x}\mid_{x=x_0}, \frac{\mathrm{d}f(x)}{\mathrm{d}x}\mid_{x=x_0}。$$

导数的定义式也可取不同的形式，常用下面的表达形式

$$f'(x_0) = \lim_{h \to 0} \frac{f(x_0 + h) - f(x_0)}{h}。$$

引入了函数在一点的导数的概念后，上面两个例子中的结论可以表述为

(1) 变速直线运动的物体在 $t = t_0$ 时的瞬时速度 $v(t_0) = s'(t_0)$。

(2) 曲线 $y = f(x)$ 在点 x_0 处的切线的斜率 $k = f'(x_0)$。

在实际中，常常需要讨论各种具有不同意义的变量的变化"快慢"问题，在数学中就是所谓的变化率问题。导数的概念就是函数变化率这一概念的准确表述。它撇开了自变量和因变量所表达的几何或物理意义，纯粹从数量方面来刻画变化率的本质：因变量增量与自变量增量之比 $\dfrac{\Delta y}{\Delta x}$ 是因变量 y 在以 x_0 和 $x_0 + \Delta x$ 为端点的区间上的平均变化率，而导数 $f'(x_0)$ 则是因变量在点 x_0 处的变化率，它反映了因变量随自变量的变化而变化的快慢程度。

如果公式(2.1)的极限不存在，就说函数 $y = f(x)$ 在点 x_0 处不可导。如果不可导的原因是当 $\Delta x \to 0$ 时，$\dfrac{\Delta y}{\Delta x} \to \infty$，在这种情况下，为了方便，往往也说函数 $y = f(x)$ 在点 x_0 处的导数是无穷大。

2. 单侧导数

因为导数

$$f'(x_0) = \lim_{h \to 0} \frac{f(x_0 + h) - f(x_0)}{h}$$

是一个极限，且极限存在的充要条件是左、右极限都存在且相等，又由函数 $y = f(x)$ 在点

x_0 处的导数 $f'(x_0)$ 的定义可知 $f'(x_0)$ 存在的充要条件是左、右极限

$$\lim_{h \to 0^-} \frac{f(x_0 + h) - f(x_0)}{h} \text{ 及 } \lim_{h \to 0^+} \frac{f(x_0 + h) - f(x_0)}{h}$$

都存在且相等。

定义 2.3 设函数 $y = f(x)$ 在点 x_0 的某个左邻域 $(x_0 - \delta, x_0] (\delta > 0)$ 上有定义，如果极限

$$\lim_{h \to 0^-} \frac{f(x_0 + h) - f(x_0)}{h}$$

存在，称此极限为函数 $f(x)$ 在点 x_0 处的**左导数**，记作

$$f'_-(x_0) = \lim_{h \to 0^-} \frac{f(x_0 + h) - f(x_0)}{h} = \lim_{x \to x_0^-} \frac{f(x) - f(x_0)}{x - x_0}.$$

同理，如果函数 $f(x)$ 在点 x_0 的某个右邻域 $[x_0, x_0 + \delta) (\delta > 0)$ 上有定义，定义 $f(x)$ 在点 x_0 处的**右导数**为

$$f'_+(x_0) = \lim_{h \to 0^+} \frac{f(x_0 + h) - f(x_0)}{h} = \lim_{x \to x_0^+} \frac{f(x) - f(x_0)}{x - x_0}.$$

左导数和右导数统称为**单侧导数**。

显然，函数 $f(x)$ 点 x_0 处可导的充要条件是：$f(x)$ 在点 x_0 处的左、右导数都存在且相等。

例 1 讨论函数 $f(x) = |x|$ 在 $x = 0$ 处的可导性。

解 $f'_-(0) = \lim_{h \to 0^-} \frac{f(0 + h) - f(0)}{h} = \lim_{h \to 0^-} \frac{|h|}{h} = -1$,

$f'_+(0) = \lim_{h \to 0^+} \frac{f(0 + h) - f(0)}{h} = \lim_{h \to 0^+} \frac{|h|}{h} = 1$。

因为 $f'_-(0) \neq f'_+(0)$，所以函数 $f(x) = |x|$ 在 $x = 0$ 处不可导。

3. 导函数

如果函数 $y = f(x)$ 在开区间 I 内的每点都可导，就称函数 $f(x)$ 在开区间 I 内可导，这时，对于任一 $x \in I$，都对应着 $f(x)$ 的一个确定的导数值。这样就构成了一个新的函数，这个函数叫作函数 $y = f(x)$ 的**导函数**，记作

$$y', f'(x), \frac{dy}{dx} \text{ 或 } \frac{df(x)}{dx}.$$

导函数的定义式为

$$y' = \lim_{\Delta x \to 0} \frac{f(x + \Delta x) - f(x)}{\Delta x} = \lim_{h \to 0} \frac{f(x + h) - f(x)}{h}.$$

$f'(x_0)$ 与 $f'(x)$ 之间的关系如下：

函数 $f(x)$ 在点 x_0 处的导数 $f'(x_0)$ 就是导函数 $f'(x)$ 在点 $x = x_0$ 处的函数值，即

$$f'(x_0) = f'(x) \big|_{x = x_0}.$$

导函数 $f'(x)$ 简称导数，而 $f'(x_0)$ 是 $f(x)$ 在 x_0 处的导数或导数 $f'(x)$ 在 x_0 处的函数值。

注　(1) 如果 $y=f(x)$ 在开区间 (a,b) 内每一点处都可导,则称函数 $y=f(x)$ 在开区间 (a,b) 内可导。

(2) 如果 $y=f(x)$ 在开区间 (a,b) 内可导,且 $f'_+(a)$ 与 $f'_-(b)$ 都存在,则称 $y=f(x)$ 在闭区间 $[a,b]$ 上可导。

例 2　求函数 $f(x)=C$(C 为常数)的导数。

解　$f'(x)=\lim\limits_{h\to0}\dfrac{f(x+h)-f(x)}{h}=\lim\limits_{h\to0}\dfrac{C-C}{h}=0$,即 $C'=0$。

例 3　求函数 $f(x)=x^n(n\in\mathbf{N}^+)$ 在 $x=a$ 处的导数。

解　$f'(a)=\lim\limits_{x\to a}\dfrac{f(x)-f(a)}{x-a}=\lim\limits_{x\to a}\dfrac{x^n-a^n}{x-a}$

$\qquad=\lim\limits_{x\to a}(x^{n-1}+ax^{n-2}+\cdots+a^{n-1})=na^{n-1}$,

把以上结果中的 a 换成 x 得 $f'(x)=nx^{n-1}$,即 $(x^n)'=nx^{n-1}$。

更一般地,有 $(x^\mu)'=\mu\cdot x^{\mu-1}$,其中 μ 为常数。

特别地,有

$$\left(\frac{1}{x}\right)'=-\frac{1}{x^2},\ (\sqrt{x})'=\frac{1}{2\sqrt{x}}。$$

例 4　求函数 $f(x)=\sin x$ 的导数。

解　$f'(x)=\lim\limits_{h\to0}\dfrac{f(x+h)-f(x)}{h}=\lim\limits_{h\to0}\dfrac{\sin(x+h)-\sin x}{h}$

$\qquad=\lim\limits_{h\to0}\dfrac{1}{h}\cdot2\cos(x+\dfrac{h}{2})\sin\dfrac{h}{2}$

$\qquad=\lim\limits_{h\to0}\cos(x+\dfrac{h}{2})\cdot\dfrac{\sin\dfrac{h}{2}}{\dfrac{h}{2}}=\cos x$,

即 $(\sin x)'=\cos x$。

用类似的方法,可求得 $(\cos x)'=-\sin x$。

例 5　求函数 $f(x)=a^x(a>0,a\neq1)$ 的导数。

解　$f'(x)=\lim\limits_{h\to0}\dfrac{f(x+h)-f(x)}{h}=\lim\limits_{h\to0}\dfrac{a^{x+h}-a^x}{h}$

$\qquad=a^x\lim\limits_{h\to0}\dfrac{a^h-1}{h}\xlongequal{令a^h-1=t}a^x\lim\limits_{t\to0}\dfrac{t}{\log_a(1+t)}$

$\qquad=a^x\dfrac{1}{\log_a\mathrm{e}}=a^x\ln a$。

特别地,有 $(\mathrm{e}^x)'=\mathrm{e}^x$。

例 6　求函数 $f(x)=\log_a x(a>0,a\neq1)$ 的导数。

解　$f'(x)=\lim\limits_{h\to0}\dfrac{f(x+h)-f(x)}{h}=\lim\limits_{h\to0}\dfrac{\log_a(x+h)-\log_a x}{h}$

$$= \lim_{h \to 0} \frac{1}{h} \log_a (\frac{x+h}{x}) = \frac{1}{x} \lim_{h \to 0} \frac{x}{h} \log_a (1 + \frac{h}{x})$$

$$= \frac{1}{x} \lim_{h \to 0} \log_a (1 + \frac{h}{x})^{\frac{x}{h}} = \frac{1}{x} \log_a e = \frac{1}{x \ln a} \circ$$

特别地,有 $(\ln x)' = \frac{1}{x}$。

2.1.3　导数的几何意义

函数 $f(x)$ 在点 x_0 处的导数 $f'(x_0)$ 在几何上表示曲线 $y = f(x)$ 在点 $M(x_0, f(x_0))$ 处的切线的斜率,即 $f'(x_0) = \tan \alpha$,其中 α 是切线的倾角。这就是函数导数的几何意义。

如果 $f(x)$ 在点 x_0 处的导数为无穷大,这时曲线 $y = f(x)$ 的割线以垂直于 x 轴的直线 $x = x_0$ 为极限位置,即曲线 $y = f(x)$ 在点 $M(x_0, f(x_0))$ 处具有垂直于 x 轴的切线 $x = x_0$。

由直线的点斜式方程可知,曲线 $y = f(x)$ 在点 $M(x_0, y_0)$ 处的切线方程为

$$y - y_0 = f'(x_0)(x - x_0) \circ$$

过切点 $M(x_0, y_0)$ 且与切线垂直的直线叫作曲线 $y = f(x)$ 在点 M 处的法线。

如果 $f'(x_0) \neq 0$,法线的斜率为 $-\frac{1}{f'(x_0)}$,从而法线方程为

$$y - y_0 = -\frac{1}{f'(x_0)}(x - x_0) \circ$$

2.1.4　函数可导性与连续性的关系

设函数 $y = f(x)$ 在点 x 处可导,即

$$\lim_{\Delta x \to 0} \frac{\Delta y}{\Delta x} = f'(x)$$

存在,则由极限运算法则可得

$$\lim_{\Delta x \to 0} \Delta y = \lim_{\Delta x \to 0} \Delta x \cdot \frac{\Delta y}{\Delta x} = \lim_{\Delta x \to 0} \Delta x \cdot \lim_{\Delta x \to 0} \frac{\Delta y}{\Delta x} = f'(x) \cdot 0 = 0 \circ$$

这就是说,若函数 $y = f(x)$ 在点 x 处可导,则函数 $y = f(x)$ 在点 x 处连续。但是结论反过来并不一定成立,即一个函数在某点处连续但并不一定在该点处可导,比如例 1 中的函数 $f(x)$,则函数的某点连续是函数在该点处可导的必要条件。

习　题　2.1

1. 设物体绕定轴旋转,在时间间隔 $[0, t]$ 上转过角 θ,从而转角 θ 是 t 的函数: $\theta = \theta(t)$。如果旋转是均匀的,那么称 $\omega = \frac{\theta}{t}$ 为该物体旋转的角速度。如果旋转是非匀速的,那么应该怎么确定该物体在时刻 t_0 的角速度?

2. 设 $f(x) = 10x^2$,试按定义求 $f'(-1)$。

3. 证明: $(\cos x)' = -\sin x$。

4. 下列各题中均假定 $f'(x_0)$ 存在,按照导数定义观察下列极限,指出 A 表示什么。

$(1)A = \lim\limits_{h \to 0} \dfrac{f(x_0 + 2h) - f(x_0)}{h}$; $(2)A = \lim\limits_{h \to 0} \dfrac{f(x_0 - h) - f(x_0)}{h}$;

$(3)A = \lim\limits_{h \to 0} \dfrac{f(x_0 + h) - f(x_0 - h)}{h}$; $(4)A = \lim\limits_{n \to \infty} n\left[f(x_0 + \dfrac{1}{n}) - f(x_0) \right]$。

5. 求下列函数的导数。

$(1)y = x^4$; $(2)y = \sqrt[3]{x^2}$; $(3)y = x^{1.3}$; $(4)y = \dfrac{x^2 \cdot \sqrt[3]{x^2}}{\sqrt{x^5}}$。

6. 已知物体的运动规律为 $s = t^3 (\text{m})$,求这个物体在 $t = 2$ 秒时的速度。

7. 求曲线 $y = e^x$ 在点 $(0,1)$ 处的切线方程和法线方程。

8. 讨论下列函数在 $x = 0$ 处的连续性与可导性。

$(1)y = |x|$; $(2)y = \begin{cases} x^2 \sin \dfrac{1}{x}, & x \neq 0, \\ 0, & x = 0。 \end{cases}$

9. 设 $f(x) = \begin{cases} e^x - 1, & x < 0, \\ x + a, & 0 \leqslant x < 1, \\ b\sin(x - 1) + 1, & x \geqslant 1, \end{cases}$ 求 a, b,使得 $f(x)$ 在 $x = 0$ 和 $x = 1$ 处可导。

10. 设 $f(x) = |x - a| \cdot \varphi(x)$,其中 $\varphi(x)$ 在点 $x = a$ 处连续,$f(x)$ 在点 $x = a$ 处可导,求 $\varphi(a)$。

11. 已知 $f(x) = \begin{cases} \sin x, & x < 0, \\ x, & x \geqslant 0, \end{cases}$ 求 $f'(x)$。

2.2 函数求导法则

本节将在基本初等函数的导数公式的基础上,介绍求导数的几个基本法则,借助这些法则和公式,就能方便地求出常见的初等函数的导数。

2.2.1 函数的和、差、积、商的求导法则

定理 2.1   设函数 $u(x)$ 和 $v(x)$ 均在点 x 处可导,则它们的和、差、积、商(分母不为零) 也均在 x 处可导,且

$(1)[u(x) \pm v(x)]' = u'(x) \pm v'(x)$;

$(2)[u(x)v(x)]' = u'(x)v(x) + u(x)v'(x)$;

$(3)\left[\dfrac{u(x)}{v(x)} \right]' = \dfrac{u'(x)v(x) - u(x)v'(x)}{v^2(x)} \ [v(x) \neq 0]$。

注   以上公式均可用导数的定义给予证明。

推论 2.1   设函数 $u(x), v(x), w(x)$ 均在点 x 处可导,则有

$(1)[u(x) \pm v(x) \pm w(x)]' = u'(x) \pm v'(x) \pm w'(x)$;

$(2)[u(x)v(x)w(x)]' = u'(x)v(x)w(x) + u(x)v'(x)w(x) + u(x)v(x)w'(x)$;

(3)$[Cu(x)]' = Cu'(x)$（C 为常数）。

注　定理2.1中的法则(1)(2)可以推广到任意有限个可导函数的情形,常数因子可以提到求导符号外面去。

例 1　$f(x) = x^3 + 4\cos x - \sin\dfrac{\pi}{2}$，求 $f'(x)$ 及 $f'(\dfrac{\pi}{2})$。

解　$f'(x) = (x^3)' + (4\cos x)' - (\sin\dfrac{\pi}{2})' = 3x^2 - 4\sin x$，

$$f'(\dfrac{\pi}{2}) = \dfrac{3}{4}\pi^2 - 4。$$

例 2　$y = e^x(\sin x + \cos x)$，求 y'。

解　$y' = (e^x)'(\sin x + \cos x) + e^x(\sin x + \cos x)'$

$\qquad = e^x(\sin x + \cos x) + e^x(\cos x - \sin x)$

$\qquad = 2e^x\cos x。$

例 3　$y = \tan x$，求 y'。

解　$y' = (\tan x)' = (\dfrac{\sin x}{\cos x})' = \dfrac{(\sin x)'\cos x - \sin x(\cos x)'}{\cos^2 x}$

$\qquad = \dfrac{\cos^2 x + \sin^2 x}{\cos^2 x} = \dfrac{1}{\cos^2 x} = \sec^2 x，$

即　　　　　　　　　　　$(\tan x)' = \sec^2 x。$

同样的方法可求得　　　$(\cot x)' = -\csc^2 x。$

例 4　$y = \sec x$，求 y'。

解　$y' = (\sec x)' = (\dfrac{1}{\cos x})' = \dfrac{(1)'\cos x - 1\cdot(\cos x)'}{\cos^2 x} = \dfrac{\sin x}{\cos^2 x} = \sec x\tan x，$

即　　　　　　　　　　　$(\sec x)' = \sec x\tan x。$

同样的方法可求得　　　$(\csc x)' = -\csc x\cot x。$

2.2.2　反函数的求导法则

定理 2.2　如果函数 $x = f(y)$ 在某区间 I_y 内单调、可导且 $f'(y) \neq 0$，那么它的反函数 $y = f^{-1}(x)$ 在对应区间 $I_x = \{x \mid x = f(y), y \in I_y\}$ 内也可导，且

$$[f^{-1}(x)]' = \dfrac{1}{f'(y)} \ 或 \ \dfrac{dy}{dx} = \dfrac{1}{\dfrac{dx}{dy}}。$$

证　由于 $x = f(y)$ 在 I_y 内单调、可导(从而连续)，所以 $x = f(y)$ 的反函数 $y = f^{-1}(x)$ 存在，且 $f^{-1}(x)$ 在 I_x 内也单调、连续。任取 $x \in I_x$，给 x 以增量 $\Delta x(\Delta x \neq 0, x + \Delta x \in I_x)$，由 $y = f^{-1}(x)$ 的单调性可知 $\Delta y = f^{-1}(x + \Delta x) - f^{-1}(x) \neq 0$，于是

$$\dfrac{\Delta y}{\Delta x} = \dfrac{1}{\dfrac{\Delta x}{\Delta y}}。$$

因为 $y = f^{-1}(x)$ 连续，故 $\lim\limits_{\Delta x \to 0}\Delta y = 0$，从而

$$\left[f^{-1}(x)\right]' = \lim_{\Delta x \to 0} \frac{\Delta y}{\Delta x} = \lim_{\Delta y \to 0} \frac{1}{\frac{\Delta x}{\Delta y}} = \frac{1}{f'(y)}。$$

上述结论可简单地说成：**反函数的导数等于直接函数的导数的倒数。**

利用反函数求导法则求 $y = f^{-1}(x)$ 的求导步骤：

(1) 写出反函数 $y = f^{-1}(x)$ 的原函数 $x = f(y)$（注意自变量为 y）；

(2) 对自变量 y 求出 $f(y)$ 的导数 $f'(y)$；

(3) 将 $y = f^{-1}(x)$ 替换 $f^{-1}(y)$ 中的自变量 y，使得自变量替换回 x；

(4) 写出 $y = f^{-1}(x)$ 的导数，为第三步结果的倒数，即

$$\left[f^{-1}(x)\right]' = \frac{1}{f'(y)} = \frac{1}{f'\left[f^{-1}(x)\right]}。$$

例 5　求 $y = \arctan x$ 的导数。

解　函数 $x = \tan y$ 在区间 $\left(-\frac{\pi}{2}, \frac{\pi}{2}\right)$ 内单调、可导，且

$$(\tan y)' = \sec^2 y \neq 0,$$

因此，由反函数的求导法则，在对应区间 $I_x = (-\infty, +\infty)$ 内有

$$(\arctan x)' = \frac{1}{(\tan y)'} = \frac{1}{\sec^2 y} = \frac{1}{1 + \tan^2 y} = \frac{1}{1 + x^2}。$$

类似地有

$$(\text{arccot} x)' = -\frac{1}{1 + x^2}。$$

同样的方法可求得

$$(\arcsin x)' = \frac{1}{\sqrt{1 - x^2}}, \quad (\arccos x)' = -\frac{1}{\sqrt{1 - x^2}}。$$

例 6　利用反函数求导法则求 $y = \log_a x$ 的导数。

解　因为 $x = a^y$ 在区间 $y \in (-\infty, +\infty)$ 内单调、可导，所以

$$(\log_a x)' = \frac{1}{(a^y)'} = \frac{1}{a^y \ln a} = \frac{1}{x \ln a}。$$

到目前为止，所有基本初等函数的导数我们都求出来了，那么如何求由基本初等函数复合而成的比较复杂的初等函数的导数呢？

2.2.3　复合函数的求导法则

定理 2.3　$u = g(x)$ 在点 x 处可导，函数 $y = f(u)$ 在点 $u = g(x)$ 可导，则复合函数 $y = f[g(x)]$ 在点 x 处可导，且其导数为

$$\frac{dy}{dx} = f'(u) \cdot g'(x) \quad \text{或} \frac{dy}{dx} = \frac{dy}{du} \cdot \frac{du}{dx}。$$

证　当 $u = g(x)$ 在 x 的某邻域内为常数时，$y = f[g(x)]$ 也是常数，此时导数为 0，结论自然成立。

当 $u = g(x)$ 在 x 的某邻域内不等于常数时，$\Delta u \neq 0$，此时有

$$\frac{\Delta y}{\Delta x} = \frac{f[g(x+\Delta x)] - f[g(x)]}{\Delta x}$$

$$= \frac{f[g(x+\Delta x)] - f[g(x)]}{g(x+\Delta x) - g(x)} \cdot \frac{g(x+\Delta x) - g(x)}{\Delta x}$$

$$= \frac{f(u+\Delta u) - f(u)}{\Delta u} \cdot \frac{g(x+\Delta x) - g(x)}{\Delta x},$$

$$\frac{dy}{dx} = \lim_{\Delta x \to 0} \frac{\Delta y}{\Delta x} = \lim_{\Delta u \to 0} \frac{f(u+\Delta u) - f(u)}{\Delta u} \cdot \lim_{\Delta x \to 0} \frac{g(x+\Delta x) - g(x)}{\Delta x}$$

$$= f'(u)g'(x)。$$

简要证明：

$$\frac{dy}{dx} = \lim_{\Delta x \to 0} \frac{\Delta y}{\Delta x} = \lim_{\Delta x \to 0} \frac{\Delta y}{\Delta u} \cdot \frac{\Delta u}{\Delta x} = \lim_{\Delta u \to 0} \frac{\Delta y}{\Delta u} \cdot \lim_{\Delta x \to 0} \frac{\Delta u}{\Delta x} = f'(u)g'(x)。$$

例 7　$y = e^{x^3}$，求 $\dfrac{dy}{dx}$。

解　函数 $y = e^{x^3}$ 可看作由 $y = e^u, u = x^3$ 复合而成的，因此

$$\frac{dy}{dx} = \frac{dy}{du} \cdot \frac{du}{dx} = e^u \cdot 3x^2 = 3x^2 e^{x^3}。$$

例 8　$y = \sin\dfrac{2x}{1+x^2}$，求 $\dfrac{dy}{dx}$。

解　函数 $y = \sin\dfrac{2x}{1+x^2}$ 是由 $y = \sin u, u = \dfrac{2x}{1+x^2}$ 复合而成的，因此

$$\frac{dy}{dx} = \frac{dy}{du} \cdot \frac{du}{dx} = \cos u \cdot \frac{2(1+x^2) - (2x)^2}{(1+x^2)^2} = \frac{2(1-x^2)}{(1+x^2)^2} \cdot \cos\frac{2x}{1+x^2}。$$

对复合函数的分解比较熟练后，就不必再写出中间变量。

例 9　$y = \ln\sin x$，求 $\dfrac{dy}{dx}$。

解　$\dfrac{dy}{dx} = (\ln\sin x)' = \dfrac{1}{\sin x} \cdot (\sin x)' = \dfrac{1}{\sin x} \cdot \cos x = \cot x。$

例 10　$y = \sqrt[3]{1 - 2x^2}$，求 $\dfrac{dy}{dx}$。

解　$\dfrac{dy}{dx} = [(1-2x^2)^{\frac{1}{3}}]' = \dfrac{1}{3}(1-2x^2)^{-\frac{2}{3}} \cdot (1-2x^2)' = \dfrac{-4x}{3\sqrt[3]{(1-2x^2)^2}}。$

复合函数的求导法则可以推广到多个中间变量的情形。

例如，设 $y = f(u), u = \varphi(v), v = \psi(x)$，则

$$\frac{dy}{dx} = \frac{dy}{du} \cdot \frac{du}{dx} = \frac{dy}{du} \cdot \frac{du}{dv} \cdot \frac{dv}{dx}。$$

例 11　$y = \tan(\ln\sqrt{1+x^2})$，求 $\dfrac{dy}{dx}$。

解 函数 $y = \tan(\ln\sqrt{1+x^2})$ 可以看成由 $y = \tan u, u = \dfrac{1}{2}\ln v, v = 1+x^2$ 复合而成,则

$$\frac{\mathrm{d}y}{\mathrm{d}x} = \frac{\mathrm{d}y}{\mathrm{d}u} \cdot \frac{\mathrm{d}u}{\mathrm{d}v} \cdot \frac{\mathrm{d}v}{\mathrm{d}x} = \sec^2 u \cdot \frac{1}{2v} \cdot 2x$$

$$= \sec^2(\ln\sqrt{1+x^2}) \cdot \frac{x}{1+x^2}.$$

例 12 $y = \mathrm{e}^{\sin\frac{1}{x}}$,求 $\dfrac{\mathrm{d}y}{\mathrm{d}x}$。

解 $\dfrac{\mathrm{d}y}{\mathrm{d}x} = (\mathrm{e}^{\sin\frac{1}{x}})' = \mathrm{e}^{\sin\frac{1}{x}} \cdot (\sin\frac{1}{x})'$

$$= \mathrm{e}^{\sin\frac{1}{x}} \cdot \cos\frac{1}{x} \cdot (\frac{1}{x})'$$

$$= -\frac{1}{x^2} \cdot \mathrm{e}^{\sin\frac{1}{x}} \cdot \cos\frac{1}{x}.$$

例 13 设 $x > 0$,证明幂函数的导数公式: $(x^\mu)' = \mu x^{\mu-1}$。

解 因为 $x^\mu = (\mathrm{e}^{\ln x})^\mu = \mathrm{e}^{\mu\ln x}$,所以

$$(x^\mu)' = (\mathrm{e}^{\mu\ln x})' = \mathrm{e}^{\mu\ln x} \cdot (\mu\ln x)' = \mu x^{\mu-1}.$$

2.2.4 基本求导法则与导数公式

1. 基本导数公式

$(1)(C)' = 0;$

$(3)(\sin x)' = \cos x;$

$(5)(\tan x)' = \sec^2 x;$

$(7)(\sec x)' = \sec x\tan x;$

$(9)(a^x)' = \ln a \cdot a^x;$

$(11)(\log_a x)' = \dfrac{1}{x\ln a};$

$(13)(\arcsin x)' = \dfrac{1}{\sqrt{1-x^2}};$

$(15)(\arctan x)' = \dfrac{1}{1+x^2};$

$(2)(x^\mu)' = \mu x^{\mu-1};$

$(4)(\cos x)' = -\sin x;$

$(6)(\cot x)' = -\csc^2 x;$

$(8)(\csc x)' = -\csc x \cdot \cot x;$

$(10)(\mathrm{e}^x)' = \mathrm{e}^x;$

$(12)(\ln x)' = \dfrac{1}{x};$

$(14)(\arccos x)' = -\dfrac{1}{\sqrt{1-x^2}};$

$(16)(\text{arccot} x)' = -\dfrac{1}{1+x^2}.$

2. 函数的和、差、积、商的求导法则

设函数 $u(x)$ 和 $v(x)$ 均在点 x 处可导,则它们的和、差、积、商(分母不为零)也均在 x 处可导,且

$(1)[u(x) \pm v(x)]' = u'(x) \pm v'(x);$

$(2)[u(x)v(x)]' = u'(x)v(x) + u(x)v'(x);$

$(3)[\dfrac{u(x)}{v(x)}]' = \dfrac{u'(x)v(x) - u(x)v'(x)}{v^2(x)}[v(x) \neq 0].$

3. 反函数的求导法则

如果函数 $x = f(y)$ 在某区间 I_y 内单调、可导且 $f'(y) \neq 0$，那么它的反函数 $y = f^{-1}(x)$ 在对应区间 $I_x = \{x \mid x = f(y), y \in I_y\}$ 内也可导，且

$$\left[f^{-1}(x)\right]' = \frac{1}{f'(y)} \text{ 或 } \frac{\mathrm{d}y}{\mathrm{d}x} = \frac{1}{\dfrac{\mathrm{d}x}{\mathrm{d}y}}.$$

4. 复合函数的求导法则

$u = g(x)$ 在点 x 处可导，函数 $y = f(u)$ 在点 $u = g(x)$ 处可导，则复合函数 $y = f[g(x)]$ 在点 x 处可导，且其导数为

$$\frac{\mathrm{d}y}{\mathrm{d}x} = f'(u) \cdot g'(x) \text{ 或 } \frac{\mathrm{d}y}{\mathrm{d}x} = \frac{\mathrm{d}y}{\mathrm{d}u} \cdot \frac{\mathrm{d}u}{\mathrm{d}x}.$$

习　题　2.2

1. 求下列函数的导数。

(1) $y = x^3 + \dfrac{7}{x^4} - \dfrac{2}{x} + 6$;

(2) $y = 5x^3 - 2^x + 3\mathrm{e}^x$;

(3) $y = 2\tan x + \sec x - 1$;

(4) $y = \sin x \cdot \cos x$;

(5) $y = \dfrac{\ln x}{x}$;

(6) $y = \dfrac{\mathrm{e}^x}{x^3} + 2.1^3$.

2. 求下列函数在指定点处的导数。

(1) $f(x) = \sin x + \tan x$，求 $f'(\dfrac{\pi}{4})$;

(2) $f(x) = \dfrac{4}{5-x} + \dfrac{x^3}{6}$，求 $f'(0)$ 和 $f'(3)$。

3. 求曲线 $y = x\ln x$ 在点 (e, e) 处的切线方程和法线方程。

4. 设函数 $f(x)$ 可导，求下列函数的导数。

(1) $y = f(x^2)$;

(2) $y = f(\sin^2 x) + f(\dfrac{1}{x^2})$。

5. 求下列函数的导数。

(1) $y = (2x+5)^5$;

(2) $y = \cos(2x-5)$;

(3) $y = \mathrm{e}^{-3x^3}$;

(4) $y = \ln(1+x^2)$;

(5) $y = \tan x^2$;

(6) $y = \sqrt{1-x^2}$。

6. 求下列函数的导数。

(1) $y = \arcsin(1-3x)$;

(2) $y = \arccos \dfrac{1}{x}$;

(3) $y = \ln(\sec x)$;

(4) $y = \sqrt[3]{x^2+1}$;

(5) $y = \dfrac{1-\ln x}{1+\ln x}$;

(6) $y = \mathrm{e}^{\frac{x^2}{2}} \sin 3x$;

$(7) y = \ln(x + \sqrt{a^2 + x^2})$; $(8) y = \dfrac{\sin 3x}{x}$。

7. 求下列函数的导数。

$(1) y = \arcsin \dfrac{x}{3}$;

$(2) y = \ln\sin \dfrac{x^2}{2}$;

$(3) y = \sqrt{1 + \ln^2 x}$;

$(4) y = e^{\arccos \frac{x}{2}}$;

$(5) y = \arctan \dfrac{x-1}{x+1}$;

$(6) y = \ln\ln\ln x$;

$(7) y = \dfrac{\sqrt{1+x} - \sqrt{1-x}}{\sqrt{1+x} + \sqrt{1-x}}$;

$(8) y = \arcsin \sqrt{\dfrac{x}{1+x}}$;

$(9) y = e^{-x}(x^2 + 2x - 3)$;

$(10) y = \sin x^2 \cdot \sin^2 x$;

$(11) y = \ln\cos \dfrac{1}{x}$;

$(12) y = \sqrt{x + \sqrt{1+x}}$。

2.3   高阶导数

2.3.1   高阶导数的定义

在某些问题中,我们需要研究函数的导数对自变量的变化率。例如,变速直线运动的速度 $v(t)$ 是位置函数 $s(t)$ 对时间 t 的导数,即 $v(t) = s'(t)$,而加速度 $a(t)$ 又是速度 $v(t)$ 对时间 t 的变化率,即 $a(t) = v'(t) = [s'(t)]'$。

定义 2.4   若函数 $y = f(x)$ 的导数 $f'(x)$ 在点 x 处可导,即

$$[f'(x)]' = \lim_{\Delta x \to 0} \frac{f'(x + \Delta x) - f'(x)}{\Delta x}$$

存在,则称 $[f'(x)]'$ 为函数 $y = f(x)$ 在点 x 处的**二阶导数**,记作

$$f''(x), y'', \frac{d^2 f(x)}{dx^2} \text{ 或 } \frac{d^2 y}{dx^2}。$$

相应地,函数 $y = f(x)$ 的二阶导数的导数称为函数 $y = f(x)$ 的**三阶导数**,三阶导数的导数称为**四阶导数**,……,$(n-1)$ 阶导数的导数称为 n 阶导数,分别记作

$$y''', y^{(4)}, \cdots, y^{(n)} \text{ 或 } \frac{d^3 y}{dx^3}, \frac{d^4 y}{dx^4}, \cdots, \frac{d^n y}{dx^n}。$$

若函数 $y = f(x)$ 具有 n 阶导数,则称函数 $f(x)$ n 阶可导。若函数 $y = f(x)$ 在点 x 处具有 n 阶导数,则函数 $f(x)$ 在点 x 的某一邻域内必定具有一切低于 n 阶的导数。二阶及二阶以上的导数统称为**高阶导数**。相对于高阶导数而言,函数 $y = f(x)$ 的导数 $f'(x)$ 就称为函数 $f(x)$ 的一阶导数。为了讨论问题更方便,把函数 $y = f(x)$ 的零阶导数理解为函数 $f(x)$ 自身,即 $f^{(0)}(x) = f(x)$。

2.3.2   高阶导数的计算方法

由定义 2.4 可知,求高阶导数就是多次接连地求导,某些函数的高阶导数,在求导过

程中,可通过求低阶导数寻找规律,从而得到高阶导数。

例1　$y = x^\mu$（μ 为任意常数）,求 $y^{(n)}$。

解　$y' = \mu x^{\mu-1}, y'' = \mu(\mu-1)x^{\mu-2}, y''' = \mu(\mu-1)(\mu-2)x^{\mu-3}, \cdots$
一般地,可得
$$y^{(n)} = (x^\mu)^{(n)} = \mu(\mu-1)(\mu-2)\cdots(\mu-n+1)x^{\mu-n}。$$

特别地,当 $\mu = n$ 时,$(x^n)^{(n)} = n(n-1)(n-2)\cdots3 \cdot 2 \cdot 1 = n!$,而 $(x^n)^{(k)} = 0$
（$k = n+1, n+2, \cdots$）。

例2　$y = a^x$（$a > 0$ 且 $a \neq 1$）,求 $y^{(n)}$。

解　$y' = a^x \ln a, y'' = a^x(\ln a)^2, y''' = a^x(\ln a)^3, \cdots$
一般地,可得
$$y^{(n)} = (a^x)^{(n)} = a^x(\ln a)^n。$$

特别地,当 $a = e$ 时,$(e^x)^{(n)} = e^x$。

例3　$y = \ln(1+x)$,求 $y^{(n)}$。

解　$y' = \dfrac{1}{1+x}, y'' = -\dfrac{1}{(1+x)^2}, y''' = \dfrac{1 \cdot 2}{(1+x)^3}, y^{(4)} = -\dfrac{1 \cdot 2 \cdot 3}{(1+x)^4}, \cdots$
一般地,可得
$$y^{(n)} = [\ln(1+x)]^{(n)} = (-1)^{n-1}\dfrac{(n-1)!}{(1+x)^n}。$$

通常规定 $0! = 1$,所以当 $n = 1$ 时,这个公式仍然成立。

例4　$y = \sin x$,求 $y^{(n)}$。

解　$y' = \cos x = \sin\left(x + \dfrac{\pi}{2}\right),$

$y'' = \cos\left(x + \dfrac{\pi}{2}\right) = \sin\left(x + \dfrac{\pi}{2} + \dfrac{\pi}{2}\right) = \sin\left(x + 2 \cdot \dfrac{\pi}{2}\right),$

$y''' = \cos\left(x + 2 \cdot \dfrac{\pi}{2}\right) = \sin\left(x + 3 \cdot \dfrac{\pi}{2}\right),$

　　　　……

一般地,可得
$$y^{(n)} = (\sin x)^{(n)} = \sin\left(x + n \cdot \dfrac{\pi}{2}\right)。$$

同理可得
$$(\cos x)^{(n)} = \cos\left(x + n \cdot \dfrac{\pi}{2}\right)。$$

一阶导数的运算法则可直接应用到高阶导数,易得:若函数 $u = u(x)$ 及 $v = v(x)$ 都在点 x 处具有 n 阶导数,则 $u(x) \pm v(x)$ 也在点 x 处具有 n 阶导数,且
$$(u \pm v)^{(n)} = u^{(n)} \pm v^{(n)}。$$

另外,乘法求导法则较为复杂一些。设 $y = uv$,则

$$y' = u'v + uv',$$

$$y'' = u''v + 2u'v' + uv'',$$

$$y''' = u'''v + 3u''v' + 3u'v'' + uv''',$$

用数学归纳法可以证明

$$(uv)^{(n)} = u^{(n)}v^{(0)} + C_n^1 u^{(n-1)}v^{(1)} + C_n^2 u^{(n-2)}v^{(2)} + \cdots + C_n^k u^{(n-k)}v^{(k)} + \cdots + u^{(0)}v^{(n)},$$

$$= \sum_{k=0}^{n} C_n^k u^{(n-k)}v^{(k)},$$

这个公式称为**莱布尼茨公式**。

例 5 $y = x^2 e^{2x}$,求 $y^{(20)}$。

解 设 $u = e^{2x}, v = x^2$,则

$$u^{(k)} = 2^k e^{2x} (k = 1, 2, \cdots, 20),$$

$$v' = 2x, v'' = 2, v^{(k)} = 0 (k = 3, 4, \cdots, 20),$$

代入莱布尼茨公式,得

$$y^{(20)} = (x^2 e^{2x})^{(20)} = 2^{20} e^{2x} \cdot x^2 + 20 \cdot 2^{19} e^{2x} \cdot 2x + \frac{20 \cdot 19}{2!} \cdot 2^{18} e^{2x} \cdot 2$$

$$= 2^{20} e^{2x} (x^2 + 20x + 95)。$$

习 题 2.3

1. 求下列函数的二阶导数。

(1) $y = 2x^2 + \ln x$;   (2) $y = e^{3x-2}$;

(3) $y = x^2 \cos x$;   (4) $y = e^{-x} \sin x$;

(5) $y = \sqrt{a^2 - x^2}$;   (6) $y = \ln(1 - x^2)$;

(7) $y = \tan x$;   (8) $y = \dfrac{1}{1 + x^3}$;

(9) $y = \dfrac{e^x}{x}$;   (10) $y = x e^{x^2}$。

2. 设 $f(x) = (x+1)^5$,求 $f^{(4)}(2)$。

3. 已知物体的运动规律 $s = A\sin\omega t$(A, ω 是常数),求其加速度,并验证 $\dfrac{d^2 s}{dx^2} + \omega^2 s = 0$。

4. 验证函数 $y = \dfrac{1}{2} x^2 e^{3x}$ 满足方程 $y'' - 6y' + 9y = e^{3x}$。

5. 设 $f''(x)$ 存在,求下列函数的二阶导数。

(1) $y = f(x^2)$;   (2) $y = \ln[f(x)]$。

6. 求下列函数的 n 阶导数。

(1) $y = \sin^2 x$;   (2) $y = x \ln x$。

7. 求下列函数所指定的阶数的导数。

(1) $y = x e^{2x}$,求 $y^{(5)}$;   (2) $y = x^2 \sin 3x$,求 $y^{(50)}$。

2.4　隐函数及由参数方程确定的函数的导数

2.4.1　隐函数的导数

函数 $y = f(x)$ 表示两个变量 x 和 y 之间的对应关系,这种对应关系可以用不同方式表达。前面我们常见的形如:$y = \sin x$,$y = \ln x + \sqrt{1-x^2}$,$y = \dfrac{1}{x}$ 等,这类函数的表达的特点是:因变量被等号右端的关于自变量的式子表示,自变量在其定义域内取任意值时,用等号右端的表达式可以确定对应的函数值。用这种方式表达的函数称为**显函数**。而有些函数的表达方式却不是这样的,例如,方程

$$e^y + xy - e = 0$$

表示一个函数,因为当变量 x 在 $(-\infty, +\infty)$ 内取值时,变量 y 有唯一确定的值与之对应。这样的函数称为**隐函数**。

一般地,如果变量 x 和 y 满足方程 $F(x, y) = 0$,在一定的条件下,当 x 取某区间上的任意值时,相应地总有满足方程的唯一的 y 存在,则我们称方程 $F(x, y) = 0$ 在该区间内确定了一个隐函数。

把某个隐函数化成显函数,叫作**隐函数的显化**。隐函数的显化有时是困难的,甚至是不可能的,比如上面的例子。但在实际问题中,有时只需要计算隐函数的导数,因此我们希望有这样的一种方法,不管隐函数是否可以显化,都能直接由方程表达式求出它所确定的函数的导数。下面我们通过具体的例子来阐述这种方法。

例 1　求由方程 $e^y + xy - e = 0$ 所确定的隐函数 y 的导数。

解　注意到 $y = y(x)$ 是由方程确定的隐函数,将 $y = y(x)$ 代入方程中,成为恒等式,方程两边的每一项对 x 求导数得

$$\frac{d}{dx}(e^y + xy - e) = e^y \frac{dy}{dx} + y + x \frac{dy}{dx} = 0,$$

因为 $\dfrac{dy}{dx}$ 是一个导函数,从方程中解出这个导函数即可。

从而

$$\frac{dy}{dx} = -\frac{y}{x + e^y} \quad (x + e^y \neq 0)。$$

在结果中,分式中的 $y = y(x)$ 是由方程 $e^y + xy - e = 0$ 所确定的隐函数。

例 2　求由方程 $e^{2x-y} + \sin(xy) - 1 = 0$ 所确定的隐函数 $y = y(x)$ 在 $x = 0$ 处的导数 $\dfrac{dy}{dx}\big|_{x=0}$。

解　方程两边分别对 x 求导数得

$$e^{2x-y}\left(2 - \frac{dy}{dx}\right) + \cos(xy)\left(y + x \frac{dy}{dx}\right) = 0,$$

由此得

$$\frac{\mathrm{d}y}{\mathrm{d}x} = \frac{2\mathrm{e}^{2x-y} + y\cos(xy)}{\mathrm{e}^{2x-y} - x\cos(xy)}。$$

当 $x = 0$ 时,从原方程解得 $y = 0$,将 $x = 0$ 和 $y = 0$ 代入结果中,得

$$y'\mid_{x=0} = 2。$$

例 3   验证由方程 $x^2 - y^2 = 1$ 所确定的隐函数满足方程 $y^2 y'' + xy' - y = 0$。

证   方程 $x^2 - y^2 = 1$ 两边同时对 x 求导,得

$$2x - 2yy' = 0,$$

即

$$y' = \frac{x}{y}。$$

上式两边再次对 x 求导,得

$$y'' = \frac{y - xy'}{y^2},$$

整理即得

$$y^2 y'' + xy' - y = 0。$$

如果函数是形如 $u(x)^{v(x)}$ 的幂指数函数,或者是多个函数的连乘、连除的形式,用直接求导的方法求导的过程会比较复杂。为了简化求导的过程,我们常常采用在方程 $y = f(x)$ 的两端同时取对数(为了简便,通常取自然对数),将其化成隐函数的形式,然后利用隐函数求导的方法,就可以求出关于 y 的导数,这一方法常称为**对数求导法**。

例 4   求 $y = x^{\sin x} (x > 0)$ 的导数。

解   方程两边取对数,得

$$\ln y = \sin x \cdot \ln x,$$

上式两边对 x 求导,得

$$\frac{1}{y} y' = \cos x \cdot \ln x + \sin x \cdot \frac{1}{x},$$

于是

$$y' = y(\cos x \cdot \ln x + \sin x \cdot \frac{1}{x}) = x^{\sin x}(\cos x \cdot \ln x + \sin x \cdot \frac{1}{x})。$$

例 5   求函数 $y = \sqrt{\frac{(x-1)(x-2)}{(x-3)(x-4)}}$ 的导数。

解   由题意知 x 的定义域为 $\{x \mid x \leqslant 1, 2 \leqslant x < 3, x > 4\}$。当 $x > 4$,等式两端取对数,得

$$\ln y = \frac{1}{2}\big[\ln(x-1) + \ln(x-2) - \ln(x-3) - \ln(x-4)\big],$$

上式两边对 x 求导,得

$$\frac{1}{y} y' = \frac{1}{2}(\frac{1}{x-1} + \frac{1}{x-2} - \frac{1}{x-3} - \frac{1}{x-4}),$$

于是

$$y' = \frac{y}{2}(\frac{1}{x-1} + \frac{1}{x-2} - \frac{1}{x-3} - \frac{1}{x-4})$$

$$= \frac{1}{2}\sqrt{\frac{(x-1)(x-2)}{(x-3)(x-4)}}(\frac{1}{x-1} + \frac{1}{x-2} - \frac{1}{x-3} - \frac{1}{x-4})。$$

当 $x < 1$ 时，$y = \sqrt{\frac{(1-x)(2-x)}{(3-x)(4-x)}}$；

当 $2 < x < 3$ 时，$y = \sqrt{\frac{(x-1)(x-2)}{(3-x)(4-x)}}$；

用不同方法求导可得到与上面相同的结果。

2.4.2　由参数方程确定的函数的导数

设 x 和 y 的函数关系是由参数方程 $\begin{cases} x = \varphi(t), \\ y = \psi(t) \end{cases}$ $(\alpha \leqslant t \leqslant \beta)$ 确定的，则称此函数关系所表达的函数为由参数方程所确定的函数。

在实际问题中，需要计算由参数方程所确定的函数的导数。但从参数方程中消去参数 t 有时会有困难，因此，我们希望有一种方法能直接由参数方程求出它所确定的函数的导数。

设 $x = \varphi(t)$ 具有单调连续反函数 $t = \varphi^{-1}(x)$，且此反函数能与函数 $y = \psi(t)$ 构成复合函数 $y = \psi[\varphi^{-1}(x)]$，若 $x = \varphi(t)$ 和 $y = \psi(t)$ 都可导，则

$$\frac{dy}{dx} = \frac{dy}{dt} \cdot \frac{dt}{dx} = \frac{dy}{dt} \cdot \frac{1}{\frac{dx}{dt}} = \frac{\psi'(t)}{\varphi'(t)},$$

即

$$\frac{dy}{dx} = \frac{\psi'(t)}{\varphi'(t)} \text{ 或} \frac{dy}{dx} = \frac{\frac{dy}{dt}}{\frac{dx}{dt}}。$$

例 6　求椭圆 $\begin{cases} x = a\cos t, \\ y = b\sin t \end{cases}$ 在 $t = \frac{\pi}{4}$ 点处的切线方程。

解　因为

$$\frac{dy}{dx} = \frac{(b\sin t)'}{(a\cos t)'} = \frac{b\cos t}{-a\sin t} = -\frac{b}{a}\cot t,$$

故所求切线的斜率为

$$\frac{dy}{dx}\bigg|_{t=\frac{\pi}{4}} = -\frac{b}{a}。$$

又切点的坐标为

$$x_0 = a\cos\frac{\pi}{4} = \frac{\sqrt{2}}{2}a, \quad y_0 = b\sin\frac{\pi}{4} = \frac{\sqrt{2}}{2}b,$$

则切线方程为

$$y - \frac{\sqrt{2}}{2}b = -\frac{b}{a}\left(x - \frac{\sqrt{2}}{2}a\right),$$

即
$$bx + ay - \sqrt{2}ab = 0 。$$

例 7 抛射体运动轨迹的参数方程为 $\begin{cases} x = v_1 t, \\ y = v_2 t - \dfrac{1}{2}gt^2, \end{cases}$ 求抛射体在时刻 t 的运动速度的大小和方向。

解   先求速度的大小。因为速度的水平分量与铅直分量分别为 $x'(t) = v_1$，$y'(t) = v_2 - gt$，所以抛射体在时刻 t 的运动速度的大小为

$$v = \sqrt{\left(\frac{dx}{dt}\right)^2 + \left(\frac{dy}{dt}\right)^2} = \sqrt{v_1^2 + (v_2 - gt)^2},$$

再求速度的方向，也就是轨迹的切线方向。设 α 是切线的倾角，则根据导数的几何意义得

$$\tan\alpha = \frac{dy}{dx} = \frac{y'(t)}{x'(t)} = \frac{v_2 - gt}{v_1} 。$$

例 8   计算由摆线的参数方程 $\begin{cases} x = a(t - \sin t), \\ y = a(1 - \cos t) \end{cases}$ 所确定的函数 $y = f(x)$ 的二阶导数。

解 $\dfrac{dy}{dx} = \dfrac{y'(t)}{x'(t)} = \dfrac{[a(1-\cos t)]'}{[a(t-\sin t)]'} = \dfrac{a\sin t}{a(1-\cos t)}$

$$= \frac{\sin t}{1 - \cos t} = \cot\frac{t}{2} \quad (t \neq 2n\pi, n \text{ 为整数}) 。$$

$$\frac{d^2 y}{dx^2} = \frac{d}{dx}\left(\frac{dy}{dx}\right) = \frac{d}{dt}\left(\cot\frac{t}{2}\right) \cdot \frac{dt}{dx}$$

$$= -\frac{1}{2\sin^2\frac{t}{2}} \cdot \frac{1}{a(1-\cos t)}$$

$$= -\frac{1}{a(1-\cos t)^2} \quad (t \neq 2n\pi, n \text{ 为整数}) 。$$

习 题 2.4

1. 求下列方程所确定的函数的隐函数的导数 $\dfrac{dy}{dx}$。

  (1) $y^2 - 2xy + 9 = 0$；   (2) $x^3 + y^3 - 3axy = 0$；

  (3) $xy = e^{x+y}$；   (4) $1 + x^2 e^y = y$。

2. 求下列方程所确定函数的隐函数的二阶导数 $\dfrac{d^2 y}{dx^2}$。

  (1) $y^2 - 2x^2 = 0$；   (2) $y = \tan(x + y)$。

3. 求曲线 $1 + \sin(x + y) = e^{-xy}$ 在点 $(0,0)$ 处的切线与法线方程。

4. 求下列参数方程所确定的函数的导数 $\dfrac{dy}{dx}$。

(1) $\begin{cases} x = at, \\ y = bt^3; \end{cases}$ 　　　　　　　(2) $\begin{cases} x = t(1 - \sin t), \\ y = t\cos t。 \end{cases}$

5. 写出下列曲线在所给参数值相应点处的切线方程和法线方程。

(1) $\begin{cases} x = \dfrac{t^2}{2}, \\ y = 1 + t, \end{cases}$ 在 $t = 2$ 处;　　　(2) $\begin{cases} x = \sin 2t, \\ y = \cos 2t, \end{cases}$ 在 $t = \dfrac{\pi}{4}$ 处。

6. 求下列参数方程所确定的函数的二阶导数 $\dfrac{\mathrm{d}^2 y}{\mathrm{d}x^2}$。

(1) $\begin{cases} x = a\cos t, \\ y = b\sin t; \end{cases}$ 　　　　　　(2) $\begin{cases} x = 3\mathrm{e}^{-t}, \\ y = 2\mathrm{e}^t。 \end{cases}$

7. 求由下列参数方程所确定的函数的三阶导数 $\dfrac{\mathrm{d}^3 y}{\mathrm{d}x^3}$。

(1) $\begin{cases} x = 1 - 2t^2, \\ y = t^3 - 3t; \end{cases}$ 　　　　(2) $\begin{cases} x = \theta(1 - \sin\theta), \\ y = \theta \cdot \cos\theta。 \end{cases}$

8. 用对数求导法求下列函数的导数。

(1) $y = \left(\dfrac{x}{1 + x}\right)^x$;　　　　　(2) $y = \sqrt{\dfrac{x - 4}{\sqrt[5]{x^2 + 2}}}$。

2.5　函数的微分

2.5.1　微分的定义

引例　函数增量的计算及增量的构成。

一块正方形金属薄片受温度变化的影响,其边长由 x_0 变到 $x_0 + \Delta x$,问此薄片的面积改变了多少?

如图 2-2 所示,设此薄片的边长为 x,面积为 A, 则 A 是 x 的函数: $A = x^2$。

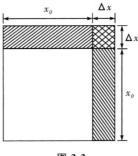

图 2-2

金属薄片的面积改变量为

$$\Delta A = (x_0 + \Delta x)^2 - x_0^2 = 2x_0 \Delta x + (\Delta x)^2。$$

从上式可以看出,ΔA 分为两部分,第一部分即 $2x_0 \Delta x$ 是 Δx 的线性函数,即图中带有斜线的两个矩形面积之和,而第二部分即 $(\Delta x)^2$ 在图中是带有交叉斜线的小正方形的面积,当 $\Delta x \to 0$ 时,第二部分即 $(\Delta x)^2$ 是比 Δx 高阶的无穷小,即 $(\Delta x)^2 = o(\Delta x)$。由此可见,如果边长 Δx 改变很微小,即 $\mid \Delta x \mid$ 很小时,面积的改变量 ΔA 可近似地用第一部分来代替。

一般地,如果函数 $y = f(x)$ 满足一定条件,则增量 Δy 可表示为

$$\Delta y = A\Delta x + o(\Delta x),$$

其中 A 是不依赖于 Δx 的常数,因此 $A\Delta x$ 是 Δx 的线性函数,且它与 Δy 之差

$$\Delta y - A\Delta x = o(\Delta x)$$

是比 Δx 高阶的无穷小。所以,当 $A \neq 0$,且 $\mid \Delta x \mid$ 很小时,我们就可以用 Δx 的线性函数 $A\Delta x$ 来近似替代 Δy。

定义 2.5　设函数 $y = f(x)$ 在某区间内有定义,x_0 及 $x_0 + \Delta x$ 在这区间内,如果函数的增量

$$\Delta y = f(x_0 + \Delta x) - f(x_0)$$

可表示为

$$\Delta y = A\Delta x + o(\Delta x),$$

其中 A 是不依赖于 Δx 的常数,那么称函数 $y = f(x)$ 在点 x_0 是**可微的**,而 $A\Delta x$ 叫作函数 $y = f(x)$ 在点 x_0 相应于自变量增量 Δx 的**微分**,记作 dy,即

$$\mathrm{d}y = A\Delta x。$$

定理 2.4　(函数可微的充要条件) 函数 $f(x)$ 在点 x_0 处可微的充分必要条件是:函数 $f(x)$ 在点 x_0 处可导,且当函数 $f(x)$ 在点 x_0 处可微时,其微分一定是

$$\mathrm{d}y = f'(x_0)\Delta x。$$

证　设函数 $f(x)$ 在点 x_0 可微,则按定义有

$$\Delta y = A\Delta x + o(\Delta x),$$

上式两边除以 Δx,得

$$\frac{\Delta y}{\Delta x} = A + \frac{o(\Delta x)}{\Delta x}。$$

于是,当 $\Delta x \to 0$ 时,由上式就得到

$$A = \lim_{\Delta x \to 0} \frac{\Delta y}{\Delta x} = f'(x_0),$$

因此,如果函数 $f(x)$ 在点 x_0 处可微,则 $f(x)$ 在点 x_0 处也一定可导,且 $A = f'(x_0)$。

反之,如果 $f(x)$ 在点 x_0 处可导,即 $\lim\limits_{\Delta x \to 0} \dfrac{\Delta y}{\Delta x} = f'(x_0)$ 存在,根据极限与无穷小的关系,上式可写成

$$\frac{\Delta y}{\Delta x} = f'(x_0) + \alpha,$$

其中 $\alpha \to 0$(当 $\Delta x \to 0$),且 $A = f'(x_0)$ 是常数,$\alpha\Delta x = o(\Delta x)$。由此又有

$$\Delta y = f'(x_0)\Delta x + \alpha\Delta x = A\Delta x + o(\Delta x)。$$

因为 $f'(x_0)$ 不依赖于 Δx,故上式相当于

$$\Delta y = A\Delta x + o(\Delta x),$$

所以 $f(x)$ 在点 x_0 处也是可微的,且

$$\mathrm{d}y = A\Delta x = f'(x_0) \cdot \Delta x_0。$$

当 $f'(x_0) \neq 0$ 时,有

$$\lim_{\Delta x \to 0} \frac{\Delta y}{\mathrm{d}y} = \lim_{\Delta x \to 0} \frac{\Delta y}{f'(x_0)\Delta x} = \frac{1}{f'(x_0)} \lim_{\Delta x \to 0} \frac{\Delta y}{\Delta x} = 1,$$

从而,当 $\Delta x \to 0$ 时,Δy 与 $\mathrm{d}y$ 是等价无穷小,所以有

$$\Delta y = \mathrm{d}y + o(\mathrm{d}y),$$

即 $\mathrm{d}y$ 是 Δy 的主要部分,又由于 $\mathrm{d}y = f'(x_0)\Delta x$ 是 Δx 的线性函数,所以在 $f'(x_0) \neq 0$ 的条件下,我们说 $\mathrm{d}y$ 是 Δy 的线性主部(当 $\Delta x \to 0$)。于是有结论:在 $f'(x_0) \neq 0$ 的条件下,以微分 $\mathrm{d}y = f'(x_0)\Delta x$ 近似代替增量 $\Delta y = f(x_0 + \Delta x) - f(x_0)$ 时,其误差为 $o(\mathrm{d}y)$。因此,在 $|\Delta x|$ 很小时,有近似等式 $\Delta y \approx \mathrm{d}y$。

例 1　求函数 $y = x^2$ 在 $x = 1$ 和 $x = 3$ 处的微分。

解　函数 $y = x^2$ 在 $x = 1$ 处的微分为

$$\mathrm{d}y = (x^2)'|_{x=1}\Delta x = 2\Delta x;$$

函数 $y = x^2$ 在 $x = 3$ 处的微分为

$$\mathrm{d}y = (x^2)'|_{x=3}\Delta x = 6\Delta x。$$

例 2　求函数 $y = x^3$ 在 $x = 2$,$\Delta x = 0.02$ 时的微分。

解　先求函数在任意点 x 处的微分有

$$\mathrm{d}y = (x^3)'\Delta x = 3x^2\Delta x;$$

再求函数在 $x = 2$,$\Delta x = 0.02$ 时的微分,即

$$\mathrm{d}y|_{x=2,\Delta x=0.02} = 3x^2\Delta x|_{x=2,\Delta x=0.02} = 3 \times 2^2 \times 0.02 = 0.24。$$

因为当 $y = x$ 时,$\mathrm{d}y = \mathrm{d}x = (x)'\Delta x = \Delta x$,所以通常把自变量 x 的增量 Δx 称为自变量的微分,记作 $\mathrm{d}x$,即 $\mathrm{d}x = \Delta x$。于是函数 $y = f(x)$ 的微分又可记作

$$\mathrm{d}y = f'(x)\mathrm{d}x,$$

从而有

$$\frac{\mathrm{d}y}{\mathrm{d}x} = f'(x)。$$

这就是说,函数的微分 $\mathrm{d}y$ 与自变量的微分 $\mathrm{d}x$ 之商等于该函数的导数。因此,导数也叫作**微商**。

2.5.2　微分的几何意义

为了对微分有比较直观的了解,我们来说明微分的几何意义。

在直角坐标系中,函数 $y = f(x)$ 的图形是一条曲线,如图 2-3 所示。对于某一固定的 x_0 值,曲线上有一个确定点 $M(x_0, y_0)$,当自变量 x 有微小增量 Δx 时,就得到曲线上另一点 $N(x_0 + \Delta x, y_0 + \Delta y)$。从图 2-3 可知:$MQ = \Delta x$,$QN = \Delta y$。过点 M 作曲线的切线 MT,它的倾斜角为 α,则

$$QP = MQ \cdot \tan\alpha = \Delta x \cdot f'(x_0),$$

即 $\mathrm{d}y = QP$。由此可见,对于可微函数 $y = f(x)$ 而言,当 Δy 是曲线 $y = f(x)$ 上的点的纵坐标的增量时,$\mathrm{d}y$ 就是曲线的切线上点的纵坐标的增量。当 $|\Delta x|$ 很小时,$|\Delta y - \mathrm{d}y|$ 比 $|\Delta x|$ 小得多。因此在点 M 的邻近,我们可以用切线段来近似代替曲线段。在局部范围内,用线性函数近似代替非线性函数,在几何上就是用切线段近似代替曲线段,这在数学上称**为非线性函数的局部线性化**,也是微分学的基本思想之一。这种思想在自然科学和工程问题的研究中经常被采用。

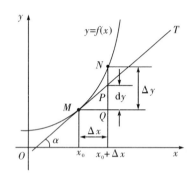

图 2-3

2.5.3　基本初等函数的微分公式与微分计算法则

从函数的微分的表达式 $\mathrm{d}y = f'(x)\mathrm{d}x$ 可以看出,要计算函数的微分,只要计算函数的导数,再乘以自变量的微分。因此,可得如下的微分公式和微分运算法则。

1.基本初等函数的微分公式

导数公式:

$(x^{\mu})' = \mu x^{\mu-1}$;

$(\sin x)' = \cos x$;

$(\cos x)' = -\sin x$;

$(\tan x)' = \sec^2 x$;

$(\cot x)' = -\csc^2 x$;

$(\sec x)' = \sec x \tan x$;

$(\csc x)' = -\csc x \cot x$;

$(a^x)' = a^x \ln a$;

$(\mathrm{e}^x)' = \mathrm{e}^x$;

$(\log_a x)' = \dfrac{1}{x\ln a}$;

$(\ln x)' = \dfrac{1}{x}$;

$(\arcsin x)' = \dfrac{1}{\sqrt{1-x^2}}$;

微分公式:

$\mathrm{d}(x^{\mu}) = \mu x^{\mu-1}\mathrm{d}x$;

$\mathrm{d}(\sin x) = \cos x\mathrm{d}x$;

$\mathrm{d}(\cos x) = -\sin x\mathrm{d}x$;

$\mathrm{d}(\tan x) = \sec^2 x\mathrm{d}x$;

$\mathrm{d}(\cot x) = -\csc^2 x\mathrm{d}x$;

$\mathrm{d}(\sec x) = \sec x \tan x\mathrm{d}x$;

$\mathrm{d}(\csc x) = -\csc x \cot x\mathrm{d}x$;

$\mathrm{d}(a^x) = a^x \ln a\mathrm{d}x$;

$\mathrm{d}(\mathrm{e}^x) = \mathrm{e}^x\mathrm{d}x$;

$\mathrm{d}(\log_a x) = \dfrac{1}{x\ln a}\mathrm{d}x$;

$\mathrm{d}(\ln x) = \dfrac{1}{x}\mathrm{d}x$;

$\mathrm{d}(\arcsin x) = \dfrac{1}{\sqrt{1-x^2}}\mathrm{d}x$;

$$(\arccos x)' = -\frac{1}{\sqrt{1-x^2}};\qquad\qquad \mathrm{d}(\arccos x) = -\frac{1}{\sqrt{1-x^2}}\mathrm{d}x;$$

$$(\arctan x)' = \frac{1}{1+x^2};\qquad\qquad \mathrm{d}(\arctan x) = \frac{1}{1+x^2}\mathrm{d}x;$$

$$(\text{arccot} x)' = -\frac{1}{1+x^2}。\qquad\qquad \mathrm{d}(\text{arccot} x) = -\frac{1}{1+x^2}\mathrm{d}x。$$

2. 函数和、差、积、商的微分法则

求导法则：　　　　　　　　　　　微分法则：

$(u \pm v)' = u' \pm v';$　　　　　　　　$\mathrm{d}(u \pm v) = \mathrm{d}u \pm \mathrm{d}v;$

$(Cu)' = Cu';$　　　　　　　　　　$\mathrm{d}(Cu) = C\mathrm{d}u;$

$(u \cdot v)' = u'v + uv';$　　　　　　$\mathrm{d}(u \cdot v) = v\mathrm{d}u + u\mathrm{d}v;$

$\left(\dfrac{u}{v}\right)' = \dfrac{u'v - uv'}{v^2}\ (v \neq 0)。$　　$\mathrm{d}\left(\dfrac{u}{v}\right) = \dfrac{v\mathrm{d}u - u\mathrm{d}v}{v^2}\ (v \neq 0)。$

下面证明乘积的微分法则。

根据函数微分的表达式，有

$$\mathrm{d}(uv) = (uv)'\mathrm{d}x,$$

再根据乘积的求导法则，有

$$(u \cdot v)' = u'v + uv',$$

于是

$$\mathrm{d}(uv) = (u'v + uv')\mathrm{d}x = u'v\mathrm{d}x + uv'\mathrm{d}x。$$

由于

$$u'\mathrm{d}x = \mathrm{d}u,\quad v'\mathrm{d}x = \mathrm{d}v,$$

所以

$$\mathrm{d}(u \cdot v) = v\mathrm{d}u + u\mathrm{d}v。$$

其他法则都可以用类似的方法证明。

3. 复合函数的微分法则

与复合函数的求导法则相应的复合函数的微分法则可推导如下：

设 $y = f(u)$ 及 $u = \varphi(x)$ 都可导，则复合函数 $y = f[\varphi(x)]$ 的微分为

$$\mathrm{d}y = y'_x\mathrm{d}x = f'(u)\varphi'(x)\mathrm{d}x。$$

由于 $\varphi'(x)\mathrm{d}x = \mathrm{d}u$，所以复合函数 $y = f[\varphi(x)]$ 的微分公式也可以写成

$$\mathrm{d}y = f'(u)\mathrm{d}u \text{ 或 } \mathrm{d}y = y'_u\mathrm{d}u。$$

由此可见，无论 u 是自变量还是另一个变量的可微函数，微分形式 $\mathrm{d}y = f'(u)\mathrm{d}u$ 保持不变，这一性质称为**微分形式不变性**。这个性质表明，当变换自变量时，微分形式 $\mathrm{d}y = f'(u)\mathrm{d}u$ 并不改变。

例 3　$y = \sin(2x+1)$，求 $\mathrm{d}y$。

解　把 $2x+1$ 看成中间变量 u，则

$$\mathrm{d}y = \mathrm{d}(\sin u) = \cos u \mathrm{d}u = \cos(2x+1)\mathrm{d}(2x+1)$$

$$= \cos(2x + 1) \cdot 2dx = 2\cos(2x + 1)dx。$$

在求复合函数的微分时,可以不写出中间变量。

例 4　$y = \ln(1 + e^{x^2})$,求 dy。

解　$dy = d\ln(1 + e^{x^2}) = \dfrac{1}{1 + e^{x^2}}d(1 + e^{x^2}) = \dfrac{1}{1 + e^{x^2}} \cdot e^{x^2}d(x^2)$

$$= \dfrac{1}{1 + e^{x^2}} \cdot e^{x^2} \cdot 2xdx = \dfrac{2xe^{x^2}}{1 + e^{x^2}}dx。$$

例 5　$y = e^{1-3x}\cos x$,求 dy。

解　应用乘积的微分法则,得

$$dy = d(e^{1-3x}\cos x) = \cos x d(e^{1-3x}) + e^{1-3x}d(\cos x)$$

$$= (\cos x)e^{1-3x}(-3dx) + e^{1-3x}(-\sin x dx)$$

$$= -e^{1-3x}(3\cos x + \sin x)dx。$$

例 6　在括号中填入适当的函数,使等式成立。

(1) d(　　) $= xdx$;

(2) d(　　) $= \cos \omega t dt$。

解　(1) 因为 $d(x^2) = 2xdx$, 所以

$$xdx = \frac{1}{2}d(x^2) = d(\frac{1}{2}x^2),$$

即

$$d(\frac{1}{2}x^2) = xdx,$$

一般地,有

$$d(\frac{1}{2}x^2 + C) = xdx\ (C\ 为任意常数)。$$

(2) 因为 $d(\sin\omega t) = \omega\cos\omega t dt$, 所以 $\cos\omega t dt = \dfrac{1}{\omega}d(\sin\omega t) = d(\dfrac{1}{\omega}\sin\omega t)$,

因此

$$d(\frac{1}{\omega}\sin\omega t + C) = \cos\omega t dt\ (C\ 为任意常数)。$$

2.5.4　微分在近似计算中的应用

在工程问题中,经常会遇到一些复杂的计算公式。如果直接用这些公式进行计算,过程将会极其烦琐。利用微分往往可以把一些复杂的计算公式改为用简单的近似公式来代替。

如果函数 $y = f(x)$ 在点 x_0 处的导数 $f'(x_0) \neq 0$, 且 $|\Delta x|$ 很小时,我们有

$$\Delta y \approx dy = f'(x_0)\Delta x,$$

这个式子可以写为

$$\Delta y = f(x_0 + \Delta x) - f(x_0) \approx dy = f'(x_0)\Delta x \qquad (2.2)$$

或

$$f(x_0 + \Delta x) \approx f(x_0) + f'(x_0) \Delta x。 \tag{2.3}$$

若令 $x = x_0 + \Delta x$，即 $\Delta x = x - x_0$，那么又有

$$f(x) \approx f(x_0) + f'(x_0)(x - x_0)， \tag{2.4}$$

特别地，当 $x_0 = 0$ 时，有

$$f(x) \approx f(0) + f'(0)x。 \tag{2.5}$$

这些都是近似计算公式。这种近似计算的实质就是用 x 的线性函数 $f(x_0) + f'(x_0)(x - x_0)$ 来近似表达函数 $f(x)$。从导数的几何意义可知，这也就是用曲线 $y = f(x)$ 在点 $(x_0, f(x_0))$ 处的切线来近似代替该曲线(就切点的邻近部分来说)。

例 7　有一批半径为 1cm 的球，为了提高球面的光洁度，要镀上一层铜，厚度定为 0.01cm。估计每只球需用铜多少 g(铜的密度是 8.9 g/cm³)?

解　先求出镀层的体积，再乘以密度就可以得到每只球需用的铜的质量。

因为镀层的体积等于两个球的体积之差，且球体体积为 $V = \dfrac{4}{3}\pi R^3$，其中 $R_0 = 1\text{cm}$，$\Delta R = 0.01\text{cm}$，所以镀层的体积为

$$\begin{aligned}
\Delta V &= V(R_0 + \Delta R) - V(R_0) \approx V'(R_0)\Delta R \\
&= 4\pi R_0^2 \Delta R = 4 \times 3.14 \times 1^2 \times 0.01 = 0.13(\text{cm}^3)，
\end{aligned}$$

于是镀每只球需用的铜约为 $0.13 \times 8.9 \approx 1.16(\text{g})$。

例 8　利用微分计算 $\sin 30°30'$ 的近似值。

解　已知 $30°30' = \dfrac{\pi}{6} + \dfrac{\pi}{360}$，由于所求的是正弦函数的值，故 $f(x) = \sin x$，此时 $f'(x) = \cos x$。如果取 $x_0 = \dfrac{\pi}{6}$，则 $f\left(\dfrac{\pi}{6}\right) = \sin\dfrac{\pi}{6} = \dfrac{1}{2}$ 与 $f'\left(\dfrac{\pi}{6}\right) = \cos\dfrac{\pi}{6} = \dfrac{\sqrt{3}}{2}$ 都容易计算，并且 $\Delta x = \dfrac{\pi}{360}$ 比较小，应用公式(2.3)便有

$$\begin{aligned}
\sin 30°30' &= \sin(x_0 + \Delta x) \approx \sin x_0 + \Delta x \cos x_0 \\
&= \sin\frac{\pi}{6} + \cos\frac{\pi}{6} \cdot \frac{\pi}{360} \\
&= \frac{1}{2} + \frac{\sqrt{3}}{2} \cdot \frac{\pi}{360} = 0.5076，
\end{aligned}$$

即 $\sin 30°30' \approx 0.5076$。

应用公式(2.5)可以推出一些常用的近似公式(假定 $|x|$ 是较小的数值):

(1) $\sqrt[n]{1 + x} \approx 1 + \dfrac{1}{n}x$；

(2) $\sin x \approx x$ (x 用弧度作单位来表达)；

(3) $\tan x \approx x$ (x 用弧度作单位来表达)；

(4) $e^x \approx 1 + x$；

(5) $\ln(1 + x) \approx x$。

例 9　计算 $\sqrt{1.05}$ 的近似值。

解　已知 $\sqrt[n]{1+x} \approx 1 + \dfrac{1}{n}x$，故

$$\sqrt{1.05} = \sqrt{1+0.05} \approx 1 + \frac{1}{2} \times 0.05 = 1.025。$$

直接开方的结果是 $\sqrt{1.05} = 1.02470$。

将两个结果比较一下，就可以看出，用 1.025 作为 $\sqrt{1.05}$ 的近似值，其误差不超过 0.001，这样的近似值在一般应用上已经足够精确。如果开方次数较高，就更能体现出用微分进行近似计算的优越性。

习　题　2.5

1. 已知 $y = x^3 - x$，计算在 $x = 2$ 处，当 Δx 分别等于 $1, 0.2, 0.01$ 时的 Δy 及 $\mathrm{d}y$。

2. 求下列函数的微分。

   (1) $y = \dfrac{1}{x} + 2\sqrt{x}$；　　　　　　　(2) $y = x\sin 2x$；

   (3) $y = x^2 \mathrm{e}^{2x}$；　　　　　　　　　(4) $y = \ln^2(1-2x)$；

   (5) $y = \arcsin \sqrt{1-x^2}$；　　　　　(6) $y = \tan^2(1+x^2)$。

3. 将适当的函数填入下列括号内，使等式成立。

   (1) $\mathrm{d}(\qquad) = (3x+2)\mathrm{d}x$；　　　　(2) $\mathrm{d}(\qquad) = \sqrt{2x-1}\,\mathrm{d}x$；

   (3) $\mathrm{d}(\qquad) = 3\sin(\omega x)\mathrm{d}x$；　　　(4) $\mathrm{d}(\qquad) = \dfrac{1}{1+2x}\mathrm{d}x$；

   (5) $\mathrm{d}(\qquad) = \mathrm{e}^{-2x}\mathrm{d}x$；　　　　　(6) $\mathrm{d}(\qquad) = \dfrac{1}{\sqrt{1-2x^2}}\mathrm{d}x$；

   (7) $\mathrm{d}(\qquad) = \dfrac{x}{1+x^2}\mathrm{d}x$；　　　(8) $\mathrm{d}(\qquad) = \csc^2(2x)\mathrm{d}x$。

4. 计算下列近似值。

   (1) $\sqrt[3]{1.01}$；　　　　　　　　　　(2) $\cos 29°$；

   (3) $\arccos 0.4995$；　　　　　　　　(4) $\mathrm{e}^{1.01}$。

5. 当 $|x|$ 较小时，证明下列近似公式。

   (1) $\tan x \approx x$；　　　　　　　　　(2) $\ln(1+x) \approx x$。

6. 半径为 10cm 的金属圆片，加热后半径增大了 0.05cm。求面积增大的准确值和近似值。

7. 设扇形的圆心角 $\alpha = 60^0$，半径 $R = 100$cm，求下列情形下扇形面积的改变量。

   (1) R 不变，α 增加 $30'$；　　　　　(2) α 不变，R 减少 1cm。

8. 为了使计算出的球的体积准确到 1%，问度量半径时所允许发生的相对误差至多为多少？

综合练习 2

一、填空题。

1.在"充分"、"必要"和"充分必要"三者中选择一个正确的填入下列空格内。

(1) $f(x)$ 在点 x_0 处可导是 $f(x)$ 在点 x_0 处连续的＿＿＿＿＿＿条件；$f(x)$ 在点 x_0 处连续是 $f(x)$ 在点 x_0 处可导的＿＿＿＿＿＿条件；

(2) $f(x)$ 在点 x_0 处的左导数 $f'_-(x_0)$ 及右导数 $f'_+(x_0)$ 都存在且相等是 $f(x)$ 在点 x_0 处可导的＿＿＿＿＿＿条件；

(3) $f(x)$ 在点 x_0 处可导是 $f(x)$ 在点 x_0 处可微的＿＿＿＿＿＿条件。

二、解答题。

1.设 $f(x_0) = 0, f'(x_0) = 4$，试求极限 $\lim\limits_{\Delta x \to 0} \dfrac{f(\Delta x + x_0)}{\Delta x}$。

2.设 $f(x) = \begin{cases} x^2, & x \geqslant 3, \\ ax + b, & x < 3, \end{cases}$ 试确定 a, b 的值，使 $f(x)$ 在 $x = 3$ 处可导。

3.求下列函数在指定点的导数。

(1) 设 $f(x) = 3x^4 + 2x^3 + 5$，求 $f'(0), f'(1)$；

(2) 设 $f(x) = \dfrac{x}{\cos x}$，求 $f'(0), f'(\pi)$；

(3) 设 $f(x) = \sqrt{1 + \sqrt{x}}$，求 $f'(1), f'(4)$。

4.求下列函数的导数。

(1) $y = 3x^2 + 2$；

(2) $y = (x^2 - 1)^3$；

(3) $y = \left(\dfrac{1 + x^2}{1 - x}\right)^3$；

(4) $y = \ln \dfrac{\sqrt{1 + x} - \sqrt{1 - x}}{\sqrt{1 + x} + \sqrt{1 - x}}$；

(5) $y = (\arctan x^3)^2$；

(6) $y = x^{x^x}$；

(7) $y = (x^2 + 1)(3x - 1)(1 - x^3)$；

(8) $y = (\sqrt{x} + 1)\arctan x$。

5.对下列各函数计算 $f'(x), f'(1 + x)$。

(1) $f(x) = x^3$；

(2) $f(1 + x) = x^3$。

6.求下列由参数方程所确定的函数的导数 $\dfrac{\mathrm{d}y}{\mathrm{d}x}$。

(1) $\begin{cases} x = \cos^4 t, \\ y = \sin^4 t \end{cases}$ 在 $t = 0$ 处；

(2) $\begin{cases} x = \dfrac{t}{1 + t}, \\ y = \dfrac{1 - t}{1 + t} \end{cases}$ 在 $t > 0$ 处。

7.求下列函数的高阶导数。

(1) $f(x) = x\ln x$，求 $f''(x)$；

(2) $f(x) = \mathrm{e}^{-x^2}$，求 $f'''(x)$；

(3) $f(x) = \ln(1 + x)$，求 $f^{(5)}(x)$；

(4) $f(x) = x^3 \mathrm{e}^x$，求 $f^{(10)}(x)$。

8.求由下列参数方程所确定的函数的二阶导数$\dfrac{\mathrm{d}^2 y}{\mathrm{d}x^2}$。

(1) $\begin{cases} x = a\cos^3 t, \\ y = a\sin^3 t; \end{cases}$
    (2) $\begin{cases} x = \mathrm{e}^t \cos t, \\ y = \mathrm{e}^t \sin t。 \end{cases}$

9.求下列函数的微分。

(1) $y = x + 2x^2 - \dfrac{1}{3}x^3 + x^4$;
    (2) $y = x^2 \cos 2x$;

(3) $y = \arcsin\sqrt{1 - x^2}$。

10.利用微分求近似值。

(1) $\sqrt[3]{1.02}$;
    (2) $\tan 45°10'$。

11.证明：

(1) 可导的偶函数，其导函数为奇函数；

(2) 可导的奇函数，其导函数为偶函数；

(3) 可导的周期函数，其导函数仍为周期函数。

第 3 章　微分中值定理与导数的应用

在上一章,我们首先讨论变速直线运动的瞬时速度和曲线在某一点的切线的斜率,从而引进了函数导数的概念,以及导数的计算方法。本章中,我们将应用导数来介绍函数和曲线的某些特征,并利用这些知识解决某些实际问题。作为应用的基础,首先介绍几个有用的微分学中值定理。

3.1　微分中值定理

我们以罗尔(Rolle)定理为基础,推导出拉格朗日(Lagrange)中值定理和柯西中值定理。

3.1.1　罗尔定理

在生活中我们有这样的认识:我们向上抛掷一个物体,物体在空中运动形成一条抛物线,在物体达到最高点时,其竖直速度为零。利用导数的概念可以理解为:在函数的极值点处,函数的导数应该等于零。现在用分析的语言来描述这一现象,再论证其正确性。

引理 3.1 （费马引理）设函数 $f(x)$ 在点 x_0 的某个邻域 $U(x_0)$ 内有定义,并且在 x_0 处可导,若对任意的 $x \in U(x_0)$,有 $f(x) \leqslant f(x_0)$ [或 $f(x) \geqslant f(x_0)$],则 $f'(x_0) = 0$。

证　设 $x \in U(x_0)$ 时,$f(x) \leqslant f(x_0)$。[若 $f(x) \geqslant f(x_0)$,可以类似地证明。]

利用左右导数的定义来考察 $f'(x)$ 在 x_0 两侧的符号,对于 $x_0 + \Delta x \in U(x_0)$,有

$$f(x_0 + \Delta x) \leqslant f(x_0)。$$

当 $\Delta x > 0$ 时,有

$$\frac{f(x_0 + \Delta x) - f(x_0)}{\Delta x} \leqslant 0;$$

当 $\Delta x < 0$ 时,有

$$\frac{f(x_0 + \Delta x) - f(x_0)}{\Delta x} \geqslant 0。$$

利用函数 $f(x)$ 在 x_0 处可导的条件及函数极限的保号性,有

$$f'(x_0) = f'_+(x_0) = \lim_{\Delta x \to 0^+} \frac{f(x_0 + \Delta x) - f(x_0)}{\Delta x} \leqslant 0,$$

$$f'(x_0) = f'_-(x_0) = \lim_{\Delta x \to 0^-} \frac{f(x_0 + \Delta x) - f(x_0)}{\Delta x} \geqslant 0,$$

所以

$$f'(x_0) = 0。$$

通常称导数等于零的点为函数的驻点(或稳定点、临界点)。

利用费马引理很容易得到下面的**罗尔定理**。

定理 3.1 （罗尔定理）如果函数 $f(x)$ 满足：① 在闭区间 $[a,b]$ 上连续；② 在开区间 (a,b) 内可导；③ 在区间端点处的函数值相等，即 $f(a) = f(b)$。那么，在 (a,b) 内至少有一点 $\xi(a < \xi < b)$，使得 $f'(\xi) = 0$。

证 因为 $f(x)$ 在闭区间 $[a,b]$ 上连续，根据闭区间上连续函数的最大值和最小值定理，函数 $f(x)$ 必在闭区间 $[a,b]$ 上取得最大值 M 和最小值 m。

（1）当 $M = m$ 时，$f(x)$ 在闭区间 $[a,b]$ 上为常值函数，有 $f(x) = M = m$。所以对 $\forall x \in (a,b)$，有 $f'(x) = 0$，因此存在 $\xi \in (a,b)$，使得 $f'(\xi) = 0$。

（2）当 $M > m$ 时，因为 $f(a) = f(b)$，所以函数 $f(x)$ 的最大值 M 和最小值 m 中至少有一个不在区间的端点处取到，不妨设 $m \neq f(a)$，则必定存在 $\xi \in (a,b)$，有 $f(\xi) = m$，由费马引理知 $f'(\xi) = 0$。

3.1.2 拉格朗日中值定理

在罗尔定理中，$f(a) = f(b)$ 这个条件非常特殊，如果去掉这个条件，会有什么样的结论呢？拉格朗日中值定理给出了回答。

定理 3.2 （拉格朗日中值定理）如果函数 $f(x)$ 满足：① 在闭区间 $[a,b]$ 上连续；② 在开区间 (a,b) 内可导。那么，在 (a,b) 内至少有一点 $\xi(a < \xi < b)$，使得

$$f(b) - f(a) = f'(\xi)(b-a)。 \tag{3.1}$$

在证明前，先看一看该定理的几何意义。

由图 3-1 知，$\dfrac{f(b) - f(a)}{b - a}$ 为弦 AB 的斜率，而 $f'(\xi)$ 为曲线在 C 点处的切线的斜率。因此拉格朗日中值定理的几何意义是：如果连续函数 $y = f(x)$ 在区间 (a,b) 内每一点都可导，则该曲线上至少存在一点 C，使得过该点的切线平行于弦 AB。

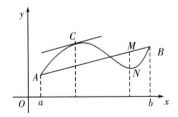

图 3-1

罗尔定理是拉格朗日中值定理的一种特殊情况。

定理 3.2 的证明可以转化为罗尔定理来实现，关键就在于构造满足罗尔定理条件的函数，不妨记为 $\varphi(x)$，$\varphi(x)$ 可以定义为在 $[a,b]$ 上每一点处的取值为对应的有向线段 MN 的值，很显然 $\varphi(x)$ 在区间 $[a,b]$ 的端点满足罗尔定理的条件。因为直线 AB 的方程为

$$L(x) = f(a) + \frac{f(b) - f(a)}{b - a}(x - a)，$$

则

$$\varphi(x) = f(x) - L(x) = f(x) - f(a) - \frac{f(b) - f(a)}{b - a}(x - a)。$$

证　构造辅助函数

$$\varphi(x) = f(x) - f(a) - \frac{f(b) - f(a)}{b - a}(x - a),$$

容易证明函数 $\varphi(x)$ 满足罗尔定理的条件:$\varphi(a) = \varphi(b) = 0$;在闭区间$[a,b]$上连续;在开区间$(a,b)$内可导,且

$$\varphi'(x) = f'(x) - \frac{f(b) - f(a)}{b - a}。$$

由罗尔定理的结论可知,存在 $\xi \in (a,b)$,使 $\varphi'(\xi) = 0$,即

$$\varphi'(\xi) = f'(\xi) - \frac{f(b) - f(a)}{b - a} = 0,$$

得

$$f'(\xi) = \frac{f(b) - f(a)}{b - a},$$

即

$$f(b) - f(a) = f'(\xi)(b - a)。$$

公式(3.1)称为拉格朗日公式。值得注意的是,无论对于 $a < b$ 还是 $a > b$,公式(3.1)都成立,ξ 为介于 a 与 b 之间的某个数。设 x 和 $x + \Delta x$ 为(a,b)内两点,其中 Δx 可正可负,于是在以 x 和 $x + \Delta x$ 为端点的闭区间上有

$$f(x + \Delta x) - f(x) = f'(\xi)\Delta x,$$

ξ 为 x 和 $x + \Delta x$ 之间的某一值,记 $\xi = x + \theta\Delta x (0 < \theta < 1)$,则

$$f(x + \Delta x) - f(x) = f'(x + \theta\Delta x)\Delta x。 \tag{3.2}$$

式(3.2)称为**有限增量公式**。

拉格朗日中值定理在微分学占有很重要的地位,有时也称这个定理为**微分中值定理**。作为拉格朗日中值定理的几个应用,下面介绍一个对积分学很有用的推论。

推论 3.1　如果函数 $f(x)$ 在区间 I 上的导数恒为零,那么 $f(x)$ 在区间 I 上是一个常数。

证　在区间 I 上任取两点 $x_1, x_2 (x_1 < x_2)$,在区间$[x_1, x_2]$上应用拉格朗日中值定理,则存在 $\xi \in (x_1, x_2) \subset I$,使得

$$f(x_1) - f(x_2) = f'(\xi)(x_1 - x_2)。$$

由条件可知

$$f'(\xi) = 0,$$

所以

$$f(x_1) - f(x_2) = 0,$$

即

$$f(x_1) = f(x_2),$$

上面的等式说明 $f(x)$ 在区间 I 上任意两点的函数值都是相等的,这就是说 $f(x)$ 在区间 I

上是一个常数。

推论 3.2　如果 $f(x)$ 和 $g(x)$ 均在区间 I 可导,且 $f'(x) = g'(x)$,$x \in I$,那么在区间 I 上 $f(x)$ 和 $g(x)$ 只相差某一常数,即 $f(x) = g(x) + C$(C 为某一常数)。

例 1　证明:当 $x > 0$ 时,$\dfrac{x}{1+x} < \ln(1+x) < x$。

证　设 $f(t) = \ln(1+t)$,显然 $f(t)$ 在区间 $[0,x]$ 上满足拉格朗日中值定理的条件,根据定理 3.2 有

$$f(x) - f(0) = f'(\xi)(x - 0), 0 < \xi < x,$$

因为

$$f(0) = 0, f'(\xi) = \frac{1}{1+\xi},$$

故可得

$$\ln(1+x) = \frac{x}{1+\xi}.$$

又因为 $0 < \xi < x$,可知

$$\frac{x}{1+x} < \frac{x}{1+\xi} < x,$$

即

$$\frac{x}{1+x} < \ln(1+x) < x.$$

3.1.3　柯西中值定理

拉格朗日定理指出,如果存在连续可导曲线,则曲线上至少有一点 C,使曲线在点 C 处的切线平行于连接曲线端点的弦。设曲线由参数方程

$$\begin{cases} X = f(x), \\ Y = g(x), \end{cases} a \leqslant x \leqslant b$$

给出,其中 x 为参数,如图 3-2 所示。

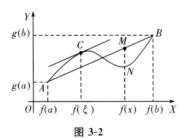

图 3-2

那么曲线上点 (X, Y) 处的切线斜率为 $\dfrac{\mathrm{d}Y}{\mathrm{d}X} = \dfrac{g'(x)}{f'(x)}$,弦 AB 的斜率为 $\dfrac{g(b) - g(a)}{f(b) - f(a)}$,因此存在 $a < \xi < b$,有

$$\frac{g'(\xi)}{f'(\xi)} = \frac{g(b) - g(a)}{f(b) - f(a)}.$$

定理 3.3 （柯西中值定理）如果函数 $f(x)$ 及 $g(x)$ 满足：① 在闭区间 $[a,b]$ 上连续；② 在开区间 (a,b) 内可导；③ 对任意 $x \in (a,b)$，$f'(x) \neq 0$。那么，在 (a,b) 内至少有一点 $\xi(a < \xi < b)$，使得 $\dfrac{g(b)-g(a)}{f(b)-f(a)} = \dfrac{g'(\xi)}{f'(\xi)}$ 成立。

证 因为 $f(b)-f(a) = f'(\eta)(b-a)$，且 $f'(\eta) \neq 0$，$a \neq b$，所以 $f(b)-f(a) \neq 0$，类似拉格朗日中值定理的证明，我们仍然以有向线段 MN 的值构造函数 $\varphi(x)$（如图 3-2 所示）作为辅助函数。弦 AB 所在函数记为 $L(x)$，则

$$L(x) = g(a) + \frac{g(b)-g(a)}{f(b)-f(a)}[f(x)-f(a)],$$

则

$$\varphi(x) = g(x) - L(x) = g(x) - g(a) - \frac{g(b)-g(a)}{f(b)-f(a)}[f(x)-f(a)]。$$

容易验证，辅助函数 $\varphi(x)$ 满足罗尔定理的条件：$\varphi(a) = \varphi(b) = 0$；在闭区间 $[a,b]$ 上连续；在开区间 (a,b) 内可导，且

$$\varphi'(x) = g'(x) - \frac{g(b)-g(a)}{f(b)-f(a)} \cdot f'(x)。$$

由罗尔定理知，区间 (a,b) 内必存在 ξ，使得 $\varphi'(\xi) = 0$，即

$$g'(\xi) - \frac{g(b)-g(a)}{f(b)-f(a)} \cdot f'(\xi) = 0,$$

得

$$\frac{g(b)-g(a)}{f(b)-f(a)} = \frac{g'(\xi)}{f'(\xi)}。$$

很显然，令 $f(x) = x$，则柯西中值定理变成了拉格朗日中值定理，因此拉格朗日中值定理是柯西中值定理的特殊情况。

习 题 3.1

1. 对函数 $f(x) = (x-1)(x-2)(x-3)$ 验证罗尔定理的正确性。

2. 在区间 $[0,1]$ 上，对函数 $f(x) = 4x^3 - 5x^2 + x - 2$ 验证拉格朗日中值定理的正确性。

3. 不用求出函数 $f(x) = (x-1)(x-2)(x-3)(x-4)$ 的导数，直接说明 $f'(x)$ 有几个零点，并指出其所在的区间。

4. 证明恒等式：$\arcsin x + \arccos x = \dfrac{\pi}{2}$ $(-1 \leqslant x \leqslant 1)$。

5. 设 $a > b > 0$，证明下列不等式：

   (1) $nb^{n-1}(a-b) < a^n - b^n < na^{n-1}(a-b)$ $(n > 1)$；

   (2) $\dfrac{a-b}{a} < \ln \dfrac{a}{b} < \dfrac{a-b}{b}$。

6. 若函数 $f(x)$ 在 $[a,b]$ 上具有二阶导数，且 $f(a) = f(c) = f(b)$，其中 $a < c < b$，证明：在 (a,b) 内至少有一点 ξ，使得 $f''(\xi) = 0$。

7. 已知函数 $f(x)$ 在 $[a,b]$ 上连续，在 (a,b) 内可导，且 $f(a) = f(b) = 0$，证明：在 (a,b) 内

至少有一点 ξ，使得 $f(\xi)+\xi f'(\xi)=0$。

8. 证明：方程 $x^5+x-1=0$ 只有一个正实根。

9. 证明恒等式：$2\arctan x+\arcsin\dfrac{2x}{1+x^2}=\pi\ (x\geqslant 1)$。

10. 在区间 $[1,2]$ 上对函数 $f(x)=x^2$，$g(x)=x^3$ 验证柯西中值定理的正确性。

3.2　洛必达法则

如果当 $x\to a$（a 可以为某个常数或 ∞）时，两个函数 $f(x)$ 与 $g(x)$ 都趋于零或都趋于无穷，则 $\lim\limits_{x\to a}\dfrac{f(x)}{g(x)}$ 可以存在，也可以不存在，把这种极限称为**未定式**，简记为"$\dfrac{0}{0}$"或"$\dfrac{\infty}{\infty}$"。对于这类极限，即使它存在也不能用"商的极限等于极限的商"来计算。下面将利用柯西中值定理来推出求这一类极限的一种简便方法。

下面着重讨论当 $x\to a$ 时，未定式 $\dfrac{0}{0}$ 的情形。

定理 3.4　设：(1) 当 $x\to a$ 时，函数 $f(x)$ 与 $g(x)$ 都趋于零；(2) 在 a 的某去心邻域内，$f'(x)$ 与 $g'(x)$ 都存在且 $g'(x)\neq 0$；(3) $\lim\limits_{x\to a}\dfrac{f'(x)}{g'(x)}$ 存在或无穷大。

则

$$\lim_{x\to a}\frac{f(x)}{g(x)}=\lim_{x\to a}\frac{f'(x)}{g'(x)}。$$

证　因为求的是当 $x\to a$ 时 $\dfrac{f(x)}{g(x)}$ 的极限，而极限与 $f(a)$ 和 $g(a)$ 无关，所以不妨假设 $f(a)=g(a)=0$，由条件(1)(2)知 $f(x)$、$g(x)$ 在点 a 的某邻域内是连续的。设 ξ 是该邻域内的点，则在以 x 和 a 为端点的区间上，$f(x)$，$g(x)$ 满足柯西中值定理的条件，则有

$$\frac{f(x)}{g(x)}=\frac{f(x)-f(a)}{g(x)-g(a)}=\frac{f'(\xi)}{g'(\xi)}\ (\text{其中}\ \xi\ \text{介于}\ x\ \text{和}\ a\ \text{之间}),$$

等式两边同时取 $x\to a$，并注意到当 $x\to a$ 时，有 $\xi\to a$，由条件(3)即得所需证明的结论。

这种在一定条件下通过分子、分母分别求导再求极限来确定未定式的值的方法称为**洛必达**（L'Hospital）**法则**。

例 1　求 $\lim\limits_{x\to 0}\dfrac{x-\sin x}{x^3}$。

解　$\lim\limits_{x\to 0}\dfrac{x-\sin x}{x^3}=\lim\limits_{x\to 0}\dfrac{1-\cos x}{3x^2}=\lim\limits_{x\to 0}\dfrac{\sin x}{6x}=\dfrac{1}{6}$。

当 $x\to a$ 或 $x\to\infty$ 时，洛必达法则对于未定式 $\dfrac{0}{0}$ 和 $\dfrac{\infty}{\infty}$ 仍然成立。以下介绍关于未定式 $\dfrac{\infty}{\infty}$ 的洛必达法则。

定理 3.5　设：(1) 当 $x \to a$ 时，函数 $f(x)$ 与 $g(x)$ 都趋于 ∞；(2) 在 a 的某去心邻域内，$f'(x)$ 与 $g'(x)$ 都存在且 $g'(x) \neq 0$；(3) $\lim\limits_{x \to a} \dfrac{f'(x)}{g'(x)}$ 存在或无穷大；则

$$\lim_{x \to a} \frac{f(x)}{g(x)} = \lim_{x \to a} \frac{f'(x)}{g'(x)}.$$

例 2　求 $\lim\limits_{x \to +\infty} \dfrac{\ln x}{x^n} (n > 0)$。

解　$\lim\limits_{x \to +\infty} \dfrac{\ln x}{x^n} = \lim\limits_{x \to +\infty} \dfrac{\dfrac{1}{x}}{nx^{n-1}} = \lim\limits_{x \to +\infty} \dfrac{1}{nx^n} = 0$。

例 3　求 $\lim\limits_{x \to +\infty} \dfrac{x^n}{e^{\lambda x}} (n \in \mathbf{N}^*, \lambda > 0)$。

解　$\lim\limits_{x \to +\infty} \dfrac{x^n}{e^{\lambda x}} = \lim\limits_{x \to +\infty} \dfrac{nx^{n-1}}{\lambda e^{\lambda x}} = \lim\limits_{x \to +\infty} \dfrac{n(n-1)x^{n-2}}{\lambda^2 e^{\lambda x}} = \cdots = \lim\limits_{x \to +\infty} \dfrac{n!}{\lambda^n e^{\lambda x}} = 0$。

例 4　求 $\lim\limits_{x \to +\infty} \dfrac{\ln\left(1 + \dfrac{1}{x}\right)}{\operatorname{arccot} x}$。

解　$\lim\limits_{x \to +\infty} \dfrac{\ln\left(1 + \dfrac{1}{x}\right)}{\operatorname{arccot} x} = \lim\limits_{x \to +\infty} \dfrac{\dfrac{x}{1 + x} \cdot \left(-\dfrac{1}{x^2}\right)}{-\dfrac{1}{1 + x^2}} = \lim\limits_{x \to +\infty} \dfrac{1 + x^2}{x + x^2} = \lim\limits_{x \to +\infty} \dfrac{2x}{1 + 2x} = 1$。

对于函数的其他一些不定式，如 $0 \cdot \infty, \infty - \infty, 0^0, 1^\infty$ 和 ∞^0 型，都可以通过转化成 $\dfrac{0}{0}$ 型或 $\dfrac{\infty}{\infty}$ 型来计算。

例 5　求 $\lim\limits_{x \to 0^+} x^\alpha \ln x (\alpha > 0)$。

解　这是 $0 \cdot \infty$ 型不定式，由于

$$x^\alpha \ln x = \frac{\ln x}{\dfrac{1}{x^\alpha}},$$

当 $x \to 0^+$ 时，上式右端成为 $\dfrac{\infty}{\infty}$ 型不定式，应用洛必达法则，得

$$\lim_{x \to 0^+} x^\alpha \ln x = \lim_{x \to 0^+} \frac{\ln x}{\dfrac{1}{x^\alpha}} = \lim_{x \to 0^+} \frac{\dfrac{1}{x}}{-\alpha x^{-\alpha-1}} = \lim_{x \to 0^+} \frac{-x^\alpha}{\alpha} = 0.$$

例 6　求 $\lim\limits_{x \to \frac{\pi}{2}} (\sec x - \tan x)$。

解　这是 $\infty - \infty$ 型不定式，由于

$$\sec x - \tan x = \frac{1 - \sin x}{\cos x},$$

当 $x \to \dfrac{\pi}{2}$ 时，上式右端变成 $\dfrac{0}{0}$ 型不定式，应用洛必达法则，得

$$\lim_{x \to \frac{\pi}{2}}(\sec x - \tan x) = \lim_{x \to \frac{\pi}{2}} \frac{1 - \sin x}{\cos x} = \lim_{x \to \frac{\pi}{2}} \frac{-\cos x}{-\sin x} = 0。$$

例 7   求 $\lim\limits_{x \to 0^+} x^{\sin x}$。

解   这是 0^0 型不定式,由于

$$y = x^{\sin x} = e^{\sin x \cdot \ln x} = e^{\frac{\ln x}{\csc x}},$$

两边取对数得

$$\ln y = \frac{\ln x}{\csc x},$$

当 $x \to 0^+$ 时,上式右端成为 $\dfrac{\infty}{\infty}$ 型不定式,应用洛必达法则,得

$$\lim_{x \to 0^+} \ln y = \lim_{x \to 0^+} \frac{\ln x}{\csc x} = \lim_{x \to 0^+} \frac{\dfrac{1}{x}}{-\csc x \cot x}$$

$$= -\lim_{x \to 0^+} \frac{\sin x}{x} \cdot \tan x = -\lim_{x \to 0^+} \frac{\sin x}{x} \cdot \lim_{x \to 0^+} \tan x = 0,$$

所以

$$\lim_{x \to 0^+} x^{\sin x} = \lim_{x \to 0^+} e^{\ln y} = e^0 = 1。$$

洛必达法则是求不定式的一种有效的方法,但最好能与其他求极限的方法结合使用。另外,应尽可能先化简不定式或者尽可能应用等价无穷小替换,或者直接应用某些重要极限,这样可以使计算变得简便。

习   题   3. 2

1.用洛必达法则求下列极限。

(1) $\lim\limits_{x \to 0} \dfrac{\ln(1 + x)}{x}$;

(2) $\lim\limits_{x \to 0} \dfrac{\sin 3x}{\tan 5x}$;

(3) $\lim\limits_{x \to 0} \dfrac{e^x - e^{-x}}{\sin x}$;

(4) $\lim\limits_{x \to \frac{\pi}{2}} \dfrac{\ln \sin x}{(\pi - 2x)^2}$;

(5) $\lim\limits_{x \to a} \dfrac{\sin x - \sin a}{x - a}$;

(6) $\lim\limits_{x \to 0} \dfrac{\ln(1 + x^2)}{\sec x - \cos x}$;

(7) $\lim\limits_{x \to 0^+} \dfrac{\ln \tan 5x}{\ln \tan 3x}$;

(8) $\lim\limits_{x \to 0}\left(\dfrac{1}{x} - \dfrac{1}{e^x - 1}\right)$;

(9) $\lim\limits_{x \to 0}\left(\dfrac{1}{x^2} - \dfrac{1}{\sin^2 x}\right)$;

(10) $\lim\limits_{x \to 0} x \cot 2x$;

(11) $\lim\limits_{x \to \infty}\left(1 + \dfrac{a}{x}\right)^x$;

(12) $\lim\limits_{x \to 0} x^{\frac{1}{1-x}}$;

(13) $\lim\limits_{x \to 0^+}(\tan x)^{\sin x}$;

(14) $\lim\limits_{x \to +\infty}(1 + x^2)^{\frac{1}{x}}$

2.验证极限 $\lim\limits_{x \to \infty} \dfrac{x + \cos x}{2x}$ 存在,但不能用洛必达法则。

3. 验证极限 $\lim\limits_{x\to 0}\dfrac{x^2\sin\frac{1}{x}}{\sin x}$ 存在,但不能用洛必达法则。

4. 设函数 f 在点 a 的某个领域内具有二阶导数,试应用洛必达法则证明:

$$\lim_{h\to 0}\frac{f(a+h)+f(a-h)-2f(a)}{h^2}=f''(a)。$$

3.3　泰勒公式

对于一些比较复杂的函数,为了便于研究,希望用一些简单的函数来近似表达,比如在研究函数的极限时,经常用到等价无穷小代换。我们知道,多项式函数具有便于求值和求导数运算的特点,因此希望用多项式函数来作为函数的近似函数。

我们已经知道下面的事实:

(1) $\lim\limits_{x\to x_0}f(x)=f(x_0)$ 等价于 $f(x)=f(x_0)+\beta$,其中 β 是当 $x\to x_0$ 时的无穷小量。

例如我们已经用到的近似关系:当 $|x|$ 很小时,$e^x\approx 1+x$,$\ln(1+x)\approx x$。

(2) 当函数 $f(x)$ 在 x_0 的邻域内可微时,有

$$f(x)=f(x_0)+f'(x_0)(x-x_0)+o(x-x_0)。$$

从上面两点事实我们发现当条件加强后,多项式近似函数的精度有所提高。据此我们类推,提出猜测:设函数 $f(x)$ 在含有 x_0 的区间上有直到$(n+1)$阶导数,是否存在关于$(x-x_0)$ 的 n 次多项式

$$p_n(x)=a_0+a_1(x-x_0)+a_2(x-x_0)^2+\cdots+a_n(x-x_0)^n,$$

可以用来近似表达 $f(x)$,并且 $f(x)$ 与 $p_n(x)$ 之差是比$(x-x_0)^n$ 高阶的无穷小。

首先来解决 $p_n(x)$ 的存在性,关键在于找出 $p_n(x)$ 的系数。

令 $p_n(x)$ 在 x_0 处的函数值及它的直到 n 阶导数在 x_0 处的值分别与

$$f(x_0),f'(x_0),\cdots,f^{(n)}(x_0)$$

相等,则得到$(n+1)$个方程,通过求解方程组来求多项式 $p_n(x)$ 的系数。即求解下面的方程:

$$p_n(x_0)=f(x_0),$$
$$p'_n(x_0)=f'(x_0),$$
$$p''_n(x_0)=f''(x_0),$$
$$\cdots\cdots$$
$$p_n^n(x_0)=f^{(n)}(x_0)。$$

对 $p_n(x)$ 求各阶导数,然后代入上面的等式,得

$$a_0=f(x_0),$$
$$1\cdot a_1=f'(x_0),$$
$$2!\cdot a_2=f''(x_0),$$
$$\cdots\cdots$$

$$n! \cdot a_n = f^{(n)}(x_0),$$

解得

$$a_0 = f(x_0),$$

$$a_1 = f'(x_0),$$

$$a_2 = \frac{1}{2!}f''(x_0),$$

$$\cdots\cdots$$

$$a_n = \frac{1}{n!}f^{(n)}(x_0),$$

从而得到 $p_n(x)$，即

$$p_n(x) = f(x_0) + f'(x_0)(x-x_0) + \frac{f''(x_0)}{2!}(x-x_0)^2 + \cdots + \frac{f^{(n)}(x_0)}{n!}(x-x_0)^n。 \quad (3.3)$$

我们把得到的结论总结为下面的定理：

定理 3.6　（泰勒（Taylor）中值定理）如果函数 $f(x)$ 在含有 x_0 的某个区间 (a,b) 内具有直到 $(n+1)$ 阶导数，则对任意 $x \in (a,b)$，有

$$f(x) = f(x_0) + f'(x_0)(x-x_0) + \frac{f''(x_0)}{2!}(x-x_0)^2 + \cdots + \frac{f^{(n)}(x_0)}{n!}(x-x_0)^n + R_n(x),$$

$$(3.4)$$

其中

$$R_n(x) = \frac{f^{(n+1)}(\xi)}{(n+1)!}(x-x_0)^{n+1}, \quad (3.5)$$

这里 ξ 是介于 x_0 与 x 之间的某个值。

证　$R_n(x) = f(x) - p_n(x)$。接下来只需证明

$$R_n(x) = \frac{f^{(n+1)}(\xi)}{(n+1)!}(x-x_0)^{n+1},$$

其中 ξ 是介于 x_0 与 x 之间的某个值。

由条件可知，$R_n(x)$ 在 (a,b) 内具有直到 $(n+1)$ 阶导数，且有

$$R_n(x_0) = R'_n(x_0) = R''_n(x_0) = \cdots = R_n^{(n)}(x_0) = 0,$$

对两个函数 $R_n(x)$ 与 $(x-x_0)^{n+1}$ 利用柯西中值定理，得

$$\frac{R_n(x)}{(x-x_0)^{n+1}} = \frac{R_n(x) - R_n(x_0)}{(x-x_0)^{n+1} - 0} = \frac{R'_n(\xi_1)}{(n+1)(\xi_1-x_0)^n},$$

ξ_1 是介于 x_0 与 x 之间的某个值。

对 $R'_n(\xi_1)$ 与 $(n+1)(\xi_1-x_0)^n$ 在以 x_0 与 ξ_1 为端点的区间上用柯西中值定理，得

$$\frac{R'_n(\xi_1)}{(n+1)(\xi_1-x_0)^n} = \frac{R'_n(\xi_1) - R'_n(x_0)}{(n+1)(\xi_1-x_0)^n - 0} = \frac{R''_n(\xi_2)}{(n+1)n(\xi_2-x_0)^{n-1}},$$

其中，ξ_2 是介于 x_0 与 ξ_1 之间的某个值。

将上面的过程依次进行下去，经过 $(n+1)$ 次后，得

$$\frac{R_n(x)}{(x-x_0)^{n+1}} = \frac{R_n^{(n+1)}(\xi)}{(n+1)!} \ (\xi \text{是介于} x_0 \text{与} x \text{之间的某个值})。$$

多项式(3.3)称为函数 $f(x)$ 按 $(x-x_0)$ 的幂展开的 n **次泰勒多项式**，公式(3.4)称为函数 $f(x)$ 按 $(x-x_0)$ 的幂展开的带有拉格朗日型余项的 n **阶泰勒公式**，而 $R_n(x)$ 的表达式(3.5)称为拉格朗日型余项。

当 $n=0$ 时，泰勒公式变成拉格朗日中值公式

$$f(x) = f(x_0) + f'(\xi)(x-x_0) \ (\xi \text{是介于} x_0 \text{与} x \text{之间的某个值}),$$

因此，泰勒中值定理是拉格朗日中值定理的推广。

对于余项 $R_n(x)$，对于某个固定的 n，当 $x \in (a,b)$ 时，$|f^{(n+1)}(x)| \leqslant M$，则有

$$|R_n(x)| = \left|\frac{f^{(n+1)}(\xi)}{(n+1)!}(x-x_0)^{n+1}\right| \leqslant \frac{M}{(n+1)!}|x-x_0|^{n+1},$$

显然有

$$\lim_{x\to x_0}\frac{R_n(x)}{(x-x_0)^n} = 0,$$

即
$$R_n(x) = o[(x-x_0)^n]。 \tag{3.6}$$

在不需要精确表示余项的时候，n 阶泰勒公式可以表示为

$$f(x) = f(x_0) + f'(x_0)(x-x_0) + \cdots + \frac{f^{(n)}(x_0)}{n!}(x-x_0)^n + o[(x-x_0)^n]。$$
$$\tag{3.7}$$

$R_n(x)$ 的表达式(3.6)称为**佩亚诺(Peano)型余项**，公式(3.7)称为 $f(x)$ 按 $(x-x_0)$ 的幂展开的带有佩亚诺型余项的 n 阶泰勒公式。

在公式(3.7)中，如果 $x_0 = 0$，公式(3.7)变为带有佩亚诺型余项的 n **阶麦克劳林公式**，即

$$f(x) = f(0) + f'(0)x + \cdots + \frac{f^{(n)}(0)}{n!}x^n + o(x^n)。$$

例 1　求 $f(x) = e^x$ 的带有佩亚诺型余项的麦克劳林公式。

解　由于

$$f(0) = f'(0) = f''(0) = \cdots = f^{(n)}(0) = 1,$$

则有

$$e^x = 1 + x + \frac{x^2}{2!} + \cdots + \frac{x^n}{n!} + o(x^n)。$$

如果把 e^x 用它的 n 次泰勒多项式表达，则为

$$e^x \approx 1 + x + \frac{x^2}{2!} + \cdots + \frac{x^n}{n!},$$

如果取 $x=1$，则可得无理数 e 的近似值，即

$$e \approx 1 + 1 + \frac{1}{2!} + \cdots + \frac{1}{n!}。$$

例 2　求 $f(x) = \sin x$ 的麦克劳林公式。

解　由于 $f^{(n)}(x) = \sin(x + n \cdot \frac{\pi}{2})$，所以

$$f^{(n)}(0) = \begin{cases} 0, & n = 2k, \\ (-1)^k, & n = 2k+1 \end{cases} \quad (k = 0,1,2,\cdots),$$

当取 $n = 2m$ 时,得

$$\sin x = x - \frac{x^3}{3!} + \frac{x^5}{5!} - \cdots + (-1)^{m-1} \frac{x^{2m-1}}{(2m-1)!} + o(x^{2m})。$$

当 $m = 1$ 时,得近似公式 $\sin x \approx x$。同理可得

$$\cos x = 1 - \frac{x^2}{2!} + \frac{x^4}{4!} - \cdots + (-1)^m \frac{x^{2m}}{(2m)!} + o(x^{2m+1})。$$

例 3　利用泰勒公式求极限 $\lim\limits_{x \to 0} \dfrac{\sin x - x\cos x}{x^3}$。

解　根据泰勒公式有

$$\sin x = x - \frac{x^3}{3!} + o(x^3), x\cos x = x - \frac{x^3}{2!} + o(x^3),$$

则有

$$\sin x - x\cos x = x - \frac{x^3}{3!} + o(x^3) - x + \frac{x^3}{2!} - o(x^3) = \frac{1}{3}x^3 + o(x^3),$$

所以有

$$\lim_{x \to 0} \frac{\sin x - x\cos x}{x^3} = \lim_{x \to 0} \frac{\frac{1}{3}x^3 + o(x^3)}{x^3} = \frac{1}{3}。$$

习　题　3.3

1. 按 $(x-4)$ 的幂展开多项式 $f(x) = x^4 - 5x^3 + x^2 - 3x + 4$。

2. 应用麦克劳林公式,按 x 的幂展开函数 $f(x) = (x^2 - 3x + 1)^4$。

3. 求下列函数在 $x = x_0$ 处的三阶泰勒展开式。

　　$(1) y = \sqrt{x}(x_0 = 4)$;　　　　　　　　$(2) y = (x-2)\ln x(x_0 = 2)$。

4. 求函数 $f(x) = \tan x$ 的带有拉格朗日型余项的三阶麦克劳林展开式。

5. 求函数 $f(x) = x^2 e^x$ 的带有佩亚诺型余项的 n 阶麦克劳林展开式。

6. 利用泰勒公式求下列极限。

　　$(1) \lim\limits_{x \to 0} \dfrac{x - \sin x}{x^3}$;　　　　　　　　$(2) \lim\limits_{x \to 0} \dfrac{e^{\tan x} - 1}{x}$。

7. 应用三阶泰勒公式求下列各数的近似值,并估计误差。

　　$(1) \sqrt[3]{60}$;　　　　　　　　　　$(2) \cos 18°$。

3.4　函数的单调性与曲线的凹凸性

3.4.1　函数单调性的判定法

如果函数单调增加或单调减少,则函数的图形表现为沿 x 轴正向上升或下降。若函数

$y = f(x)$ 在区间 $[a,b]$ 上单调增加或单调减少,则图形是一条沿 x 轴上升或下降的曲线。如图 3-3 所示,曲线上各点的切线如果存在,则切线的斜率是非负的或非正的,即 $f'(x) \geqslant 0$ 或 $f'(x) \leqslant 0$。由此可见,函数的单调性与导数的符号有着密切的联系。

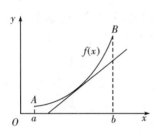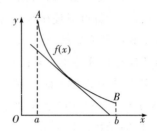

（a）函数图形上升,切线斜率非负　（b）函数图形下降,切线斜率非正

图 3-3

导数的符号与函数的单调性之间的关系可表述为下面的定理:

定理 3.7　设函数 $y = f(x)$ 在区间 $[a,b]$ 上连续,在 (a,b) 内可导。

（1）如果任取 $x \in (a,b)$,有 $f'(x) > 0$,那么函数 $y = f(x)$ 在区间 $[a,b]$ 上单调增加;

（2）如果任取 $x \in (a,b)$,有 $f'(x) < 0$,那么函数 $y = f(x)$ 在区间 $[a,b]$ 上单调减少。

证　（1）任取 $x_1, x_2 \in (a,b)$,且设 $x_1 < x_2$,由条件知 $f(x)$ 在 $[x_1, x_2]$ 上连续,在 (x_1, x_2) 内可导,用拉格朗日中值定理得

$$f(x_2) - f(x_1) = f'(\xi)(x_2 - x_1) \quad (x_1 < \xi < x_2)。$$

由假设 $x_2 - x_1 > 0$ 及 $f'(\xi) > 0$,则

$$f(x_2) - f(x_1) = f'(\xi)(x_2 - x_1) > 0,$$

即有

$$f(x_2) > f(x_1),$$

所以函数 $y = f(x)$ 在区间 $[a,b]$ 上单调增加;

（2）同理可证,当 $f'(x) < 0$ 时,函数 $y = f(x)$ 在区间 $[a,b]$ 上单调减少。

例 1　判断函数 $y = x - \sin x$ 在区间 $[0, 2\pi]$ 上的单调性。

解　因为在区间 $(0, 2\pi)$ 内,$y' = 1 - \cos x > 0$,

所以由定理 3.7 可知,函数 $y = x - \sin x$ 在区间 $[0, 2\pi]$ 上单调增加。

例 2　讨论函数 $y = e^x - x - 2$ 的单调性。

解　函数 $y = e^x - x - 2$ 的定义域为 $(-\infty, +\infty)$,函数的导数为

$$y' = e^x - 1。$$

当 $x \in (-\infty, 0)$ 时,$y' < 0$,所以函数 $y = e^x - x - 2$ 在 $(-\infty, 0]$ 上单调减少;

当 $x \in (0, +\infty)$ 时,$y' > 0$,所以函数 $y = e^x - x - 2$ 在 $[0, +\infty)$ 上单调增加。

例 3　讨论函数 $y = \sqrt[3]{x^2}$ 的单调性。

解　函数 $y = \sqrt[3]{x^2}$ 的定义域为 $(-\infty, +\infty)$。

当 $x \neq 0$ 时,函数的导数为 $y' = \dfrac{2}{3\sqrt[3]{x}}$;

当 $x = 0$ 时,导数不存在。

在$(-\infty,0)$内，$y' < 0$，因此函数 $y = \sqrt[3]{x^2}$ 在$(-\infty,0]$上单调减少；

在$(0,+\infty)$内，$y' > 0$，所以函数 $y = \sqrt[3]{x^2}$ 在$[0,+\infty)$上单调增加。

从例 2 中不难发现，某些函数在它的定义域上不是单调的，但是用导数等于零的点来划分函数的定义域以后，就可以使函数在各个部分区间上单调。这个结论对于定义域上具有连续导数的函数都是成立的。从例 3 中不难发现，如果函数存在某些不可导点，则划分定义域的分点还应包含这些不可导的点。总结为如下的结论。

如果函数在定义域上连续，除去有限个点外，导数存在且连续，那么只需用方程 $f'(x) = 0$ 的根及 $f'(x)$ 不存在的点来划分函数 $f(x)$ 的定义域，就能保证 $f'(x)$ 在各个部分区间内保持定号，即函数在各个部分区间上单调。

例 4 确定函数 $f(x) = 2x^3 - 6x^2 - 18x - 6$ 的单调区间。

解 函数 $f(x)$ 的定义域为$(-\infty,+\infty)$，且其导数为
$$f'(x) = 6x^2 - 12x - 18 = 6(x-3)(x+1),$$
解方程
$$f'(x) = 6(x-3)(x+1) = 0,$$
得两个根为 $x_1 = -1, x_2 = 3$。

这样，区间$(-\infty,+\infty)$被分成三个部分区间：$(-\infty,-1),(-1,3),(3,+\infty)$。

在区间$(-\infty,-1)$内，$f'(x) > 0$，所以函数 $f(x)$ 在区间$(-\infty,-1]$上单调增加；

在区间$(-1,3)$内，$f'(x) < 0$，所以函数 $f(x)$ 在区间$[-1,3]$上单调减少；

在区间$(3,+\infty)$内，$f'(x) > 0$，所以函数 $f(x)$ 在区间$[3,+\infty)$上单调增加。

例 5 证明：当 $x > 0$ 时，有 $x > \ln(1+x)$。

证 令 $f(x) = x - \ln(1+x)$，则
$$f'(x) = \frac{x}{1+x},$$
函数 $f(x)$ 在$(0,+\infty)$内可导，且 $f'(x) > 0$，因此函数 $f(x)$ 在$[0,+\infty)$上单调增加，对于 $x > 0$，有
$$f(x) > f(0) = 0, x \in (0,+\infty),$$
所以当 $x > 0$ 时，有
$$x > \ln(1+x)。$$

3.4.2 曲线的凹凸性与拐点

我们已经研究了函数的单调性，从几何上看，反映的是函数曲线的上升或下降。但单调性相同的函数在图形上也会存在显著的差异。曲线在升降的过程中还有弯曲方向的问题，如图 3-4 中的两条曲线，虽然它们都上升，但有显著的区别，曲线 ACB 是向上凸的曲线，而曲线 ADB 是向下凹的曲线，它们的凹凸性不同。下面我们来研究函数曲线的凹凸性的判别方法。

从几何上看，在有些曲线上任意取两点，则连接这两点的弦总位于这两点间的曲线的

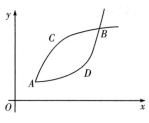

图 3-4

上方,如图 3-5(a) 所示,而有的曲线则正好相反,如图 3-5(b) 所示。曲线的这种性质就是曲线的凹凸性。因此,曲线的凹凸性可以用一条连接曲线上任意两点的弦的中点与曲线上相应点的位置关系来描述,下面给出曲线凹凸性的定义。

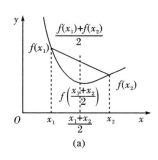

(a)

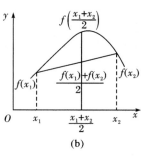

(b)

图 3-5

定义 3.1　设函数 $f(x)$ 在区间 I 上连续,如果对 I 上任意两点 x_1, x_2 恒有

$$f\left(\frac{x_1 + x_2}{2}\right) < \frac{f(x_1) + f(x_2)}{2},$$

那么称函数 $f(x)$ 在 I 上的图形是**向上凹的**,简称凹的;

如果恒有

$$f\left(\frac{x_1 + x_2}{2}\right) > \frac{f(x_1) + f(x_2)}{2},$$

那么称函数 $f(x)$ 在 I 上的图形是**向上凸的**,简称凸的。

如果函数 $f(x)$ 在 I 上具有二阶导数,那么可以用二阶导数的符号来判断曲线的凹凸性,这就是下面的曲线凹凸性的判定定理。

定理 3.8　设 $f(x)$ 在$[a,b]$上连续,在(a,b)内具有一阶和二阶导数,那么

(1) 若在(a,b)内,$f''(x) > 0$,则 $f(x)$ 在$[a,b]$上的图形是凹的。

(2) 若在(a,b)内,$f''(x) < 0$,则 $f(x)$ 在$[a,b]$上的图形是凸的。

证　(1) 设 x_1 和 x_2 为$[a,b]$上的任意两点,且 $x_1 < x_2$,记$\dfrac{x_1 + x_2}{2} = x_0$,并记

$x_2 - x_0 = x_0 - x_1 = h$,则 $x_1 = x_0 - h, x_2 = x_0 + h$,由拉格朗日中值定理,得

$$f(x_0 + h) - f(x_0) = f'(x_0 + \theta_1 h)h,$$
$$f(x_0) - f(x_0 - h) = f'(x_0 - \theta_2 h)h,$$

其中 $0<\theta_1<1,0<\theta_2<1$。两式相减,得

$$f(x_0+h)+f(x_0-h)-2f(x_0)=[f'(x_0+\theta_1h)-f'(x_0-\theta_2h)]h。$$

对 $f'(x)$ 在区间 $[x_0-\theta_2h,x_0+\theta_1h]$ 上再次利用拉格朗日定理,得

$$[f'(x_0+\theta_1h)-f'(x_0-\theta_2h)]h=f''(\xi)(\theta_1+\theta_2)h^2,$$

其中 $x_0-\theta_2h<\xi<x_0+\theta_1h$。按情形(1)的假设,$f''(\xi)>0$,故有

$$f(x_0+h)+f(x_0-h)-2f(x_0)>0,$$

即

$$\frac{f(x_0+h)+f(x_0-h)}{2}>f(x_0),$$

即

$$\frac{f(x_1)+f(x_2)}{2}>f(\frac{x_1+x_2}{2})。$$

所以 $f(x)$ 在 $[a,b]$ 上的图形是凹的。

类似地可以证明情形(2)。

例 6 判定曲线 $y=\ln x$ 的凹凸性。

解 因为 $y'=\frac{1}{x},y''=-\frac{1}{x^2}$,则在定义域 $(0,+\infty)$ 内,$y''<0$,由定理 3.8 可知,曲线 $y=\ln x$ 是凸的。

例 7 判定曲线 $y=x^3$ 的凹凸性。

解 因为 $y'=3x^2,y''=6x$。

当 $x<0$ 时,$y''<0$,所以曲线在 $(-\infty,0]$ 上为凸的;

当 $x>0$ 时,$y''>0$,所以曲线在 $[0,+\infty)$ 上为凹的。

一般地,设函数 $f(x)$ 在区间 I 上连续,x_0 是 I 的内点。如果曲线 $y=f(x)$ 在经过点 $(x_0,f(x_0))$ 时,曲线的凹凸性改变了,就称点 $(x_0,f(x_0))$ 为**曲线的拐点**。

下面来讨论函数的拐点的求法。

由定理 3.8 可知,$f''(x)$ 的符号可以判断曲线的凹凸性,因此,如果 $f''(x)$ 在 x_0 的左右两侧邻近异号,那么点 $(x_0,f(x_0))$ 就是曲线的拐点,所以要寻找拐点,只需找出使 $f''(x)$ 符号发生变化的分界点即可。如果 $f(x)$ 在区间 I 内具有二阶连续导数,那么在这样的分界点处必有 $f''(x)=0$;此外,$f''(x)$ 不存在的点,也可能是 $f''(x)$ 的符号发生改变的分界点。

综上分析,我们可以按下列步骤来判断区间 I 上的连续曲线 $y=f(x)$ 的拐点:

(1) 求 $f''(x)$;

(2) 令 $f''(x)=0$,解方程,并求出在区间 I 内 $f''(x)$ 不存在的点;

(3) 对于(2)中求出的每一个实根或二阶导数不存在的点 x_0,检验 $f''(x)$ 在 x_0 左、右两侧邻近的符号,如果两侧异号,则点 $(x_0,f(x_0))$ 就是曲线的拐点;当两侧符号相同时,点 $(x_0,f(x_0))$ 不是曲线的拐点。

例 8 求曲线 $y=x^3-5x^2+3x+5$ 的拐点。

解　$y' = 3x^2 - 10x + 3, y'' = 6x - 10$, 解方程 $y'' = 6x - 10 = 0$, 得 $x = \dfrac{5}{3}$。

当 $x < \dfrac{5}{3}$ 时, $y'' < 0$; 当 $x > \dfrac{5}{3}$ 时, $y'' > 0$。因此, 点 $\left(\dfrac{5}{3}, \dfrac{20}{27}\right)$ 就是该曲线的拐点。

例 9　判断曲线 $y = x^4$ 是否有拐点。

解　$y' = 4x^3, y'' = 12x^2$, 解方程 $y'' = 0$, 得 $x = 0$。

当 $x \neq 0$ 时, 无论是 $x > 0$ 还是 $x < 0$ 都有 $y'' > 0$, 因此点 $(0,0)$ 不是曲线的拐点。故曲线 $y = x^4$ 没有拐点, 它是 $(-\infty, +\infty)$ 内的凹函数。

习　题　3.4

1. 判断函数 $f(x) = x + \ln x$ 的单调性。

2. 确定下列函数的单调区间。

(1) $y = 2x^3 - 9x^2 + 12x - 3$;　　(2) $y = 2x + \dfrac{8}{x}(x > 0)$;

(3) $y = \dfrac{9}{4x^3 - 9x^2 + 6x}$;　　(4) $y = (x-1)(x-2)(x+1)^3$;

(5) $y = x^n e^{-x}(n > 0, x \geqslant 0)$;　　(6) $y = x + |\sin 2x|$。

3. 证明下列不等式。

(1) 当 $x > 0$ 时, $1 + x > \sqrt{1 + 2x}$;　　(2) 当 $0 < x < \dfrac{\pi}{2}$ 时, $\sin x + \tan x > 2x$;

(3) 当 $0 < x < \dfrac{\pi}{2}$ 时, $\tan x > x + \dfrac{1}{3}x^3$;　(4) 当 $x > 4$ 时, $2^x > x^2$。

4. 讨论方程 $\ln x = ax(a > 0)$ 的实根的个数。

5. 判断下列函数的凹凸性。

(1) $y = 4x - x^2$;　　(2) $y = x + \dfrac{1}{x}$;

(3) $y = \ln(1 + x^2)$;　　(4) $y = \dfrac{1}{1 + x^2}$。

6. 求下列函数图形的拐点及凹或凸的区间。

(1) $y = x^3 - 5x^2 + 3x + 5$;　　(2) $y = (x+1)^4 + e^x$;

(3) $y = x^2 + \dfrac{1}{x}$;　　(4) $y = e^{\arctan x}$。

7. 利用函数图形的凹凸性, 证明下列不等式。

(1) $\dfrac{1}{2}(x^n + y^n) > \left(\dfrac{x+y}{2}\right)^n (x > 0, y > 0, x \neq y, n > 1)$;

(2) $\dfrac{e^x + e^y}{2} > e^{\frac{x+y}{2}} (x \neq y)$。

8. 问 a、b 为何值时, 点 $(1,3)$ 为曲线 $y = ax^3 + bx^2$ 的拐点?

9. 已知一曲线 $y = ax^3 + bx^2 + cx + d$ 在 $x = -2$ 处有水平切线, $(1, -10)$ 为曲线的拐点,

点$(-2,44)$在曲线上,求曲线方程。

10. 证明曲线 $y = \dfrac{x-1}{x^2+1}$ 有三个拐点,且在同一直线上。

11. 证明:若 f, g 均为凸函数,λ 为非负实数,则 $\lambda f, f+g$ 也为凸函数。

3.5 函数的极值与最大最小值问题

3.5.1 函数的极值与求法

从函数的图象观察最大值与最小值的特点,对于定义在区间上的连续函数,如果函数的最大值和最小值不在端点处取得,则在最大值和最小值点函数的单调性发生改变。如函数 $f(x) = 2x^3 - 6x^2 - 18x - 7$ 在点 $x=-1, x=3$ 处分别取得最大值和最小值,且单调性均发生改变。

在点 $x=-1$ 的左侧邻近,函数 $f(x)$ 是单调增加的,在点 $x=-1$ 的右侧邻近,函数 $f(x)$ 是单调减少的。从而存在 $x_0 = -1$ 的某去心邻域

$$\mathring{U}(x_0, \delta) = \{x \mid 0 < |x+1| < \delta\},$$

对于邻域内的任何点 x,均有 $f(x) < f(-1)$ 成立。

同样地,在点 $x=3$ 处,也存在某个去心邻域

$$\mathring{U}(x_0, \delta) = \{x \mid 0 < |x-3| < \delta\},$$

对于邻域内的任何点 x,均有 $f(x) > f(3)$ 成立。

我们把这一现象归纳为下面的定义:

定义 3.2 设函数 $f(x)$ 在点 x_0 的某邻域 $U(x_0)$ 内有定义,如果对于去心邻域 $\mathring{U}(x_0)$ 内的任一点 x,有

$$f(x) < f(x_0) [\text{或} f(x) > f(x_0)],$$

则称 $f(x_0)$ 是函数 $f(x)$ 的一个**极大值(极小值)**,点 x_0 称为**极大(极小)值点**。函数的极大与极小值统称为函数的**极值**,使函数取得极值的点称为**极值点**。

函数的极值是局部性概念。假设 $f(x_0)$ 是函数 $f(x)$ 的一个极大值,只是说明在 x_0 的某邻域内,$f(x_0)$ 是函数的最大值;对于函数 $f(x)$ 的整个定义域来说,$f(x_0)$ 不一定是函数的最大值。类似地可推知极小值的情况。

函数 $f(x)$ 在区间 $[a, b]$ 上的图形如图 3-6 所示,函数有两个极大值:$f(x_2)$、$f(x_5)$,三个极小值:$f(x_1)$、$f(x_4)$、$f(x_6)$。在整个区间内只有 $f(x_1)$ 是最小值,$f(x_2)$ 是最大值。

从图 3-6 中我们还能发现一个规律:函数在极值点处,曲线的切线是水平的,但所在切线是水平的点不一定是极值点,即对于可导函数,所在切线是水平的点是函数在该点取得极值的必要条件。

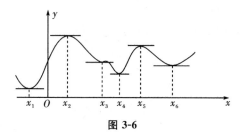

图 3-6

定理3.9　（必要条件）设函数 $f(x)$ 在 x_0 处可导，且在 x_0 处取得极值，那么 $f'(x_0) = 0$。

通常称函数导数等于零的点为函数的**驻点**。定理 3.9 说明可导函数的极值点必定是它的驻点，但反过来不成立。

对于连续函数，怎样确定其在驻点及导数不存在的点处是否取得极值呢？怎样判断极值点是极大值点还是极小值点呢？下面给出判断极值的充分条件。

定理3.10　（第一充分条件）设函数 $f(x)$ 在 x_0 处连续，且在 x_0 的去心邻域 $\mathring{U}(x_0, \delta)$ 内可导。

（1）若当 $x \in (x_0 - \delta, x_0)$ 时，$f'(x) > 0$，而当 $x \in (x_0, x_0 + \delta)$ 时，$f'(x) < 0$，则 $f(x)$ 在 x_0 处取得极大值；

（2）若当 $x \in (x_0 - \delta, x_0)$ 时，$f'(x) < 0$，而当 $x \in (x_0, x_0 + \delta)$ 时，$f'(x) > 0$，则 $f(x)$ 在 x_0 处取得极小值；

（3）若 $x \in \mathring{U}(x_0, \delta)$ 时，$f'(x)$ 的符号保持不变，则 $f(x)$ 在 x_0 处没有极值。

证　对于情形（1），根据函数的单调性的判定法，函数 $f(x)$ 在 $(x_0 - \delta, x_0]$ 内单调增加，而在 $[x_0, x_0 + \delta)$ 内单调减少，故当 $x \in \mathring{U}(x_0, \delta)$ 时，$f(x) < f(x_0)$。所以，$f(x_0)$ 是函数 $f(x)$ 的一个极大值。

类似地可以证明情形（2）和情形（3）。

可以按照下列步骤来求 $f(x)$ 在区间内的极值点和相应的极值：

（1）求出导数 $f'(x)$；

（2）解方程 $f'(x) = 0$，求出全部驻点和不可导点；

（3）检查 $f'(x)$ 在每个驻点和不可导点的左、右邻近的符号，判断极值点；

（4）求出各极值点的函数值，就得函数 $f(x)$ 的全部极值。

例1　求函数 $f(x) = x^3 - 3x^2 - 9x + 5$ 的极值。

解　$f'(x) = 3x^2 - 6x - 9 = 3(x+1)(x-3)$，令 $f'(x) = 0$，解得 $x_1 = -1, x_2 = 3$。讨论如下：

当 $x \in (-\infty, -1)$ 时，$f'(x) > 0$；当 $x \in (-1, 3)$ 时，$f'(x) < 0$。

当 $x \in (3, +\infty)$ 时，$f'(x) > 0$，

所以 $f(-1) = 10$ 为极大值，$f(3) = -22$ 是极小值。

定理3.11　（第二充分条件）设函数 $f(x)$ 在 x_0 处具有二阶导数且 $f'(x_0) = 0$，$f''(x_0) \neq 0$，那么

(1) 当 $f''(x_0) < 0$ 时,$f(x)$ 在 x_0 处取得极大值;

(2) 当 $f''(x_0) > 0$ 时,$f(x)$ 在 x_0 处取得极小值。

证   对于情形(1),由 $f''(x_0) < 0$ 及二阶导数的定义有

$$f''(x_0) = \lim_{\Delta x \to 0} \frac{f'(x_0 + \Delta x) - f'(x_0)}{\Delta x} < 0,$$

根据函数极限的局部保号性,在 x_0 的足够小的邻域内,

$$\frac{f'(x_0 + \Delta x) - f'(x_0)}{\Delta x} < 0,$$

但 $f'(x_0) = 0$,即有

$$\frac{f'(x_0 + \Delta x)}{\Delta x} = \frac{f'(x)}{x - x_0} < 0,$$

所以在 x_0 的足够小的邻域内,$f'(x)$ 与 $x - x_0$ 异号。

因此,当 $x - x_0 < 0$ 时,$f'(x) > 0$;当 $x - x_0 > 0$ 时,$f'(x) < 0$,则 $f(x)$ 在 x_0 处取得极大值。

类似地可以证明情形(2)。

如果函数 $f(x)$ 在 x_0 处满足 $f'(x_0) = 0$,$f''(x_0) = 0$,那么 $f(x)$ 在 x_0 处可能有极大值,也可能有极小值,也可能没有极值。例如:$f(x) = -x^4$,$f(x) = x^4$,$f(x) = x^3$ 这三个函数在 $x = 0$ 处就分别属于这三种情况。因此,对于在驻点处二阶导数为零的函数,则只能用定理3.10来判定。

例2   求函数 $f(x) = x^3 + 3x^2 - 24x - 20$ 的极值。

解 $f'(x) = 3x^2 + 6x - 24 = 3(x+4)(x-2)$,令 $f'(x) = 0$,解得 $x_1 = -4$,$x_2 = 2$。

因为 $f''(x) = 6x + 6$,$f''(-4) = -18 < 0$,$f''(2) = 18 > 0$,

所以函数 $f(x)$ 的极大值为 $f(-4) = 60$,极小值为 $f(2) = -48$。

3.5.2   最大最小值问题

在工业、农业生产、工程技术及科学实验中,经常会遇到这样一类问题:在一定条件下,怎样使"产品最多""用料最省""成本最低""效率最高" 这一类问题都可以归结为求某个函数的最大值或最小值问题。

若函数 $f(x)$ 在闭区间 $[a,b]$ 上连续,在开区间 (a,b) 内至多存在有限个驻点或导数不存在的点,由闭区间上连续函数的性质可知函数 $f(x)$ 在 $[a,b]$ 上必取得最大值和最小值。如果函数 $f(x)$ 的最大值(或最小值)在 (a,b) 内取得,则它一定也是函数 $f(x)$ 在 (a,b) 内的极大值(或极小值),而 $f(x)$ 的极值点只能是驻点或导数不存在的点。此外函数的最大值和最小值也可能在区间的端点处取得。因此,函数 $f(x)$ 在 $[a,b]$ 上的最值可以按如下步骤求得:

(1) 求出 $f(x)$ 在 (a,b) 的驻点 $x_1, x_2, \cdots, x_m$ 及不可导的点 $x_1', x_2', \cdots, x_n'$;

(2) 计算 $f(x_i)(i = 1, 2, \cdots, m)$,$f(x_j')(j = 1, 2, \cdots, n)$ 及 $f(a)$,$f(b)$;

(3) 比较(2)中所有值的大小,其中最大的便是 $f(x)$ 在 $[a,b]$ 上的最大值,最小的便

是 $f(x)$ 在$[a,b]$ 上的最小值。

例 3　求函数 $f(x)=|x-2|e^x$ 在闭区间$[0,3]$上的最大值与最小值。

解　先求出驻点与不可导点。

不可导点:$x=2$。

再求驻点:
$$f'(x)=\begin{cases}e^x+(x-2)e^x=(x-1)e^x, & 2<x<3,\\ -e^x-(x-2)e^x=-(x-1)e^x, & 0<x<2,\end{cases}$$

令 $f'(x)=0$,解得驻点:$x=1$。

比较不可导点、驻点以及区间端点的函数值:
$$f(0)=2,f(1)=e,f(2)=0,f(3)=e^3,$$
所以函数 $f(x)$ 的最大值为 $f(3)=e^3$,最小值为 $f(2)=0$。

注　当 $f(x)$ 在$[a,b]$上只有一个极值点时,若在此点取极大(小)值,则也是 $f(x)$ 的最大(小)值。

当 $f(x)$ 在$[a,b]$上单调时,最值必在区间端点处取得。

对于实际应用问题,有时可根据实际意义判别求出的极值点是否为最大值点或最小值点。

例 4　铁路上 AB 段的距离为$100km$，工厂 C 距A 处$20km$,且 $AC\perp AB$(如图 3-7 所示),要在 AB 线上选定一点D 向工厂修一条公路。已知铁路与公路每公里的货运价之比为 $3:5$,为使货物从 B 运到工厂C 的运费最省,问 D 点应如何选取?

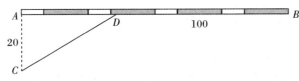

图 3-7

解　设 $AD=x(km)$,则
$$DB=100-x(km),CD=\sqrt{20^2+x^2}=\sqrt{400+x^2}(km)。$$

由于铁路与公路的每公里的货运费用之比为 $3:5$,因此记铁路每公里的运输费用为 $3k$,公路每公里的运输费用为 $5k$。设从 B 运到工厂C 的总费用为 y,那么
$$y=5k\cdot CD+3k\cdot DB,$$
即
$$y=5k\cdot\sqrt{400+x^2}+3k\cdot(100-x),0\leqslant x\leqslant 100,$$

现在的问题变成为:若 $x\in[0,100]$,当 x 取何值时,目标函数 y 的值最小?
对 y 求导得
$$y'=k\left(\frac{5x}{\sqrt{400+x^2}}-3\right),$$

解方程 $y'=0$,得 $x=15km$。

因为问题背景是使目标函数 y 有最小值,由上可知只有唯一极值点,即 $x=15$,则 y

的最小值为

$$y \mid_{x=15} = 380k。$$

习　题　3.5

1.求下列函数的极值。

(1)$y = x - \ln(1+x)$;　　　　　　　(2)$y = x + \sqrt{1-x}$;

(3)$y = \mathrm{e}^x \cos x$;　　　　　　　　(4)$y = x^{\frac{1}{x}}$;

(5)$y = \dfrac{(\ln x)^2}{x}$;　　　　　　　(6)$y = \arctan x - \dfrac{1}{2}\ln(1+x^2)$。

2.试证明:如果函数 $y = ax^3 + bx^2 + cx + d$ 满足条件 $b^2 - 3ac < 0$,则函数没有极值。

3.问 a 为何值时,函数 $f(x) = a\sin x + \dfrac{1}{3}\sin 3x$ 在 $x = \dfrac{\pi}{3}$ 处取极值,并判断是极大值还是极小值。

4.设 $f(x) = \begin{cases} x^4 \sin^2 \dfrac{1}{x}, & x \neq 0, \\ 0, & x = 0, \end{cases}$ 证明:$x = 0$ 是函数 $f(x)$ 的极小值点。

5.求下列函数的最大值、最小值。

(1)$y = 2x^3 - 3x^2, -1 \leqslant x \leqslant 4$;　　　(2)$y = x + \sqrt{1-x}, -5 \leqslant x \leqslant 1$。

(3)$y = 2\tan x - \tan^2 x, 0 \leqslant x \leqslant \dfrac{\pi}{2}$。

6.在半径为 r 的球中内接一圆柱体,使其体积最大,求此圆柱体的高。

7.从一块半径为 r 的圆铁片上挖去一个扇形做成一个漏斗。问留下的扇形的中心角 α 为何值时,做成的漏斗的容积最大?

8.一房地产公司有 50 套住房出租。当月租金定为 1000 元时,住房会全部租出去。当月租金每增加 50 元时,就会多一套住房不能租出去,而租出去的住房每月需要花费 100 元的维修费。试问房租定为多少时,可实现收益最大化?

3.6　函数图形的描绘

前面我们已经讨论了函数的单调性、极值、曲线的凹凸性与拐点等问题,利用函数的这些性态,便能相对准确地描绘出函数的图形。

应用函数微分学的方法描绘函数 $y = f(x)$ 的图形的一般步骤如下:

(1)确定函数 $y = f(x)$ 的定义域,并讨论函数所具有的某些特性,如奇偶性、周期性、连续性等;

(2)求出一阶导数 $f'(x)$ 和二阶导数 $f''(x)$ 在函数定义域内的全部零点,并求出

$f(x)$ 的间断点及使得 $f'(x)$ 和 $f''(x)$ 不存在的点,用这些点把函数定义域分成几个部分区间;

(3) 确定在这些部分区间内 $f'(x)$ 和 $f''(x)$ 的正负号,并由此确定函数的单调性和凹凸性,确定函数的极值点和拐点;

(4) 确定函数的水平渐近线、垂直渐近线及其他变化趋势;

(5) 算出 $f'(x)$ 和 $f''(x)$ 的零点以及不存在的点所对应的函数值,确定出图形上相应的点;然后结合(3)(4) 的结果,联结这些点,画出函数 $y = f(x)$ 的图形。

函数 $y = f(x)$ 的渐近线可按如下方法确定:

(1) 若 $\lim\limits_{x \to x_0} f(x) = \infty$,则曲线 $y = f(x)$ 有一条垂直渐近线 $x = x_0$;

(2) 若 $\lim\limits_{x \to \infty} f(x) = A$,则曲线 $y = f(x)$ 有一条水平渐近线 $y = A$;

(3) 若 $\lim\limits_{x \to \infty} \dfrac{f(x)}{x} = a$,且 $\lim\limits_{x \to \infty}[f(x) - ax] = b$,则曲线 $y = f(x)$ 有一条斜渐近线

$$y = ax + b。$$

例 1　求曲线 $y = \dfrac{1}{x-1} + 2$ 的渐近线。

解　因为 $\lim\limits_{x \to \infty}(\dfrac{1}{x-1} + 2) = 2$,所以 $y = 2$ 是曲线 y 的水平渐近线;

又因为 $\lim\limits_{x \to 1}(\dfrac{1}{x-1} + 2) = \infty$,所以 $x = 1$ 是曲线 y 的垂直渐近线。

例 2　求曲线 $y = \dfrac{x^3}{(x-1)^2}$ 的斜渐近线。

解　因为

$$k = \lim\limits_{x \to \infty} \frac{f(x)}{x} = \lim\limits_{x \to \infty} \frac{x^2}{(x-1)^2} = 1,$$

$$b = \lim\limits_{x \to \infty}[f(x) - x] = \lim\limits_{x \to \infty} \frac{x(2x-1)}{(x-1)^2} = 2,$$

所以 $y = x + 2$ 为曲线 y 的斜渐近线。

例 3　讨论函数 $f(x) = \dfrac{x^3}{(x-1)^2}$ 的性态,并作出函数的图形。

解　(1)$f(x)$ 的定义域 D:$(-\infty, 1) \bigcup (1, +\infty)$,则

$$f'(x) = \frac{x^2(x-3)}{(x-1)^3}, \quad f''(x) = \frac{6x}{(x-1)^4}。$$

(2) 令 $f'(x) = 0$,解得 $x = 0$,$x = 3$;令 $f''(x) = 0$,解得 $x = 0$。

(3) 由例 2 已经知道 $y = x + 2$ 为 $f(x)$ 的斜渐近线,又因为 $\lim\limits_{x \to 1} f(x) = +\infty$,所以得到 $f(x)$ 的垂直渐近线为 $x = 1$。

(4) 由(3)可得驻点 $x = 0$,$x = 3$,列表确定函数的单调区间、凹凸区间及极值点和拐点,列表如下:

表 3-1

x	$(-\infty,0)$	0	$(0,1)$	1	$(1,3)$	3	$(3,+\infty)$
$f'(x)$	$+$	0	$+$	无定义	$-$	0	$+$
$f''(x)$	$-$	0	$+$	无定义	$+$	$+$	$+$
$f(x)$	↗	拐点	↗	间断点	↘	极值点	↗

这里记号↗表示曲线弧上升而且是凸的,↘表示曲线弧下降且是凹的,↗表示曲线弧上升而且是凹的。

(5)计算 $f(0)=0,f(3)=\dfrac{27}{4}$,补充当 $x=\pm2$ 时的函数值,$f(2)=8,f(-2)=-\dfrac{8}{9}$。

(6)作点 $A\left(-2,-\dfrac{8}{9}\right),B(2,8),C\left(3,\dfrac{27}{4}\right),D\left(\dfrac{2}{3},\dfrac{8}{3}\right)$,按函数的性态联结各点,作图。如图 3-8 所示。

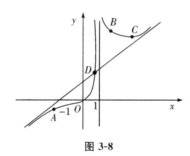

图 3-8

例 4　作函数 $f(x)=\dfrac{1}{\sqrt{2\pi}}\mathrm{e}^{-\frac{x^2}{2}}$ 的图形。

解　(1)函数的定义域为 $(-\infty,+\infty)$,很显然 $f(-x)=f(x)$,所以函数 $f(x)$ 是偶函数,其图形关于 y 轴对称。因此只需讨论 $[0,+\infty)$ 上该函数的图形。

(2)求函数 $f(x)$ 的一阶、二阶导数。

$$f'(x)=-\frac{1}{\sqrt{2\pi}}x\mathrm{e}^{-\frac{x^2}{2}},\quad f''(x)=\frac{1}{\sqrt{2\pi}}(x^2-1)\mathrm{e}^{-\frac{x^2}{2}}。$$

在区间 $[0,+\infty)$ 上,令 $f'(x)=0$,解得 $x=0$,令 $f''(x)=0$,解得 $x=1$,则可将区间划分成 $[0,1]$ 和 $[1,+\infty)$。

(3)在区间 $(0,1)$ 内,$f'(x)<0,f''(x)<0$,所以在 $[0,1]$ 上,函数的曲线弧下降而且是凸的。结合 $f'(0)=0$ 和图形关于 y 轴对称,可知 $x=0$ 是函数的极大值点。

在 $(1,+\infty)$ 内,$f'(x)<0,f''(x)>0$,则在区间 $[1,+\infty)$ 上,曲线弧下降而且是凹的。

结果列表 3-2 如下：

表 3-2

x	0	$(0,1)$	1	$(1,+\infty)$
$f'(x)$	0	$-$	$-$	$-$
$f''(x)$	$-$	$-$	0	$+$
$f(x)$	极大	↘	拐点	↘

(4) 由于 $\lim\limits_{x\to+\infty} f(x) = 0$，则图形有一条水平渐近线 $y = 0$。

(5) 计算 $f(0) = \dfrac{1}{\sqrt{2\pi}}$，$f(1) = \dfrac{1}{\sqrt{2\pi e}}$，补充 $f(2) = \dfrac{1}{\sqrt{2\pi e^2}}$，记

$$A = (0, \frac{1}{\sqrt{2\pi}}), B = (1, \frac{1}{\sqrt{2\pi e}}), C = (2, \frac{1}{\sqrt{2\pi e^2}}),$$

作图如下：

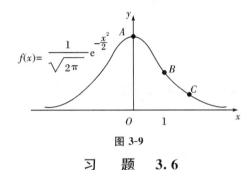

图 3-9

习　题　3.6

描绘下列函数的图形。

(1) $y = \dfrac{1}{5}(x^4 - 6x^2 + 8x + 7)$；　　　　(2) $y = \dfrac{x}{1 + x^2}$；　　　　(3) $y = e^{-(x-1)^2}$。

3.7　曲率

3.7.1　弧微分

为了定量描述曲线的弯曲程度，我们引入**曲率**这个概念，作为预备知识，先介绍**弧微分**。

设函数 $f(x)$ 在区间 (a, b) 内具有连续导数。在曲线 $y = f(x)$ 固定点 $M_0(x_0, y_0)$ 作为度量弧长的起点，如图 3-10 所示，并规定 x 增大的方向为曲线上的正向。取曲线上任一点 $M(x, y)$，规定有向弧段 $\overset{\frown}{M_0M}$ 的值为 s（称为弧 s）：s 的绝对值等于这段弧的长度，当有向弧段的方向与曲线的正向一致时，$s > 0$，相反时 $s < 0$，则弧 s 是 x 的函数：$s = s(x)$，且 $s(x)$ 是 x 的单调增加函数。下面来求 $s(x)$ 的导数和微分。

设 $x, x + \Delta x$ 为 (a, b) 内两个邻近的点，在曲线上分别对应点 M, M'（如图 3-10 所示），记 x 的增量为 Δx，弧 s 的增量为 Δs，则

$$\Delta s = \overset{\frown}{M_0M'} - \overset{\frown}{M_0M} = \overset{\frown}{MM'},$$

于是

$$
\begin{aligned}
\left(\frac{\Delta s}{\Delta x}\right)^2 &= \left(\frac{\overset{\frown}{MM'}}{\Delta x}\right)^2 = \left(\frac{\overset{\frown}{MM'}}{|MM'|}\right)^2 \cdot \left(\frac{|MM'|}{\Delta x}\right)^2 \\
&= \left(\frac{\overset{\frown}{MM'}}{|MM'|}\right)^2 \cdot \frac{(\Delta x)^2 + (\Delta y)^2}{(\Delta x)^2} \\
&= \left(\frac{\overset{\frown}{MM'}}{|MM'|}\right)^2 \cdot \left[1 + \left(\frac{\Delta y}{\Delta x}\right)^2\right],
\end{aligned}
$$

$$\frac{\Delta s}{\Delta x} = \pm \sqrt{\left(\frac{\widehat{MM'}}{|MM'|}\right)^2 \cdot \left[1 + \left(\frac{\Delta y}{\Delta x}\right)^2\right]},$$

令 $\Delta x \to 0$，取极限，由于当 $\Delta x \to 0$ 时，$M' \to M$，则弧的长度与弦的长度之比的极限为 1，则有

$$\lim_{M' \to M} \frac{\widehat{MM'}}{|MM'|} = 1,$$

又

$$\lim_{\Delta x \to 0} \frac{\Delta y}{\Delta x} = y',$$

从而得

$$\frac{ds}{dx} = \pm \sqrt{1 + (y')^2},$$

因为 $s(x)$ 是 x 的单调增加函数，则根号前应取正号，即 $ds = \sqrt{1 + (y')^2}\,dx$，这就是弧微分公式。

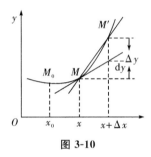

图 3-10

3.7.2　曲率及计算公式

我们已经知道怎样描述曲线"弯曲"的方向及曲线的凹凸性。但是，对于不同的曲线，应该有"弯曲"程度的区别，比如，直线是不弯曲的；半径不同的圆，半径小的弯曲程度应该厉害一些，那么怎样来刻画曲线的弯曲程度呢？

我们来观察图 3-11(a)，弧段 $\widehat{AB}$ 比较平坦，当动点沿这个弧段从 A 移动到 B 时，切线转过的角度为 α，而弧段 $\widehat{BC}$ 弯曲得较为厉害，角度 β 比较大。那么能不能用动点沿弧段从起点移动到弧段终点时，动点的切线扫过的角度来刻画曲线的弯曲程度呢？

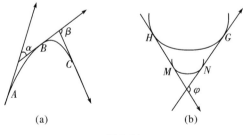

图 3-11

再来观察图 3-11(b)，切线转过的角度大小并不能完全反应曲线的弯曲程度，如曲线弧段 $\widehat{MN}$ 和 $\widehat{HG}$ 虽然转过的角度都是 φ，但弯曲程度并不一样。不难发现弯曲程度除了和切线转过的角度有关之外，还和弧段的长度有关，可以类比利用位移、时间两个因素确定

速度的方法来定义曲线的弯曲程度,从而引出**曲率**这个概念。

　　设曲线 C 上每一点都具有连续的导数即光滑曲线,在曲线 C 上选定一点 M_0 作为度量弧长 s 的起点。曲线上点 M 对应于弧 s,曲线上另一点 M' 对应弧长 $s+\Delta s$,在点 M 处的切线的倾斜角为 α,在点 M' 处的切线的倾斜角为 $\alpha+\Delta\alpha$,如图 3-12 所示。则弧段 $\overparen{MM'}$ 的长度为 $|\Delta s|$,动点从 M 移动到 M' 时,切线扫过的角度为 $|\Delta\alpha|$。

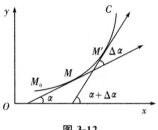

图 3-12

　　取比值 $\left|\dfrac{\Delta\alpha}{\Delta s}\right|$,即用单位弧段上切线扫过的角度大小来表示弧段 $\overparen{MM'}$ 的平均弯曲程度,这个比值称为弧段 $\overparen{MM'}$ 的**平均曲率**,记作 $\overline{K}$,即

$$\overline{K}=\left|\frac{\Delta\alpha}{\Delta s}\right|。$$

　　当 $\Delta s\to 0$ 时,上述平均曲率的极限称为曲线 C 在点 M 处的曲率,记为 K,即

$$K=\lim_{\Delta s\to 0}\left|\frac{\Delta\alpha}{\Delta s}\right|,$$

在 $\lim\limits_{\Delta s\to 0}\dfrac{\Delta\alpha}{\Delta s}=\dfrac{\mathrm{d}\alpha}{\mathrm{d}s}$ 存在的条件下,K 可以表示为 $K=\left|\dfrac{\mathrm{d}\alpha}{\mathrm{d}s}\right|$。

　　对于直线来说,切线与自身重合,当点沿直线移动时,切线的倾斜角 α 不发生改变,故 $\Delta\alpha=0$,从而 $K=0$,即直线不弯曲。

　　对于圆,设圆的半径为 R,如图 3-13 所示,圆在点 M、M' 处的切线所夹的角 $\Delta\alpha$ 等于中心角 $\angle MDM'$。而 $\angle MDM'=\dfrac{\Delta s}{R}$,于是有

$$\frac{\Delta\alpha}{\Delta s}=\frac{\dfrac{\Delta s}{R}}{\Delta s}=\frac{1}{R},$$

即

$$K=\left|\frac{\mathrm{d}\alpha}{\mathrm{d}s}\right|=\frac{1}{R}。$$

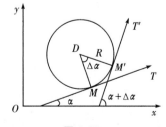

图 3-13

由 M 为圆上任意一点,上述结论表示圆上各点处的曲率都等于半径的倒数 $\dfrac{1}{R}$,即圆的弯曲程度在每一点都一样,半径越小,弯曲得越厉害。

在一般情况下,由曲率的定义来导出曲率的计算公式。

设曲线的方程为 $y = f(x)$,且 $f(x)$ 具有二阶导数。记 α 为曲线在任意点处的切线与 x 轴的夹角,则有 $y' = \tan\alpha$,所以有

$$\frac{1}{\cos^2\alpha}\frac{\mathrm{d}\alpha}{\mathrm{d}x} = y'',$$

$$\frac{\mathrm{d}\alpha}{\mathrm{d}x} = \frac{y''}{1 + \tan^2 x} = \frac{y''}{1 + (y')^2},$$

于是

$$\mathrm{d}\alpha = \frac{y''}{1 + (y')^2}\mathrm{d}x,$$

又因为

$$\mathrm{d}s = \sqrt{1 + (y')^2}\,\mathrm{d}x,$$

从而,根据曲率 K 的表达式,有

$$K = \frac{|y''|}{\left[1 + (y')^2\right]^{\frac{3}{2}}}。 \tag{3.8}$$

设曲线由参数方程

$$\begin{cases} x = \varphi(t), \\ y = \psi(t) \end{cases}$$

给出,则可利用由参数方程确定的函数的求导法,求出 y'_x 及 y''_x,代入式(3.8),得

$$K = \frac{|\varphi'(t)\psi''(t) - \varphi''(t)\psi'(t)|}{\left[(\varphi'(t))^2 + (\psi'(t))^2\right]^{\frac{3}{2}}}。$$

例 1　计算等边双曲线 $xy = 1$ 在点 $(1,1)$ 处的曲率。

解　由 $y = \dfrac{1}{x}$,得

$$y' = -\frac{1}{x^2}, y'' = \frac{2}{x^3},$$

由此有

$$y'\big|_{x=1} = -1, y''\big|_{x=1} = 2。$$

代入公式(3.8),则曲线在点 $(1,1)$ 处的曲率为

$$K = \frac{2}{\left[1 + (-1)^2\right]^{\frac{3}{2}}} = \frac{\sqrt{2}}{2}。$$

例 2　求抛物线 $y = ax^2 + bx + c$ 上的一点,使得抛物线在此点处的曲率最大。

解　由 $y' = 2ax + b, y'' = 2a$,代入公式(3.8),得

$$K = \frac{|2a|}{\left[1 + (2ax + b)^2\right]^{\frac{3}{2}}}。$$

因为 K 的分子为常数,所以只需要分母达到最小,K 就达到最大,当 $2ax+b=0$ 时,即 $x=-\dfrac{b}{2a}$ 时,分母达到最小,此时曲率 K 有最大值 $|2a|$。因此 $x=-\dfrac{b}{2a}$ 所对应的点为抛物线的顶点,则在抛物线的顶点处的曲率最大。

3.7.3　曲率圆与曲率半径

设曲线 $y=f(x)$ 在点 $M(x,y)$ 处的曲率为 $K(K\neq0)$。在点 M 处的曲线的法线上,在凹向的那一侧取一点 D,使 $|DM|=\dfrac{1}{K}=\rho$。以 D 为圆心,ρ 为半径作圆,这个圆叫作曲线在点 M 处的**曲率圆**,如图 3-14 所示。曲率圆的圆心称为曲线在点 M 处的**曲率中心**,曲率圆的半径 ρ 称为曲线在点 M 处的**曲率半径**,且

$$\rho=\frac{1}{K},\ K=\frac{1}{\rho},$$

即曲线上一点处的曲率半径与该点的曲率互为倒数。

从定义不难发现,曲率圆与曲线在点 M 处有相同的切线和曲率,且在点 M 邻近有相同的凹凸向。因此,在实际问题中,常常用曲率圆在点 M 邻近的一段圆弧来近似代替曲线弧,使得问题简化。

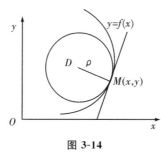

图 3-14

例 3　某工件内表面的型线为抛物线 $y=0.6x^2+3$。现在要用砂轮磨削其内表面,问选用多大直径的砂轮才比较合适?

解　为了磨削时不会磨掉不应磨掉的部分,砂轮半径不应大于抛物线上各点处曲率半径中的最小者。由例 2 知道,抛物线在其顶点处的曲率最大,即抛物线在顶点处的曲率半径最小。由 $y'=1.2x,y''=1.2$,有

$$y'\,|_{x=0}=0,y''\,|_{x=0}=1.2,$$

代入公式(3.8)得 $K=1.2$,则抛物线在顶点处的曲率半径为

$$\rho=\frac{1}{K}=\frac{5}{6}。$$

所以选用的砂轮的直径不得超过 $\dfrac{5}{3}$ 个单位长。

习　题　3.7

1.求椭圆 $4x^2+y^2=4$ 在点 $(0,2)$ 处的曲率。

2. 求曲线 $y = \ln\csc x$ 在点 (x,y) 处的曲率及曲率半径。

3. 求抛物线 $y = x^2 - 4x + 3$ 在其顶点处的曲率及曲率半径。

4. 求曲线 $x = a\cos^3 t, y = a\sin^3 t$ 在 $t = t_0$ 相应点处的曲率。

5. 证明曲线 $y = a\operatorname{ch}\dfrac{x}{a}$（$a$ 为常数）在点 (x,y) 处的曲率半径为 $\dfrac{y^2}{a}$。

综合练习 3

一、填空题。

1. 函数 $y = \ln(x+1)$ 在 $[0,1]$ 上满足拉格朗日中值定理的 $\xi =$ _____。

2. $\lim\limits_{x \to +\infty}\dfrac{x^2}{x + e^x} =$ _____。

3. $\lim\limits_{x \to 0}\left(\cos\sqrt{x}\right)^{\frac{\pi}{x}} =$ _____。

4. $y = x - \dfrac{3}{2}x^{\frac{2}{3}}$ 的单调递增区间为 _____，单调递减区间为 _____。

5. $f(x) = 3 - x - \dfrac{4}{(x+2)^2}$ 在区间 $[-1,2]$ 上的最大值为 _____；最小值为

_____。

6. 曲线 $y = \ln(1 + x^2)$ 的凹区间为 _____，凸区间为 _____，拐点

为 _____。

二、选择题。

1. 下列求极限问题中能够使用洛必达法则的是（   ）。

(A) $\lim\limits_{x \to 0}\dfrac{x^2\sin\dfrac{1}{x}}{\sin x}$ (B) $\lim\limits_{x \to 1}\dfrac{1 - x}{1 - \sin x}$

(C) $\lim\limits_{x \to \infty}\dfrac{x - \sin x}{x\sin x}$ (D) $\lim\limits_{x \to +\infty}x\left(\dfrac{\pi}{2} - \arctan x\right)$

2. 设函数 $y = f(x)$ 在区间 $[a,b]$ 上有二阶导数，则当（   ）成立时，曲线 $y = f(x)$ 在 (a,b) 内是凹的。

(A) $f''(a) > 0$ (B) $f''(b) > 0$

(C) 在 (a,b) 内 $f''(x) \neq 0$ (D) $f''(a) > 0$ 且 $f''(x)$ 在 (a,b) 内单调增加

3. 若 $f(x)$ 在点 $x = a$ 的邻域内有定义，且除点 $x = a$ 外，恒有 $\dfrac{f(x) - f(a)}{(x-a)^2} > 0$，则以下结论正确的是（   ）。

(A) $f(x)$ 在点 a 的邻域内单调增加 (B) $f(x)$ 在点 a 的邻域内单调减少

(C) $f(a)$ 为 $f(x)$ 的极大值 (D) $f(a)$ 为 $f(x)$ 的极小值

三、解答题。

1.求下列极限。

(1) $\lim\limits_{x\to 1}\dfrac{x-x^x}{1-x+\ln x}$;

(2) $\lim\limits_{x\to\infty}\dfrac{\ln(1+3x^2)}{\ln(3+x^4)}$;

(3) $\lim\limits_{x\to 0}\dfrac{\sin x-e^x+1}{1-\sqrt{1-x^2}}$;

(4) $\lim\limits_{x\to 0}\left[\dfrac{1}{\ln(1+x)}-\dfrac{1}{x}\right]$;

(5) $\lim\limits_{x\to 1}(\ln x)^{x-1}$;

(6) $\lim\limits_{x\to +\infty}\left(\dfrac{2}{\pi}\arctan x\right)^x$。

2.证明下列各题。

(1) 当 $0<x_1<x_2<\dfrac{\pi}{2}$ 时,$\dfrac{\tan x_2}{\tan x_1}>\dfrac{x_2}{x_1}$;

(2) 当 $x>0$ 时,$\ln(1+x)>\dfrac{\arctan x}{1+x}$;

(3) 当 $x>0,n>1$ 时,$(1+x)^n>1+nx$。

3.设 $f(x)=\begin{cases}x^{2x}, & x>0,\\ x+2, & x\leqslant 0,\end{cases}$ 求 $f(x)$ 的极值。

4.求椭圆 $x^2-xy+y^2=3$ 上纵坐标的最大值和最小值点。

5.设 $f''(x_0)$ 存在,证明:

$$\lim\limits_{h\to 0}\dfrac{f(x_0+h)+f(x_0-h)-2f(x_0)}{h^2}=f''(x_0)。$$

6.求数列 $\sqrt[n]{n}$ 的最大项。

7.求下列函数的极值。

(1) $f(x)=x^2\ln x$;

(2) $f(x)=\dfrac{1+2x}{\sqrt{1+x^2}}$。

8.求下列函数的最大值与最小值。

(1) $y=x^2 e^{-x}\quad(-1\leqslant x\leqslant 3)$;

(2) $y=x^2-\dfrac{54}{x}\quad(x<0)$。

第 4 章 不定积分

正如加法有其逆运算即减法,乘法有其逆运算即除法一样,在第 2 章中,导数运算也有其逆运算——积分运算.导数运算是从已知函数出发求其导函数,而积分运算与之相反,则是求一个未知函数,使其导函数恰好是已知函数.本章就是讨论如何做积分运算.

4.1 不定积分的概念与性质

4.1.1 原函数与不定积分的概念

定义 4.1 如果在区间 I 上,可导函数 $F(x)$ 的导函数为 $f(x)$,即对于任意 $x \in I$,都有

$$F'(x) = f(x) \text{ 或 } \mathrm{d}F(x) = f(x)\mathrm{d}x,$$

那么函数 $F(x)$ 就称为 $f(x)$ [或 $f(x)\mathrm{d}x$] 在区间 I 上的**原函数**.

例如:因为 $(\sin x)' = \cos x$,故 $\sin x$ 是 $\cos x$ 的一个原函数.

因为 $(\arcsin x)' = \dfrac{1}{\sqrt{1-x^2}}$,故 $\arcsin x$ 是 $\dfrac{1}{\sqrt{1-x^2}}$ 的一个原函数.

研究原函数必须要解决以下两个重要问题:

(1) 在什么条件下,一个函数的原函数存在?如果存在,是否唯一?如果不唯一,它们之间有何关系?

(2) 若已知函数的原函数存在,则如何求出其原函数?

关于第一个问题,有下面两个定理,至于第二个问题,则是本章以后要重点介绍的各种积分方法.

定理 4.1 (原函数存在定理)若函数 $f(x)$ 在区间 I 上连续,则 $f(x)$ 在区间 I 上存在原函数 $F(x)$.

本定理将在下一章加以证明.

由于初等函数在其定义域内处处连续,因此由本定理可知每个初等函数在其定义域上都有原函数.除此以外,并不能保证每个函数在其定义域上都有原函数.

定理 4.2 设 $F(x)$ 是 $f(x)$ 在区间 I 上的一个原函数,则

(1) $F(x) + C$ 也是 $f(x)$ 的一个原函数,其中 C 为任意常量函数;

(2) $f(x)$ 的任意两个原函数之间只可能相差一个常量函数.

证 (1) 因为 $[F(x) + C]' = F'(x) = f(x)$,所以 $F(x) + C$ 也是 $f(x)$ 的一个原函数.

(2) 设 $F(x)$ 和 $G(x)$ 是 $f(x)$ 在区间 I 上的任意两个原函数,则有

$$[F(x)-G(x)]'=F'(x)-G'(x)=f(x)-f(x)\equiv 0,$$

根据拉格朗日中值定理的推论 3.2 可知 $F(x)-G(x)\equiv C$。

这就是说 $f(x)$ 的任意两个原函数之间,只可能相差一个常量函数。

这个定理表明,如果函数有一个原函数存在,则必有无穷多个原函数,且它们彼此之间只相差一个常量函数。若把相差一个常量函数的两个原函数看作是"等价"的,则可以认为原函数"基本上"只有一个。于是本定理揭示了一个函数的全体原函数的结构,即只需求出任意一个原函数,由它分别加上各个不同常数,便可以得到全部原函数。

根据原函数的这种性质,进一步引入下面定义:

定义 4.2　$f(x)$ 在区间 I 上的全体原函数称为 $f(x)$ 在 I 上的**不定积分**,记为

$$\int f(x)\mathrm{d}x,$$

其中"$\int$" 称为**积分号**,"$f(x)$" 称为**被积函数**,"$f(x)\mathrm{d}x$" 称为**被积表达式**,"x" 称为**积分变量**。

由定义 4.2 可见,不定积分与原函数是总体与个体的关系,即若 $F(x)$ 是 $f(x)$ 的一个原函数,则 $F(x)+C$ 就是 $f(x)$ 的不定积分,即

$$\int f(x)\mathrm{d}x=F(x)+C,$$

这时又称 C 为积分常数,它可以取遍一切实数值。此外,常称一个函数存在原函数与存在不定积分是等价的。

例 1　求 $\int x^2\mathrm{d}x$。

解　由于 $\left(\dfrac{x^3}{3}\right)'=x^2$,所以 $\dfrac{x^3}{3}$ 是 x^2 的一个原函数,因此

$$\int x^2\mathrm{d}x=\frac{x^3}{3}+C。$$

例 2　求 $\int \dfrac{1}{x}\mathrm{d}x$。

解　当 $x>0$ 时,由于 $(\ln x)'=\dfrac{1}{x}$,所以 $\ln x$ 是 $\dfrac{1}{x}$ 在 $(0,+\infty)$ 内的一个原函数。因此,在 $(0,+\infty)$ 内,$\int \dfrac{1}{x}\mathrm{d}x=\ln x+C$;

当 $x<0$ 时,由于 $[\ln(-x)]'=\dfrac{1}{-x}(-1)=\dfrac{1}{x}$,所以 $\ln(-x)$ 是 $\dfrac{1}{x}$ 在 $(-\infty,0)$ 内的一个原函数。因此,在 $(-\infty,0)$ 内,$\int \dfrac{1}{x}\mathrm{d}x=\ln(-x)+C$。

综上所述,$\int \dfrac{1}{x}\mathrm{d}x=\ln|x|+C$。

不定积分的几何意义:若 $F(x)$ 是 $f(x)$ 的一个原函数,则称 $y=F(x)$ 的图像为 $f(x)$

的一条积分曲线。于是,函数 $f(x)$ 的不定积分在几何上表示 $f(x)$ 的某一条积分曲线沿纵轴方向任意平移所得的一切积分曲线组成的曲线族。显然,若在每一条积分曲线上横坐标相同的点处作切线,这些切线都是相互平行的(如图 4-1 所示)。

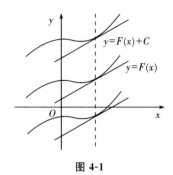

图 4-1

求不定积分的运算称为积分运算或积分法。可见,积分运算是微分运算的逆运算,且有下述关系:

(1) $\left[\int f(x)\mathrm{d}x\right]' = f(x)$ 或 $\mathrm{d}\int f(x)\mathrm{d}x = f(x)\mathrm{d}x$,即不定积分的导数(或微分)等于被积函数(或被积表达式)。

事实上,设 $F(x)$ 是 $f(x)$ 的一个原函数,即 $F'(x) = f(x)$,有

$$\left[\int f(x)\mathrm{d}x\right]' = \left[F(x) + C\right]' = f(x)。$$

(2) $\int F'(x)\mathrm{d}x = F(x) + C$ 或 $\int \mathrm{d}F(x) = F(x) + C$,即函数 $F(x)$ 的导函数(或微分)的不定积分等于函数族 $F(x) + C$。

事实上,已知 $F(x)$ 是函数 $F'(x)$ 的原函数,则

$$\int F'(x)\mathrm{d}x = F(x) + C。$$

由此可见,微分运算(以记号"d"表示)与积分运算(以记号"$\int$"表示)是互逆的,当记号"$\int$"与"d"连在一起时,或相互抵消,或抵消后差一个常数。

4.1.2   基本积分表

既然积分运算是微分运算的逆运算,那么很自然地可以从基本导数公式得到相应的基本积分公式:

1. $\int k\mathrm{d}x = kx + C$ (k 是常数);

2. $\int x^{\mu}\mathrm{d}x = \dfrac{x^{\mu+1}}{\mu+1} + C$ ($\mu \neq -1$);

3. $\int \dfrac{\mathrm{d}x}{x} = \ln|x| + C$;

4. $\int \dfrac{\mathrm{d}x}{1+x^2} = \arctan x + C$;

5. $\int \dfrac{\mathrm{d}x}{\sqrt{1-x^2}} = \arcsin x + C$;

6. $\int \cos x\mathrm{d}x = \sin x + C$;

7. $\int \sin x\,\mathrm{d}x = -\cos x + C;$　　　　8. $\int \dfrac{\mathrm{d}x}{\cos^2 x} = \int \sec^2 x\,\mathrm{d}x = \tan x + C;$

9. $\int \dfrac{\mathrm{d}x}{\sin^2 x} = \int \csc^2 x\,\mathrm{d}x = -\cot x + C;$　　　　10. $\int \sec x \tan x\,\mathrm{d}x = \sec x + C;$

11. $\int \csc x \cot x\,\mathrm{d}x = -\csc x + C;$　　　　12. $\int \mathrm{e}^x\,\mathrm{d}x = \mathrm{e}^x + C;$

13. $\int a^x\,\mathrm{d}x = \dfrac{a^x}{\ln a} + C.$

这些公式可以通过对等式右边的函数求导,看其是否等于左边的被积函数来直接验证。

4.1.3　不定积分的性质

根据不定积分的定义,可以推得它有如下两个性质:

性质 1　设函数 $f(x)$ 及 $g(x)$ 的原函数存在,则

$$\int \left[f(x) \pm g(x) \right]\mathrm{d}x = \int f(x)\,\mathrm{d}x \pm \int g(x)\,\mathrm{d}x.$$

证　由于 $\left[\int f(x)\,\mathrm{d}x \pm \int g(x)\,\mathrm{d}x \right]' = \left[\int f(x)\,\mathrm{d}x \right]' \pm \left[\int g(x)\,\mathrm{d}x \right]' = f(x) \pm g(x),$

即 $\int f(x)\,\mathrm{d}x \pm \int g(x)\,\mathrm{d}x$ 是 $f(x) \pm g(x)$ 的原函数,而 $\int f(x)\,\mathrm{d}x \pm \int g(x)\,\mathrm{d}x$ 有两个积分记号,形式上含有两个任意常数,由于任意常数之和仍为任意常数,故实际上只含一个任意常数,因此 $\int f(x)\,\mathrm{d}x \pm \int g(x)\,\mathrm{d}x$ 是 $f(x) \pm g(x)$ 的不定积分。

性质 1 对于有限个函数都是成立的。类似地可以证明不定积分的第二个性质。

性质 2　设函数 $f(x)$ 的原函数存在,k 为非零常数,则 $\int kf(x)\,\mathrm{d}x = k\int f(x)\,\mathrm{d}x.$

利用基本积分公式以及不定积分的这两个性质,可以求出一些简单函数的不定积分。

例 3　求 $\int (a_0 x^n + a_1 x^{n-1} + \cdots + a_{n-1} x + a_n)\,\mathrm{d}x.$

解　$\int (a_0 x^n + a_1 x^{n-1} + \cdots + a_{n-1} x + a_n)\,\mathrm{d}x$

$$= \int a_0 x^n\,\mathrm{d}x + \int a_1 x^{n-1}\,\mathrm{d}x + \cdots + \int a_{n-1} x^1\,\mathrm{d}x + \int a_n\,\mathrm{d}x$$

$$= \frac{a_0}{n+1} x^{n+1} + \frac{a_1}{n} x^n + \cdots + \frac{a_{n-1}}{2} x^2 + a_n x + C.$$

注　等式右端的每一个不定积分都有一个任意常数,因为有限个任意常数的代数和还是一个任意常数,所以上式只写一个任意常数 C 即可。

例 4　求 $\int (1 - 2x)^2 \sqrt{x}\,\mathrm{d}x.$

解　$\int (1 - 2x)^2 \sqrt{x}\,\mathrm{d}x = \int (x^{\frac{1}{2}} - 4x^{\frac{3}{2}} + 4x^{\frac{5}{2}})\,\mathrm{d}x$

$$= \int x^{\frac{1}{2}} \mathrm{d}x - 4 \int x^{\frac{3}{2}} \mathrm{d}x + 4 \int x^{\frac{5}{2}} \mathrm{d}x$$

$$= \frac{2}{3} x^{\frac{3}{2}} - \frac{8}{5} x^{\frac{5}{2}} + \frac{8}{7} x^{\frac{7}{2}} + C_{\circ}$$

例 5　求 $\int \dfrac{x^4+1}{x^2+1} \mathrm{d}x$。

解　被积函数的分子和分母都是多项式，通过多项式的除法，可以把它化成基本积分公式的类型，然后再逐项求和。

$$\int \frac{x^4+1}{x^2+1} \mathrm{d}x = \int (x^2 - 1 + \frac{2}{x^2+1}) \mathrm{d}x = \int x^2 \mathrm{d}x - \int \mathrm{d}x + \int \frac{2}{x^2+1} \mathrm{d}x$$

$$= \frac{1}{3} x^3 - x + 2\arctan x + C_{\circ}$$

例 6　求 $\int \dfrac{\mathrm{d}x}{x \sqrt[3]{x}}$。

解　$\displaystyle\int \frac{\mathrm{d}x}{x \sqrt[3]{x}} = \int x^{-\frac{4}{3}} \mathrm{d}x = \frac{x^{-\frac{4}{3}+1}}{-\frac{4}{3}+1} + C = -3x^{-\frac{1}{3}} + C = -\frac{3}{\sqrt[3]{x}} + C_{\circ}$

例 7　求 $\int \dfrac{(x-1)^3}{x^2} \mathrm{d}x$。

解　$\displaystyle\int \frac{(x-1)^3}{x^2} \mathrm{d}x = \int \frac{x^3 - 3x^2 + 3x - 1}{x^2} \mathrm{d}x = \int (x - 3 + \frac{3}{x} - \frac{1}{x^2}) \mathrm{d}x$

$$= \int x \mathrm{d}x - 3 \int \mathrm{d}x + 3 \int \frac{1}{x} \mathrm{d}x - \int \frac{1}{x^2} \mathrm{d}x$$

$$= \frac{1}{2} x^2 - 3x + 3\ln|x| + \frac{1}{x} + C_{\circ}$$

例 8　求 $\int \sin^2 \dfrac{x}{2} \mathrm{d}x$。

解　$\displaystyle\int \sin^2 \frac{x}{2} \mathrm{d}x = \int \frac{1-\cos x}{2} \mathrm{d}x = \frac{1}{2} \int (1 - \cos x) \mathrm{d}x$

$$= \frac{1}{2} (x - \sin x) + C_{\circ}$$

例 9　求 $\int (\mathrm{e}^x - 3\cos x) \mathrm{d}x$。

解　$\displaystyle\int (\mathrm{e}^x - 3\cos x) \mathrm{d}x = \int \mathrm{e}^x \mathrm{d}x - 3 \int \cos x \mathrm{d}x = \mathrm{e}^x - 3\sin x + C_{\circ}$

例 10　求 $\int \dfrac{\mathrm{d}x}{\cos^2 x \sin^2 x}$。

解　基本积分公式中没有这种类型的积分，先利用三角恒等式把它化成基本积分公式的类型，然后再逐项求积分。

$$\int \frac{\mathrm{d}x}{\cos^2 x \sin^2 x} = \int \frac{\cos^2 x + \sin^2 x}{\cos^2 x \sin^2 x} \mathrm{d}x = \int (\csc^2 x + \sec^2 x) \mathrm{d}x$$

$$= \int \csc^2 x \mathrm{d}x + \int \sec^2 x \mathrm{d}x = -\cot x + \tan x + C_{\circ}$$

习　题　4.1

1. 证明：$y = \dfrac{x^2}{2} \operatorname{sgn} x$ 是 $|x|$ 在 $(-\infty, +\infty)$ 内的一个原函数。

2. 证明：函数 $\arcsin(2x-1)$，$\arccos(1-2x)$ 和 $2\arctan\sqrt{\dfrac{x}{1-x}}$ 都是 $\dfrac{1}{\sqrt{x-x^2}}$ 的原函数。

3. 求下列不定积分。

(1) $\displaystyle\int (\sqrt{x}+1)^2 \,\mathrm{d}x$；

(2) $\displaystyle\int \left(\dfrac{2}{x} + \dfrac{x}{3} \right)^3 \,\mathrm{d}x$；

(3) $\displaystyle\int \dfrac{\sqrt[3]{x^2} - \sqrt[4]{x}}{\sqrt{x}} \,\mathrm{d}x$；

(4) $\displaystyle\int (\sqrt{x}+1)(x - \sqrt{x} + 1) \,\mathrm{d}x$；

(5) $\displaystyle\int (2^x + 3^x)^2 \,\mathrm{d}x$；

(6) $\displaystyle\int 3^x \mathrm{e}^x \,\mathrm{d}x$；

(7) $\displaystyle\int \dfrac{2 \cdot 3^x - 5 \cdot 2^x}{3^x} \,\mathrm{d}x$；

(8) $\displaystyle\int \dfrac{x^4}{1+x^2} \,\mathrm{d}x$；

(9) $\displaystyle\int \dfrac{1+x+x^2}{x(1+x^2)} \,\mathrm{d}x$；

(10) $\displaystyle\int \dfrac{\cos 2x}{\sin^2 x} \,\mathrm{d}x$；

(11) $\displaystyle\int \tan^2 x \,\mathrm{d}x$；

(12) $\displaystyle\int \mathrm{e}^x \left(a^x - \dfrac{\mathrm{e}^{-x}}{\sqrt{1-x^2}} \right) \,\mathrm{d}x \,(a > 0)$；

(13) $\displaystyle\int \left(1 - \dfrac{1}{x^2} \right) \sqrt{x\sqrt{x}} \,\mathrm{d}x$；

(14) $\displaystyle\int \mathrm{e}^x \left(1 - \dfrac{\mathrm{e}^{-x}}{\sqrt{x}} \right) \,\mathrm{d}x$；

(15) $\displaystyle\int \dfrac{\mathrm{d}x}{1 + \cos 2x}$；

(16) $\displaystyle\int \dfrac{\cos 2x}{\cos x - \sin x} \,\mathrm{d}x$；

(17) $\displaystyle\int \dfrac{\cos 2x}{\cos^2 x \sin^2 x} \,\mathrm{d}x$；

(18) $\displaystyle\int \sec x (\sec x - \tan x) \,\mathrm{d}x$。

4. 求一曲线 $y = f(x)$，使它在点 $(x, f(x))$ 处的切线的斜率为 $2x$，且通过点 $(2,5)$。

4.2　换元积分法

　　利用基本积分公式与积分的性质所能计算的不定积分是非常有限的，因此，有必要进一步来研究不定积分的求法。本节把复合函数的微分法反过来用于求不定积分，利用中间变量的代换，得到复合函数的不定积分的积分法，称为**换元积分法**，简称换元法。换元法通常可以分为两类，下面先讲第一类换元法。

4.2.1　第一类换元法

　　定理 4.3　（第一类换元积分法）设函数 $u = \varphi(x)$ 在 $[a,b]$ 上可导，且 $\alpha \leqslant \varphi(x) \leqslant \beta$，$\forall u \in [\alpha, \beta]$，有 $\displaystyle\int f(u)\,\mathrm{d}u = F(u) + C$，即 $F'(u) = f(u)$，则有换元公式

$$\int f[\varphi(x)] \varphi'(x) \,\mathrm{d}x = F[\varphi(x)] + C。$$

　　证　$\{F[\varphi(x)]\}' = F'(u)\varphi'(x) = f(u)\varphi'(x) = f[\varphi(x)]\varphi'(x)$。由于

$$\varphi'(x)\mathrm{d}x = \mathrm{d}\varphi(x),$$

所以第一类换元积分法可按下列过程求不定积分,即

$$\int f[\varphi(x)]\varphi'(x)\mathrm{d}x = \int f[\varphi(x)]\mathrm{d}\varphi(x) = \left[\int f(u)\mathrm{d}u\right]_{u=\varphi(x)}$$

$$= [F(u)+C]_{u=\varphi(x)} = F[\varphi(x)]+C.$$

可见,这个过程的关键是将被积表达式"凑"成微分形式,所以第一类换元积分法亦称"凑微分法"。

例 1 求 $\int(1+2x)^3\mathrm{d}x$。

解 $\int(1+2x)^3\mathrm{d}x = \int\frac{1}{2}(1+2x)^3\mathrm{d}(1+2x) = \frac{1}{2}\int(1+2x)^3\mathrm{d}(1+2x)$

$$= \frac{1}{2}\left[\int u^3\mathrm{d}u\right]_{u=1+2x} = \frac{1}{8}u^4\bigg|_{u=1+2x}+C = \frac{1}{8}(1+2x)^4+C.$$

例 2 求 $\int\frac{1}{3+4x}\mathrm{d}x$ 。

解 $\int\frac{1}{3+4x}\mathrm{d}x = \int\frac{1}{4}\cdot\frac{1}{3+4x}\mathrm{d}(3+4x) = \frac{1}{4}\left[\int\frac{1}{u}\mathrm{d}u\right]_{u=3+4x}$

$$= \frac{1}{4}[\ln|u|]_{u=3+4x}+C = \frac{1}{4}\ln|3+4x|+C.$$

一般地,对于积分 $\int f(ax+b)\mathrm{d}x$ 可以作变换 $u = ax+b$,把它化成

$$\int f(ax+b)\mathrm{d}x = \int\frac{1}{a}f(ax+b)\mathrm{d}(ax+b) = \frac{1}{a}\left[\int f(u)\mathrm{d}u\right]_{u=ax+b}.$$

例 3 求 $\int\frac{\mathrm{d}x}{a^2+x^2}(a>0)$。

解 $\int\frac{\mathrm{d}x}{a^2+x^2} = \int\frac{\mathrm{d}\left(\frac{x}{a}\right)}{a\left[1+\left(\frac{x}{a}\right)^2\right]} = \left[\int\frac{\mathrm{d}u}{a(1+u^2)}\right]_{u=\frac{x}{a}}$

$$= \frac{1}{a}[\arctan u]_{u=\frac{x}{a}}+C = \frac{1}{a}\arctan\frac{x}{a}+C.$$

熟练掌握换元积分法以后,设换元变量 u 的过程可省略,只需将所设的函数当作一个整体变量,使书写过程简化。

例 4 求 $\int\frac{\mathrm{d}x}{x^2-a^2}(a\neq0)$。

解 $\int\frac{\mathrm{d}x}{x^2-a^2} = \frac{1}{2a}\int\left(\frac{1}{x-a}-\frac{1}{x+a}\right)\mathrm{d}x = \frac{1}{2a}[\ln|x-a|-\ln|x+a|]+C$

$$= \frac{1}{2a}\ln\left|\frac{x-a}{x+a}\right|+C.$$

例 5 求 $\int\frac{1}{\sqrt{a^2-x^2}}\mathrm{d}x(a>0)$。

解　$\displaystyle\int \frac{1}{\sqrt{a^2-x^2}}\mathrm{d}x = \int \frac{1}{\sqrt{1-\left(\dfrac{x}{a}\right)^2}}\mathrm{d}\left(\frac{x}{a}\right) = \arcsin \frac{x}{a} + C。$

例 6　求 $\displaystyle\int x\mathrm{e}^{x^2}\mathrm{d}x。$

解　$\displaystyle\int x\mathrm{e}^{x^2}\mathrm{d}x = \int \frac{1}{2}\mathrm{e}^{x^2}\mathrm{d}x^2 = \frac{1}{2}\int \mathrm{e}^{x^2}\mathrm{d}x^2 = \frac{1}{2}\mathrm{e}^{x^2} + C。$

例 7　求 $\displaystyle\int \frac{\mathrm{d}x}{x(1+2\ln x)}。$

解　$\displaystyle\int \frac{\mathrm{d}x}{x(1+2\ln x)} = \int \frac{\mathrm{d}(\ln x)}{1+2\ln x} = \frac{1}{2}\int \frac{\mathrm{d}(1+2\ln x)}{1+2\ln x} = \frac{1}{2}\ln|1+2\ln x| + C。$

例 8　求 $\displaystyle\int \frac{\mathrm{e}^{3\sqrt{x}}}{\sqrt{x}}\mathrm{d}x。$

解　$\displaystyle\int \frac{\mathrm{e}^{3\sqrt{x}}}{\sqrt{x}}\mathrm{d}x = 2\int \mathrm{e}^{3\sqrt{x}}\mathrm{d}\sqrt{x} = \frac{2}{3}\int \mathrm{e}^{3\sqrt{x}}\mathrm{d}(3\sqrt{x}) = \frac{2}{3}\mathrm{e}^{3\sqrt{x}} + C。$

例 9　求 $\displaystyle\int \frac{\cos x}{\sqrt{\sin x}}\mathrm{d}x。$

解　$\displaystyle\int \frac{\cos x}{\sqrt{\sin x}}\mathrm{d}x = \int (\sin x)^{-\frac{1}{2}}\mathrm{d}(\sin x) = 2\sqrt{\sin x} + C。$

例 10　求 $\displaystyle\int \tan x\mathrm{d}x。$

解　$\displaystyle\int \tan x\mathrm{d}x = \int \frac{\sin x}{\cos x}\mathrm{d}x = -\int \frac{1}{\cos x}\mathrm{d}(\cos x) = -\ln|\cos x| + C。$

类似地，可得

$$\int \cot x\mathrm{d}x = \ln|\sin x| + C。$$

下面再举一些被积函数中含有特殊类型的三角函数的不定积分，在计算这种积分的过程中，往往需要用到一些三角恒等式。

例 11　求 $\displaystyle\int \sin^3 x\mathrm{d}x。$

解　$\displaystyle\int \sin^3 x\mathrm{d}x = \int \sin^2 x\sin x\mathrm{d}x = -\int (1-\cos^2 x)\mathrm{d}(\cos x)$

$$= -\int \mathrm{d}(\cos x) + \int \cos^2 x\mathrm{d}(\cos x) = -\cos x + \frac{1}{3}\cos^3 x + C。$$

例 12　求 $\displaystyle\int \sin^2 x\cos^5 x\mathrm{d}x。$

解　$\displaystyle\int \sin^2 x\cos^5 x\mathrm{d}x = \int \sin^2 x\cos^4 x\cos x\mathrm{d}x = \int \sin^2 x(1-\sin^2 x)^2\mathrm{d}(\sin x)$

$$= \int (\sin^2 x - 2\sin^4 x + \sin^6 x)\mathrm{d}(\sin x)$$

$$= \frac{1}{3}\sin^3 x - \frac{2}{5}\sin^5 x + \frac{1}{7}\sin^7 x + C。$$

一般地，对于 $\sin^{2k+1}x\cos^n x$ 或 $\sin^n x\cos^{2k+1}x$（其中 k、$n\in\mathbf{N}$）型函数的不定积分，总可依次作变换 $u=\cos x$ 或 $u=\sin x$，求得结果。

例 13   求 $\displaystyle\int\cos^2 x\mathrm{d}x$。

解 $\displaystyle\int\cos^2 x\mathrm{d}x=\int\frac{1+\cos 2x}{2}\mathrm{d}x=\frac{1}{2}\left(\int\mathrm{d}x+\int\cos 2x\mathrm{d}x\right)$

$$=\frac{1}{2}\int\mathrm{d}x+\frac{1}{4}\int\cos 2x\mathrm{d}(2x)=\frac{x}{2}+\frac{\sin 2x}{4}+C。$$

例 14   求 $\displaystyle\int\sin^2 x\cos^4 x\mathrm{d}x$。

解 $\displaystyle\int\sin^2 x\cos^4 x\mathrm{d}x=\frac{1}{8}\int(1-\cos 2x)(1+\cos 2x)^2\mathrm{d}x$

$$=\frac{1}{8}\int(1+\cos 2x-\cos^2 2x-\cos^3 2x)\mathrm{d}x$$

$$=\frac{1}{8}\int(\cos 2x-\cos^3 2x)\mathrm{d}x+\frac{1}{8}\int(1-\cos^2 2x)\mathrm{d}x$$

$$=\frac{1}{8}\int\cos 2x\sin^2 2x\mathrm{d}x+\frac{1}{8}\int\frac{1}{2}(1-\cos 4x)\mathrm{d}x$$

$$=\frac{1}{16}\int\sin^2 2x\mathrm{d}(\sin 2x)+\frac{1}{16}\int\mathrm{d}x-\frac{1}{64}\int\cos 4x\mathrm{d}(4x)$$

$$=\frac{1}{48}\sin^3 2x+\frac{x}{16}-\frac{1}{64}\sin 4x+C。$$

一般地，对于 $\sin^{2k}x\cos^{2l}x$（k、$l\in\mathbf{N}$）型函数，总可以利用三角恒等式

$$\sin^2 x=\frac{1}{2}(1-\cos 2x),\cos^2 x=\frac{1}{2}(1+\cos 2x)$$

化成余弦的一次幂，求得结果。

例 15   求 $\displaystyle\int\sec^6 x\mathrm{d}x$。

解 $\displaystyle\int\sec^6 x\mathrm{d}x=\int(\sec^2 x)^2\sec^2 x\mathrm{d}x=\int(1+\tan^2 x)^2\mathrm{d}(\tan x)$

$$=\int(1+2\tan^2 x+\tan^4 x)\mathrm{d}(\tan x)$$

$$=\tan x+\frac{2}{3}\tan^3 x+\frac{1}{5}\tan^5 x+C。$$

例 16   求 $\displaystyle\int\tan^5 x\sec^3 x\mathrm{d}x$。

解 $\displaystyle\int\tan^5 x\sec^3 x\mathrm{d}x=\int\tan^4 x\sec^2 x\sec x\tan x\mathrm{d}x$

$$=\int(\sec^2 x-1)^2\sec^2 x\mathrm{d}(\sec x)$$

$$=\int(\sec^6 x-2\sec^4 x+\sec^2 x)\mathrm{d}(\sec x)$$

$$=\frac{1}{7}\sec^7 x-\frac{2}{5}\sec^5 x+\frac{1}{3}\sec^3 x+C。$$

一般地,对于 $\tan^n x \sec^{2k} x$ 或 $\tan^{2k-1} x \sec^n x$ $(k、n \in \mathbf{N}^+)$ 型函数的积分,可依次作变换 $u = \tan x$ 或 $u = \sec x$,求得结果。

例 17　求 $\displaystyle\int \sec x \mathrm{d}x$。

解
$$\int \sec x \mathrm{d}x = \int \frac{\sec x(\sec x + \tan x)}{\sec x + \tan x} \mathrm{d}x = \int \frac{\sec^2 x + \sec x \tan x}{\sec x + \tan x} \mathrm{d}x$$
$$= \int \frac{\mathrm{d}(\sec x + \tan x)}{\sec x + \tan x} = \ln|\sec x + \tan x| + C。$$

例 18　求 $\displaystyle\int \csc x \mathrm{d}x$。

解
$$\int \csc x \mathrm{d}x = \int \frac{\csc x(\csc x - \cot x)}{\csc x - \cot x} \mathrm{d}x = \int \frac{\csc^2 x - \csc x \cot x}{\csc x - \cot x} \mathrm{d}x$$
$$= \int \frac{\mathrm{d}(\csc x - \cot x)}{\csc x - \cot x} = \ln|\csc x - \cot x| + C。$$

例 19　求 $\displaystyle\int \cos 3x \cos 2x \mathrm{d}x$。

解
$$\int \cos 3x \cos 2x \mathrm{d}x = \int \frac{1}{2}(\cos x + \cos 5x) \mathrm{d}x$$
$$= \frac{1}{2}\left[\int \cos x \mathrm{d}x + \frac{1}{5}\int \cos 5x \mathrm{d}(5x) \right]$$
$$= \frac{1}{2}\sin x + \frac{1}{10}\sin 5x + C。$$

第一类换元法有如下几种常见的凑微分形式:

1. $\displaystyle\int f(ax + b) \mathrm{d}x = \frac{1}{a}\int f(ax + b) \mathrm{d}(ax + b)$;

2. $\displaystyle\int f(ax^n + b) x^{n-1} \mathrm{d}x = \frac{1}{na}\int f(ax^n + b) \mathrm{d}(ax^n + b)$;

3. $\displaystyle\int f(\mathrm{e}^x) \mathrm{e}^x \mathrm{d}x = \int f(\mathrm{e}^x) \mathrm{d}(\mathrm{e}^x)$;

4. $\displaystyle\int f\left(\frac{1}{x}\right) \frac{1}{x^2} \mathrm{d}x = -\int f\left(\frac{1}{x}\right) \mathrm{d}\left(\frac{1}{x}\right)$;

5. $\displaystyle\int f(\ln x) \frac{\mathrm{d}x}{x} = \int f(\ln x) \mathrm{d}(\ln x)$;

6. $\displaystyle\int f(\sqrt{x}) \frac{\mathrm{d}x}{\sqrt{x}} = 2\int f(\sqrt{x}) \mathrm{d}(\sqrt{x})$;

7. $\displaystyle\int f(\sin x) \cos x \mathrm{d}x = \int f(\sin x) \mathrm{d}(\sin x)$;

8. $\displaystyle\int f(\cos x) \sin x \mathrm{d}x = -\int f(\cos x) \mathrm{d}(\cos x)$;

9. $\displaystyle\int f(\tan x) \sec^2 x \mathrm{d}x = \int f(\tan x) \mathrm{d}(\tan x)$;

10. $\int f(\cot x)\csc^2 x \mathrm{d}x = -\int f(\cot x)\mathrm{d}(\cot x)$;

11. $\int \dfrac{f(\arcsin x)}{\sqrt{1-x^2}}\mathrm{d}x = \int f(\arcsin x)\mathrm{d}(\arcsin x)$;

12. $\int \dfrac{f(\arctan x)}{1+x^2}\mathrm{d}x = \int f(\arctan x)\mathrm{d}(\arctan x)$。

4.2.2　第二类换元法

上面介绍的第一类换元法是通过作变量代换 $u = \varphi(x)$，将积分 $\int f[\varphi(x)]\varphi'(x)\mathrm{d}x$ 化为积分 $\int f(u)\mathrm{d}u$，并且 $\int f(u)\mathrm{d}u$ 可求。下面介绍的第二类换元法是适当地选择变量代换 $x = \varphi(t)$，将积分 $\int f(x)\mathrm{d}x$ 化为积分 $\int f[\varphi(t)]\varphi'(t)\mathrm{d}t$，其中 $\int f[\varphi(t)]\varphi'(t)\mathrm{d}t$ 可求并且 $x = \varphi(t)$ 有反函数 $t = \varphi^{-1}(x)$。

定理 4.4　（第二类换元积分法）若函数 $x = \varphi(t)$ 在 $[\alpha,\beta]$ 上可导，$a \leqslant \varphi(t) \leqslant b$，且 $\varphi'(t) \neq 0$，函数 $f(x)$ 在 $[a,b]$ 上有定义，$\forall t \in [\alpha,\beta]$，有 $\int f[\varphi(t)]\varphi'(t)\mathrm{d}t = G(t) + C$，即 $G'(t) = f[\varphi(t)]\varphi'(t)$，则有换元公式

$$\int f(x)\mathrm{d}x = G[\varphi^{-1}(x)] + C。$$

证　已知 $\forall t \in [\alpha,\beta]$，$\varphi'(t) \neq 0$，则函数 $x = \varphi(t)$ 存在可导的反函数 $t = \varphi^{-1}(x)$。由复合函数和反函数的求导法则，有

$$\{G[\varphi^{-1}(x)]\}' = G'(t) \cdot [\varphi^{-1}(x)]' = f[\varphi(t)]\varphi'(t)\frac{1}{\varphi'(t)} = f[\varphi(t)] = f(x)。$$

由于 $\varphi'(x)\mathrm{d}x = \mathrm{d}\varphi(x)$，第二类换元积分法可表示为

$$\int f(x)\mathrm{d}x = \left[\int f[\varphi(t)]\mathrm{d}[\varphi(t)]\right]_{t=\varphi^{-1}(x)} = \left[\int f[\varphi(t)]\varphi'(t)\mathrm{d}t\right]_{t=\varphi^{-1}(x)}$$

$$= G(t)_{t=\varphi^{-1}(x)} + C = G[\varphi^{-1}(x)] + C。$$

例 20　求 $\int \sqrt{a^2 - x^2}\mathrm{d}x (a > 0)$。

解　设 $x = a\sin t$，$-\dfrac{\pi}{2} \leqslant t \leqslant \dfrac{\pi}{2}$，则

$$\sqrt{a^2 - x^2} = \sqrt{a^2 - a^2\sin^2 t} = a\cos t,\ \mathrm{d}x = a\cos t\mathrm{d}t, 且\ t = \arcsin\frac{x}{a},$$

于是

$$\int \sqrt{a^2 - x^2}\mathrm{d}x = \int a\cos t \cdot a\cos t\mathrm{d}t = a^2\int \cos^2 t\mathrm{d}t = \frac{a^2}{2}\int (1 + \cos 2t)\mathrm{d}t$$

$$= \frac{a^2}{2}\left(\int \mathrm{d}t + \int \cos 2t\mathrm{d}t\right) = \frac{a^2}{2}\left(t + \frac{\sin 2t}{2}\right) + C$$

$$= \frac{a^2}{2}t + \frac{a^2}{2}\sin t \cos t + C$$

$$= \frac{a^2}{2}\arcsin\frac{x}{a} + \frac{x}{2}\sqrt{a^2 - x^2} + C。$$

例 21　求 $\displaystyle\int \frac{\mathrm{d}x}{\sqrt{x^2 + a^2}}\ (a > 0)$。

解　设 $x = a\tan t,\ -\frac{\pi}{2} < t < \frac{\pi}{2}$,则

$$\mathrm{d}x = a\sec^2 t\mathrm{d}t,$$

$$\sqrt{x^2 + a^2} = \sqrt{a^2\tan^2 t + a^2} = a\sqrt{1 + \tan^2 t} = a\sec t,$$

于是

$$\int \frac{\mathrm{d}x}{\sqrt{x^2 + a^2}} = \int \frac{a\sec^2 t}{a\sec t}\mathrm{d}t = \int \sec t\mathrm{d}t = \ln|\sec t + \tan t| + C$$

$$= \ln(\sec t + \tan t) + C。$$

为了把 $\sec t$ 和 $\tan t$ 换成 x 的函数,可以根据 $\tan t = \frac{x}{a}$ 作辅助三角形(如图 4-2 所示),便有

$$\sec t = \frac{\sqrt{x^2 + a^2}}{a},$$

因此

$$\int \frac{\mathrm{d}x}{\sqrt{x^2 + a^2}} = \ln\left(\frac{x}{a} + \frac{\sqrt{x^2 + a^2}}{a}\right) + C = \ln(x + \sqrt{x^2 + a^2}) + C_1,$$

其中,$C_1 = C - \ln a$。

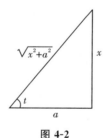

图 4-2

例 22　求 $\displaystyle\int \frac{\mathrm{d}x}{\sqrt{x^2 - a^2}}\ (a > 0)$。

解　和以上两例类似,可以利用公式 $\sec^2 t - 1 = \tan^2 t$ 去掉根号。注意到被积函数的 x 的范围是 $x > a$ 和 $x < -a$,我们在这两个范围内分别求不定积分。

当 $x > a$ 时,设 $x = a\sec t\ (0 < t < \frac{\pi}{2})$,那么

$$\mathrm{d}x = a\sec t\tan t\mathrm{d}t,$$

$$\sqrt{x^2 - a^2} = \sqrt{a^2\sec^2 t - a^2} = a\sqrt{\sec^2 t - 1} = a\tan t,$$

于是

$$\int \frac{\mathrm{d}x}{\sqrt{x^2-a^2}} = \int \frac{a\sec t\tan t}{a\tan t}\mathrm{d}t = \int \sec t\,\mathrm{d}t = \ln(\sec t+\tan t)+C。$$

为了把 $\sec t$ 及 $\tan t$ 换成 x 的函数，根据 $\sec t = \dfrac{x}{a}$ 作辅助三角形（如图 4-3 所示），得到

$$\tan t = \frac{\sqrt{x^2-a^2}}{a},$$

因此

$$\int \frac{\mathrm{d}x}{\sqrt{x^2-a^2}} = \ln\left(\frac{x}{a}+\frac{\sqrt{x^2-a^2}}{a}\right)+C = \ln(x+\sqrt{x^2-a^2})+C_1,$$

其中 $C_1 = C - \ln a$。

当 $x < -a$ 时，令 $x = -u$，那么 $u > a$，由上面的结果，有

$$\int \frac{\mathrm{d}x}{\sqrt{x^2-a^2}} = -\int \frac{\mathrm{d}u}{\sqrt{u^2-a^2}} = -\ln(u+\sqrt{u^2-a^2})+C$$

$$= -\ln(-x+\sqrt{x^2-a^2})+C = \ln\left(\frac{-x-\sqrt{x^2-a^2}}{a^2}\right)+C$$

$$= \ln(-x-\sqrt{x^2-a^2})+C_1,$$

其中 $C_1 = C - 2\ln a$。

把在 $x > a$ 和 $x < -a$ 内的结果合并起来，可写作

$$\int \frac{\mathrm{d}x}{\sqrt{x^2-a^2}} = \ln\left|x+\sqrt{x^2-a^2}\right|+C。$$

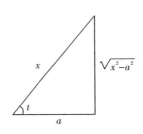

图 4-3

从上面的三个例子可以看出：如果被积函数含有 $\sqrt{a^2-x^2}$，可以作代换 $x = a\sin t$ 去掉根号；如果被积函数含有 $\sqrt{x^2+a^2}$，可以作代换 $x = a\tan t$ 去掉根号；如果被积函数含有 $\sqrt{x^2-a^2}$，可以作代换 $x = \pm a\sec t$ 去掉根号。但是具体问题要具体分析，即根据被积函数的具体情况，选取尽可能简捷的代换，不要拘泥于上述的变量代换。

下面我们通过具体的例子来介绍一种也很有用的代换即**倒代换**，利用它常常可以消去被积函数的分母中的变量因子 x。

例 23　求 $\int \dfrac{\sqrt{a^2-x^2}}{x^4}\mathrm{d}x$。

解　设 $x=\dfrac{1}{t}$，那么 $\mathrm{d}x=-\dfrac{\mathrm{d}t}{t^2}$，于是

$$\int \frac{\sqrt{a^2-x^2}}{x^4}\mathrm{d}x=\int \frac{\sqrt{a^2-\dfrac{1}{t^2}}\cdot\left(-\dfrac{\mathrm{d}t}{t^2}\right)}{\dfrac{1}{t^4}}=-\int (a^2t^2-1)^{\frac{1}{2}}\,|\,t\,|\,\mathrm{d}t。$$

当 $x>0$ 时，有

$$\int \frac{\sqrt{a^2-x^2}}{x^4}\mathrm{d}x=-\frac{1}{2a^2}\int (a^2t^2-1)^{\frac{1}{2}}\mathrm{d}(a^2t^2-1)$$

$$=-\frac{(a^2t^2-1)^{\frac{3}{2}}}{3a^2}+C=-\frac{(a^2-x^2)^{\frac{3}{2}}}{3a^2x^3}+C；$$

当 $x<0$ 时，有相同的结果。

在本节的例题中，有几个积分以后常会遇到，所以它们通常也被当作公式使用。这样，除了基本积分表中的几个常用的积分公式外，再添加下面几个公式（其中常数 $a>0$，为了使用时叙述的方便，我们还是延续前面 4.1.2 节中的序号）：

14. $\displaystyle\int \tan x\,\mathrm{d}x=-\ln|\cos x|+C$；

15. $\displaystyle\int \cot x\,\mathrm{d}x=\ln|\sin x|+C$；

16. $\displaystyle\int \sec x\,\mathrm{d}x=\ln|\sec x+\tan x|+C$；

17. $\displaystyle\int \csc x\,\mathrm{d}x=\ln|\csc x-\cot x|+C$；

18. $\displaystyle\int \frac{\mathrm{d}x}{a^2+x^2}=\frac{1}{a}\arctan\frac{x}{a}+C$；

19. $\displaystyle\int \frac{\mathrm{d}x}{x^2-a^2}=\frac{1}{2a}\ln\left|\frac{x-a}{x+a}\right|+C$；

20. $\displaystyle\int \frac{\mathrm{d}x}{\sqrt{a^2-x^2}}=\arcsin\frac{x}{a}+C$；

21. $\displaystyle\int \frac{\mathrm{d}x}{\sqrt{x^2+a^2}}=\ln(x+\sqrt{x^2+a^2})+C$；

22. $\displaystyle\int \frac{\mathrm{d}x}{\sqrt{x^2-a^2}}=\ln|x+\sqrt{x^2-a^2}|+C$。

习　题　4.2

1. 求下列不定积分。

(1) $\displaystyle\int \cos(3x+4)\mathrm{d}x$；

(2) $\displaystyle\int \mathrm{e}^{2x}\mathrm{d}x$；

(3) $\displaystyle\int \frac{\mathrm{d}x}{2x+1}$；

(4) $\displaystyle\int (1+x)^n\mathrm{d}x$；

(5) $\displaystyle\int \left(\frac{1}{\sqrt{3-x^2}}+\frac{1}{\sqrt{1-3x^2}}\right)\mathrm{d}x$；

(6) $\displaystyle\int 2^{2x+3}\mathrm{d}x$；

(7) $\displaystyle\int \sqrt{8-3x}\,\mathrm{d}x$；

(8) $\displaystyle\int \frac{\mathrm{d}x}{\sqrt[3]{7-5x}}$；

(9) $\displaystyle\int \sin 2x\sin 3x\,\mathrm{d}x$；

(10) $\displaystyle\int \cos x\cos 2x\,\mathrm{d}x$；

$(11) \displaystyle\int \sin 3x\cos 2x \mathrm{d}x;$

$(12) \displaystyle\int \dfrac{\arctan\sqrt{x}}{\sqrt{x}(1+x)}\mathrm{d}x;$

$(13) \displaystyle\int \dfrac{\ln\tan x}{\sin x\cos x}\mathrm{d}x;$

$(14) \displaystyle\int \dfrac{\mathrm{d}x}{(\arctan x)^2 \sqrt{1-x^2}};$

$(15) \displaystyle\int \dfrac{\mathrm{d}x}{\sin^2\left(2x+\dfrac{\pi}{4}\right)};$

$(16) \displaystyle\int \dfrac{\mathrm{d}x}{1+\cos x};$

$(17) \displaystyle\int \dfrac{3x^2}{1-x^4}\mathrm{d}x;$

$(18) \displaystyle\int \dfrac{1}{\sin x}\mathrm{d}x;$

$(19) \displaystyle\int \dfrac{x}{\sqrt{1-x^2}}\mathrm{d}x;$

$(20) \displaystyle\int \dfrac{x}{4+x^4}\mathrm{d}x;$

$(21) \displaystyle\int \dfrac{\mathrm{d}x}{x\ln x};$

$(22) \displaystyle\int \dfrac{x^4}{(1-x^5)^3}\mathrm{d}x;$

$(23) \displaystyle\int \dfrac{x^3}{x^8-2}\mathrm{d}x;$

$(24) \displaystyle\int \dfrac{\mathrm{d}x}{x(1+x)};$

$(25) \displaystyle\int \tan x \mathrm{d}x;$

$(26) \displaystyle\int \cos^5 x \mathrm{d}x;$

$(27) \displaystyle\int \dfrac{\mathrm{d}x}{\sin x\cos x};$

$(28) \displaystyle\int \dfrac{\mathrm{d}x}{\mathrm{e}^x+\mathrm{e}^{-x}};$

$(29) \displaystyle\int \dfrac{2x-3}{x^2-3x+8}\mathrm{d}x;$

$(30) \displaystyle\int \dfrac{\mathrm{d}x}{1+\sqrt{2x}};$

$(31) \displaystyle\int \dfrac{\sqrt{x+1}-1}{\sqrt{x+1}+1}\mathrm{d}x;$

$(32) \displaystyle\int \dfrac{\mathrm{d}x}{\sqrt{1+\mathrm{e}^x}};$

$(33) \displaystyle\int \dfrac{x\mathrm{d}x}{\sqrt{1+\sqrt[3]{x^2}}};$

$(34) \displaystyle\int x^2 \sqrt{4-x^2}\mathrm{d}x;$

$(35) \displaystyle\int \dfrac{\sqrt{a^2-x^2}}{x^2}\mathrm{d}x;$

$(36) \displaystyle\int \dfrac{\mathrm{d}x}{\sqrt{x^2+4x+6}};$

$(37) \displaystyle\int \dfrac{2x+3}{\sqrt{3-2x-x^2}}\mathrm{d}x;$

$(38) \displaystyle\int \dfrac{\mathrm{d}x}{x^3 \sqrt{x^2-9}}。$

2. 求下列不定积分。

$(1) \displaystyle\int \left[f(x)\right]^\alpha f'(x)\mathrm{d}x \ (\alpha\neq-1);$

$(2) \displaystyle\int \dfrac{f'(x)}{1+\left[f(x)\right]^2}\mathrm{d}x;$

$(3) \displaystyle\int \dfrac{f'(x)}{f(x)}\mathrm{d}x。$

4.3　分部积分法

　　前面我们在复合函数求导法则的基础上，得到了换元积分法，现在再利用两个函数乘积的求导法则，又可以推得另一个求积分的基本方法 —— 分部积分法。

定理 4.5 （分部积分法）若 $u(x)$ 与 $v(x)$ 可导，且不定积分 $\int u'(x)v(x)\mathrm{d}x$ 存在，则 $\int u(x)v'(x)\mathrm{d}x$ 也存在，并有

$$\int u(x)v'(x)\mathrm{d}x = u(x)v(x) - \int u'(x)v(x)\mathrm{d}x。$$

证 由于 $[u(x)v(x)]' = u'(x)v(x) + u(x)v'(x)$，所以

$$u(x)v'(x) = [u(x)v(x)]' - u'(x)v(x)。$$

对上式两边求不定积分得

$$\int u(x)v'(x)\mathrm{d}x = u(x)v(x) - \int u'(x)v(x)\mathrm{d}x。$$

上述公式称为**分部积分公式**，为方便起见，上述结论常常简单写成下面形式

$$\int u\mathrm{d}v = uv - \int v\mathrm{d}u。$$

例 1 求 $\int x\cos x\mathrm{d}x$。

解 用分部积分法就得选取 u 和 $\mathrm{d}v$。如果设 $u = x$, $\mathrm{d}v = \cos x\mathrm{d}x$，那么 $\mathrm{d}u = \mathrm{d}x$, $v = \sin x$，代入分部积分公式得

$$\int x\cos x\mathrm{d}x = x\sin x - \int \sin x\mathrm{d}x,$$

而 $\int v\mathrm{d}u = \int \sin x\mathrm{d}x$ 容易积出，所以

$$\int x\cos x\mathrm{d}x = x\sin x - \int \sin x\mathrm{d}x = x\sin x + \cos x + C。$$

如果设 $u = \cos x$, $\mathrm{d}v = x\mathrm{d}x$，那么 $\mathrm{d}u = -\sin x\mathrm{d}x$, $v = \dfrac{x^2}{2}$，于是

$$\int x\cos x\mathrm{d}x = \frac{x^2}{2}\cos x + \int \frac{x^2}{2}\sin x\mathrm{d}x。$$

上式右端的不定积分比原不定积分更不易求出。

由此可见，如果 u 和 $\mathrm{d}v$ 选取不当，就可能求不出结果，所以应用分部积分法时，恰当选取 u 和 $\mathrm{d}v$ 是关键。而选取 u 和 $\mathrm{d}v$ 一般要考虑下面两点：

(1) v 要容易求得；

(2) $\int v\mathrm{d}u$ 要比 $\int u\mathrm{d}v$ 容易积出。

基于这两点考虑，当五种基本初等函数中的某两个函数的积作为被积函数时，选作 u 的顺序一般为：反三角函数、对数函数、幂函数、指数函数、三角函数。

例 2 求 $\int x\mathrm{e}^x\mathrm{d}x$。

解 被积函数是幂函数和指数函数的乘积，所以可以选幂函数作为 u。

设 $u = x$, $\mathrm{d}v = \mathrm{e}^x\mathrm{d}x$，那么 $\mathrm{d}u = \mathrm{d}x$, $v = \mathrm{e}^x$，于是

$$\int x\mathrm{e}^x\mathrm{d}x = x\mathrm{e}^x - \int \mathrm{e}^x\mathrm{d}x = x\mathrm{e}^x - \mathrm{e}^x + C = (x-1)\mathrm{e}^x + C。$$

在分部积分法运用得比较熟练以后，就不必再写出哪一部分选作 u，哪一部分选作 v。只要把被积表达式凑成 $u\mathrm{d}v$ 的形式，便可使用分部积分法。

例 3　求 $\int x\ln x\mathrm{d}x$。

解　$\displaystyle\int x\ln x\mathrm{d}x = \int \ln x\mathrm{d}\frac{x^2}{2} = \frac{x^2}{2}\ln x - \int \frac{x^2}{2}\mathrm{d}(\ln x)$

$$= \frac{x^2}{2}\ln x - \frac{1}{2}\int x\mathrm{d}x = \frac{x^2}{2}\ln x - \frac{x^2}{4} + C。$$

例 4　求 $\int x^2 \mathrm{e}^x\mathrm{d}x$。

解　$\displaystyle\int x^2 \mathrm{e}^x\mathrm{d}x = \int x^2\mathrm{d}(\mathrm{e}^x) = x^2\mathrm{e}^x - \int \mathrm{e}^x\mathrm{d}(x^2) = x^2\mathrm{e}^x - 2\int x\mathrm{e}^x\mathrm{d}x,$

对右边的积分再用一次分部积分法，则得

$$\int x^2 \mathrm{e}^x\mathrm{d}x = x^2\mathrm{e}^x - 2\int x\mathrm{d}(\mathrm{e}^x) = x^2\mathrm{e}^x - 2(x\mathrm{e}^x - \mathrm{e}^x) + C$$

$$= \mathrm{e}^x(x^2 - 2x + 2) + C。$$

例 5　求 $\int x\arctan x\mathrm{d}x$。

解　$\displaystyle\int x\arctan x\mathrm{d}x = \frac{1}{2}\int \arctan x\mathrm{d}(x^2)$

$$= \frac{x^2}{2}\arctan x - \frac{1}{2}\int \frac{x^2}{1+x^2}\mathrm{d}x$$

$$= \frac{x^2}{2}\arctan x - \frac{1}{2}\int \frac{1+x^2-1}{1+x^2}\mathrm{d}x$$

$$= \frac{x^2}{2}\arctan x - \frac{1}{2}\int (1 - \frac{1}{1+x^2})\mathrm{d}x$$

$$= \frac{x^2}{2}\arctan x - \frac{1}{2}(x - \arctan x) + C$$

$$= \frac{1}{2}(1+x^2)\arctan x - \frac{1}{2}x + C。$$

例 6　求 $\int \arccos x\mathrm{d}x$。

解　$\displaystyle\int \arccos x\mathrm{d}x = x\arccos x - \int x\mathrm{d}(\arccos x)$

$$= x\arccos x + \int \frac{x}{\sqrt{1-x^2}}\mathrm{d}x$$

$$= x\arccos x - \frac{1}{2}\int \frac{1}{(1-x^2)^{\frac{1}{2}}}\mathrm{d}(1-x^2)$$

$$= x\arccos x - \sqrt{1-x^2} + C。$$

下面几个例子中所用的方法是比较典型的。

例 7 求 $\displaystyle\int e^x \sin x \, dx$。

解 $\displaystyle\int e^x \sin x \, dx = \int \sin x \, d(e^x) = e^x \sin x - \int e^x \cos x \, dx$,

等式右端的积分与等式左端的积分是同一类型的,对右端的积分再用一次分部积分法,得

$$\int e^x \sin x \, dx = e^x \sin x - \int e^x \cos x \, dx$$

$$= e^x \sin x - \int \cos x \, d(e^x)$$

$$= e^x \sin x - e^x \cos x - \int e^x \sin x \, dx,$$

通过上式解得

$$\int e^x \sin x \, dx = \frac{1}{2} e^x (\sin x - \cos x) + C。$$

因为上式右端已经不包含积分项,所以必须加上任意常数 C。

例 8 求 $\displaystyle\int \sec^3 x \, dx$。

解 $\displaystyle\int \sec^3 x \, dx = \int \sec x \, d(\tan x) = \sec x \tan x - \int \sec x \tan^2 x \, dx$

$$= \sec x \tan x - \int \sec x (\sec^2 x - 1) \, dx$$

$$= \sec x \tan x - \int \sec^3 x \, dx + \int \sec x \, dx$$

$$= \sec x \tan x + \ln|\sec x + \tan x| - \int \sec^3 x \, dx。$$

通过上式解得

$$\int \sec^3 x \, dx = \frac{1}{2} (\sec x \tan x + \ln|\sec x + \tan x|) + C。$$

例 9 求 $\displaystyle\int \frac{x^2 e^x}{(x+2)^2} dx$。

解 若凑 $e^x dx = de^x$,利用分部积分法不易计算,读者可尝试。如果考虑凑

$$\frac{dx}{(x+2)^2} = d\left(\frac{-1}{x+2}\right),$$

于是

$$\int \frac{x^2 e^x}{(x+2)^2} = \int x^2 e^x \, d\left(-\frac{1}{x+2}\right) = -\frac{x^2 e^x}{x+2} + \int \frac{1}{x+2} (x^2 e^x)' \, dx$$

$$= -\frac{x^2 e^x}{x+2} + \int \frac{1}{x+2} (2x e^x + x^2 e^x) \, dx = -\frac{x^2 e^x}{x+2} + \int x e^x \, dx$$

$$= -\frac{x^2 e^x}{x+2} + \int x \, d(e^x) = -\frac{x^2 e^x}{x+2} + x e^x - e^x + C。$$

例 10 $\int \dfrac{x\cos x}{\sin^3 x}\mathrm{d}x$。

解 注意到 $\left(-\dfrac{1}{2\sin^2 x}\right)' = \dfrac{\cos x}{\sin^3 x}$，于是

$$\int \frac{x\cos x}{\sin^3 x}\mathrm{d}x = \int x\mathrm{d}\left(-\frac{1}{2\sin^2 x}\right) = -\frac{x}{2\sin^2 x} + \int \frac{\mathrm{d}x}{2\sin^2 x}$$

$$= -\frac{x}{2\sin^2 x} - \frac{1}{2}\cot x + C。$$

例 11 求 $\int \mathrm{e}^{\sqrt{x}}\mathrm{d}x$。

解 令 $\sqrt{x} = t$，则 $x = t^2, \mathrm{d}x = 2t\mathrm{d}t$，于是

$$\int \mathrm{e}^{\sqrt{x}}\mathrm{d}x = 2\int t\mathrm{e}^t\mathrm{d}t。$$

利用例 2 的结果，并用 $t = \sqrt{x}$ 代回，便得所求积分：

$$\int \mathrm{e}^{\sqrt{x}}\mathrm{d}x = 2\int t\mathrm{e}^t\mathrm{d}t = 2\mathrm{e}^t(t-1) + C = 2\mathrm{e}^{\sqrt{x}}(\sqrt{x}-1) + C。$$

习　题　4.3

求下列不定积分。

(1) $\int x\sin x\mathrm{d}x$；

(2) $\int \ln x\mathrm{d}x$；

(3) $\int \arcsin x\mathrm{d}x$；

(4) $\int x\mathrm{e}^{-x}\mathrm{d}x$；

(5) $\int x^2\ln x\mathrm{d}x$；

(6) $\int \mathrm{e}^{-x}\cos x\mathrm{d}x$；

(7) $\int \mathrm{e}^{-2x}\sin\dfrac{x}{2}\mathrm{d}x$；

(8) $\int x\cos\dfrac{x}{2}\mathrm{d}x$；

(9) $\int x^2\arctan x\mathrm{d}x$；

(10) $\int x\tan^2 x\mathrm{d}x$；

(11) $\int x^2\cos x\mathrm{d}x$；

(12) $\int t\mathrm{e}^{-2t}\mathrm{d}t$；

(13) $\int (\ln x)^2\mathrm{d}x$；

(14) $\int x\sin x\cos x\mathrm{d}x$；

(15) $\int \left[\ln(\ln x) + \dfrac{1}{\ln x}\right]\mathrm{d}x$；

(16) $\int \dfrac{\ln\cos x}{\cos^2 x}\mathrm{d}x$；

(17) $\int \cos\ln x\mathrm{d}x$；

(18) $\int \mathrm{e}^{\sqrt{x}}\mathrm{d}x$。

4.4　有理函数和可化为有理函数的积分

前面已经介绍了不定积分的两个基本方法 —— 换元积分法和分部积分法。下面简要地介绍有理函数的积分及可化为有理函数的积分。

4.4.1 代数的预备知识

两个多项式的商 $\dfrac{P(x)}{Q(x)}$ 称为有理函数,又称为有理分式。其中 $P(x)$ 与 $Q(x)$ 都是多项式。

若 $P(x)$ 的次数大于或等于 $Q(x)$ 的次数,称 $\dfrac{P(x)}{Q(x)}$ 为有理假分式;若 $P(x)$ 的次数小于 $Q(x)$ 的次数,称 $\dfrac{P(x)}{Q(x)}$ 为有理真分式。

任意有理假分式 $\dfrac{P(x)}{Q(x)}$,用 $Q(x)$ 除 $P(x)$,总能化为多项式 $T(x)$ 与有理真分式 $\dfrac{F(x)}{Q(x)}$ 之和,即

$$\frac{P(x)}{Q(x)} = T(x) + \frac{F(x)}{Q(x)},$$

其中 $F(x)$ 的次数低于 $Q(x)$ 的次数。

因为多项式 $T(x)$ 的不定积分易求,所以求有理函数的不定积分关键在于求有理真分式 $\dfrac{F(x)}{Q(x)}$ 的不定积分。

在实数范围内,任意多项式 $Q(x)$ 总能唯一分解为一个常数与形如 $(x-a)^a$ 与 $(x^2 + px + q)^\mu$(其中 $p^2 - 4q < 0$)的各因式的积:

$$Q(x) = (x-a)^a \cdots (x-b)^\beta (x^2 + px + q)^\mu \cdots (x^2 + rx + s)^v,$$

其中 $\alpha, \cdots, \beta, \mu, \cdots, v$ 都是正整数。

由代数学的分项分式定理,有理真分式 $\dfrac{F(x)}{Q(x)}$ 总能表示为若干个简单分式之和,即

$$
\begin{aligned}
\frac{F(x)}{Q(x)} =\ & \frac{A_1}{(x-a)^a} + \frac{A_2}{(x-a)^{a-1}} + \cdots + \frac{A_\alpha}{x-a} + \cdots + \frac{B_1}{(x-b)^\beta} + \frac{B_2}{(x-b)^{\beta-1}} + \cdots + \frac{B_\beta}{x-b} \\
& + \frac{M_1 x + N_1}{(x^2 + px + q)^\mu} + \frac{M_2 x + N_2}{(x^2 + px + q)^{\mu-1}} + \cdots + \frac{M_\mu x + N_\mu}{x^2 + px + q} + \cdots \\
& + \frac{U_1 x + V_1}{(x^2 + rx + s)^v} + \frac{U_2 x + V_2}{(x^2 + rx + s)^{v-1}} + \cdots + \frac{U_v x + V_v}{x^2 + rx + s},
\end{aligned}
$$

其中 $A_i, B_j, M_k, N_k, U_m, V_m$ 都是常数。可将上式右端通分然后对比左边的系数即可求得这些常数。

例 1　试将分式 $\dfrac{x^2 + 5x + 6}{(x-1)(x^2 + 2x + 3)}$ 分解为部分简单分式之和。

解　根据代数预备知识可设

$$\frac{x^2 + 5x + 6}{(x-1)(x^2 + 2x + 3)} = \frac{A}{x-1} + \frac{Bx + C}{x^2 + 2x + 3}。$$

两边去分母并合并同类项得

$$x^2 + 5x + 6 = (A+B)x^2 + (2A - B + C)x + (3A - C)。$$

比较 x 同次幂的系数,得方程组

$$
\begin{cases}
A + B = 1, \\
2A - B + C = 5, \\
3A - C = 6。
\end{cases}
$$

解之,得 $A = 2, B = -1, C = 0$。故

$$\frac{x^2 + 5x + 6}{(x-1)(x^2 + 2x + 3)} = \frac{2}{x-1} - \frac{x}{x^2 + 2x + 3}。$$

4.4.2 有理函数的不定积分

根据分项分式定理,任意有理真分式的不定积分都可以归结为以下两类的不定积分:

(1) $\displaystyle\int \frac{A}{(x-a)^n} \mathrm{d}x, n \in \mathbf{N}^+$;

(2) $\displaystyle\int \frac{Mx + N}{(x^2 + px + q)^m} \mathrm{d}x, m \in \mathbf{N}^+, p^2 - 4q < 0$。

下面分别求这两类不定积分:

(1) $\displaystyle\int \frac{A}{(x-a)^n} \mathrm{d}x = \begin{cases} A\ln|x-a| + C, & n = 1, \\ \dfrac{A}{(1-n)(x-a)^{n-1}} + C, & n > 1; \end{cases}$

(2) $\displaystyle\int \frac{Mx + N}{(x^2 + px + q)^m} \mathrm{d}x = \int \frac{Mx + N}{\left[\left(x + \dfrac{p}{2}\right)^2 + q - \dfrac{p^2}{4}\right]^m} \mathrm{d}x。$

(1) 的结论很显然,下面对(2)进行说明。

设 $t = x + \dfrac{p}{2}$,有 $\mathrm{d}t = \mathrm{d}x$。为了书写简单,令 $a = \sqrt{q - \dfrac{p^2}{4}}$,有

$$
\begin{aligned}
\int \frac{Mx + N}{(x^2 + px + q)^m} \mathrm{d}x &= \int \frac{Mt + N - \dfrac{Mp}{2}}{(t^2 + a^2)^m} \mathrm{d}t \\
&= M\int \frac{t}{(t^2 + a^2)^m} \mathrm{d}t + \left(N - \frac{Mp}{2}\right)\int \frac{\mathrm{d}t}{(t^2 + a^2)^m}。
\end{aligned}
\tag{4.1}
$$

当 $m = 1$ 时,式(4.1)的两个不定积分分别是

$$\int \frac{t}{t^2 + a^2} \mathrm{d}t = \frac{1}{2}\int \frac{\mathrm{d}(t^2 + a^2)}{t^2 + a^2} = \frac{1}{2}\ln(t^2 + a^2) + C,$$

$$\int \frac{\mathrm{d}t}{t^2 + a^2} = \frac{1}{a}\arctan \frac{t}{a} + C。$$

当 $m > 1$ 时,式(4.1)的两个不定积分分别是

$$\int \frac{t}{(t^2 + a^2)^m} \mathrm{d}t = \frac{1}{2}\int \frac{\mathrm{d}(t^2 + a^2)}{(t^2 + a^2)^m} = \frac{1}{2(1-m)(t^2 + a^2)^{m-1}} + C,$$

$$
\begin{aligned}
J_m &= \int \frac{\mathrm{d}t}{(t^2 + a^2)^m} = \frac{1}{a^2}\int \frac{t^2 + a^2 - t^2}{(t^2 + a^2)^m} \mathrm{d}t \\
&= \frac{1}{a^2}\left[\int \frac{\mathrm{d}t}{(t^2 + a^2)^{m-1}} - \int \frac{t^2}{(t^2 + a^2)^m} \mathrm{d}t\right] \\
&= \frac{1}{a^2}J_{m-1} - \frac{1}{a^2}\int \frac{t \cdot t\mathrm{d}t}{(t^2 + a^2)^m} \\
&= \frac{1}{a^2}J_{m-1} + \frac{1}{2(m-1)a^2}\int t\mathrm{d}\frac{1}{(t^2 + a^2)^{m-1}} \text{(应用分部积分法)}
\end{aligned}
$$

$$= \frac{1}{a^2}J_{m-1} + \frac{1}{2(m-1)a^2}\left[\frac{t}{(t^2+a^2)^{m-1}} - \int\frac{\mathrm{d}t}{(t^2+a^2)^{m-1}}\right]$$

$$= \frac{1}{a^2}J_{m-1} + \frac{1}{2(m-1)a^2}\left[\frac{t}{(t^2+a^2)^{m-1}} - J_{m-1}\right]$$

$$= \frac{t}{2(m-1)a^2(t^2+a^2)^{m-1}} + \frac{2m-3}{2a^2(m-1)}J_{m-1},$$

于是

$$J_m = \frac{t}{2(m-1)a^2(t^2+a^2)^{m-1}} + \frac{2m-3}{2a^2(m-1)}J_{m-1}。$$

这是关于 J_m 的递推公式,重复应用这个递推公式,最后就归结为

$$J_1 = \int\frac{\mathrm{d}t}{t^2+a^2} = \frac{1}{a}\arctan\frac{t}{a} + C。$$

例 2　求 $\int\frac{x^2+5x+6}{(x-1)(x^2+2x+3)}\mathrm{d}x$。

解　由例 1,可得

$$\int\frac{x^2+5x+6}{(x-1)(x^2+2x+3)}\mathrm{d}x = \int\frac{2}{x-1}\mathrm{d}x - \int\frac{x}{x^2+2x+3}\mathrm{d}x$$

$$= 2\ln|x-1| - \frac{1}{2}\int\frac{\mathrm{d}(x^2+2x+3)}{x^2+2x+3} + \int\frac{\mathrm{d}x}{(x+1)^2+(\sqrt{2})^2}$$

$$= 2\ln|x-1| - \frac{1}{2}\ln(x^2+2x+3) + \frac{1}{\sqrt{2}}\arctan\frac{x+1}{\sqrt{2}} + C$$

$$= \ln\frac{(x-1)^2}{\sqrt{x^2+2x+3}} + \frac{1}{\sqrt{2}}\arctan\frac{x+1}{\sqrt{2}} + C。$$

例 3　求 $\int\frac{\mathrm{d}x}{x^3+1}$。

解　设 $\frac{1}{x^3+1} = \frac{1}{(x+1)(x^2-x+1)} = \frac{A}{x+1} + \frac{Bx+C}{x^2-x+1}$,有

$$1 \equiv (A+B)x^2 + (B+C-A)x + (A+C),$$

对比系数得

$$\begin{cases}A+B=0,\\-A+B+C=0,\\A+C=1,\end{cases}$$

解得

$$A = \frac{1}{3}, B = -\frac{1}{3}, C = \frac{2}{3},$$

即

$$\frac{1}{x^3+1} = \frac{1}{3}\left(\frac{1}{x+1} + \frac{x-2}{x^2-x+1}\right),$$

所以

$$\int \frac{\mathrm{d}x}{x^3+1} = \frac{1}{3}\int \frac{\mathrm{d}x}{x+1} - \frac{1}{3}\int \frac{x-2}{x^2-x+1}\mathrm{d}x$$

$$= \frac{1}{3}\ln|x+1| - \frac{1}{3}\int \frac{x-\frac{1}{2}+\frac{1}{2}-2}{x^2-x+1}\mathrm{d}x$$

$$= \frac{1}{3}\ln|x+1| - \frac{1}{6}\int \frac{2x-1}{x^2-x+1}\mathrm{d}x + \frac{1}{2}\int \frac{\mathrm{d}x}{\left(x-\frac{1}{2}\right)^2+\left(\frac{\sqrt{3}}{2}\right)^2}$$

$$= \frac{1}{3}\ln|x+1| - \frac{1}{6}\ln(x^2-x+1) + \frac{1}{\sqrt{3}}\arctan\frac{x-\frac{1}{2}}{\frac{\sqrt{3}}{2}} + C$$

$$= \frac{1}{6}\ln\frac{(x+1)^2}{x^2-x+1} + \frac{1}{\sqrt{3}}\arctan\frac{2x-1}{\sqrt{3}} + C。$$

4.4.3 可化为有理函数的积分举例

某些积分本身虽不属于有理函数积分,但经某些代换后,可化为有理函数积分。

1.形如积分$\int R(\sin x,\cos x)\mathrm{d}x$,亦称为三角有理式。若记$t=\tan\frac{x}{2}$,则由三角函数中的万能公式,有$\sin x=\frac{2t}{1+t^2}$,$\cos x=\frac{1-t^2}{1+t^2}$,且$\mathrm{d}x=\frac{2\mathrm{d}t}{1+t^2}$,故

$$\int R(\sin x,\cos x)\mathrm{d}x = \int R\left(\frac{2t}{1+t^2},\frac{1-t^2}{1+t^2}\right)\frac{2}{1+t^2}\mathrm{d}t,$$

即将其积分化为关于t的有理函数的积分。我们称这种代换为**万能代换**。

2.形如积分$\int R\left(x,\sqrt[n]{\frac{ax+b}{cx+d}}\right)$[其中$R(x,y)$表示关于$x,y$的有理函数],一般我们令$t=\sqrt[n]{\frac{ax+b}{cx+d}}$,则可将其化为有理函数的积分。

例4 求$\int \frac{1+\sin x}{\sin x(1+\cos x)}\mathrm{d}x$。

解 由三角函数知道,$\sin x$与$\cos x$都可以用$\tan\frac{x}{2}$的有理式表示,即

$$\sin x = 2\sin\frac{x}{2}\cos\frac{x}{2} = \frac{2\tan\frac{x}{2}}{\sec^2\frac{x}{2}} = \frac{2\tan\frac{x}{2}}{1+\tan^2\frac{x}{2}},$$

$$\cos x = \cos^2\frac{x}{2} - \sin^2\frac{x}{2} = \frac{1-\tan^2\frac{x}{2}}{\sec^2\frac{x}{2}} = \frac{1-\tan^2\frac{x}{2}}{1+\tan^2\frac{x}{2}}。$$

如果作变换$u=\tan\frac{x}{2}$ $(-\pi<x<\pi)$,那么

$$\sin x = \frac{2u}{1+u^2}, \ \cos x = \frac{1-u^2}{1+u^2},$$

而 $x = 2\arctan u$，从而 $\mathrm{d}x = \dfrac{2}{1+u^2}\mathrm{d}u$，于是

$$\int \frac{1+\sin x}{\sin x(1+\cos x)}\mathrm{d}x = \int \frac{\left(1+\dfrac{2u}{1+u^2}\right)\dfrac{2\mathrm{d}u}{1+u^2}}{\dfrac{2u}{1+u^2}\left(1+\dfrac{1-u^2}{1+u^2}\right)} = \frac{1}{2}\int\left(u+2+\frac{1}{u}\right)\mathrm{d}u$$

$$= \frac{1}{2}\left(\frac{u^2}{2}+2u+\ln|u|\right)+C$$

$$= \frac{1}{4}\tan^2\frac{x}{2}+\tan\frac{x}{2}+\frac{1}{2}\ln\left|\tan\frac{x}{2}\right|+C。$$

本例所用的变量代换 $u = \tan\dfrac{x}{2}$ 对三角函数有理式的积分都可以应用。

例 5　求 $\displaystyle\int \frac{\sqrt{x-1}}{x}\mathrm{d}x$。

解　为了去掉根号，可以设 $\sqrt{x-1}=u$，于是 $x = u^2+1, \mathrm{d}x = 2u\mathrm{d}u$，从而所求积分为

$$\int \frac{\sqrt{x-1}}{x}\mathrm{d}x = \int \frac{u}{1+u^2}\cdot 2u\mathrm{d}u = 2\int\frac{u^2}{1+u^2}\mathrm{d}u = 2\int\left(1-\frac{1}{1+u^2}\right)\mathrm{d}u$$

$$= 2(u-\arctan u)+C$$

$$= 2(\sqrt{x-1}-\arctan\sqrt{x-1})+C。$$

例 6　求 $\displaystyle\int \frac{\mathrm{d}x}{1+\sqrt[3]{x+2}}$。

解　为了去掉根号，可以设 $\sqrt[3]{x+2}=u$，于是 $x=u^3-2, \mathrm{d}x = 3u^2\mathrm{d}u$，从而所求积分为

$$\int \frac{\mathrm{d}x}{1+\sqrt[3]{x+2}} = \int \frac{3u^2}{1+u}\mathrm{d}u = 3\int\left(u-1+\frac{1}{1+u}\right)\mathrm{d}u$$

$$= 3\left(\frac{u^2}{2}-u+\ln|1+u|\right)+C$$

$$= \frac{3}{2}\sqrt[3]{(x+2)^2}-3\sqrt[3]{x+2}+3\ln\left|1+\sqrt[3]{x+2}\right|+C。$$

例 7　求 $\displaystyle\int \frac{\mathrm{d}x}{(1+\sqrt[3]{x})\sqrt{x}}$。

解　被积函数中出现了 $\sqrt{x}$ 及 $\sqrt[3]{x}$，为了能同时消去这两个根号，可令 $x = t^6$。于是 $\mathrm{d}x = 6t^5\mathrm{d}t$，从而所求积分为

$$\int \frac{\mathrm{d}x}{(1+\sqrt[3]{x})\sqrt{x}} = \int \frac{6t^5}{(1+t^2)t^3}\mathrm{d}t = 6\int\frac{t^2}{1+t^2}\mathrm{d}t = 6\int\left(1-\frac{1}{1+t^2}\right)\mathrm{d}t$$

$$= 6(t-\arctan t)+C = 6(\sqrt[6]{x}-\arctan\sqrt[6]{x})+C。$$

例 8　求 $\int \dfrac{1}{x}\sqrt{\dfrac{1+x}{x}}\,\mathrm{d}x$。

解　为了去掉根号，可以设 $\sqrt{\dfrac{1+x}{x}}=t$，于是

$$\frac{1+x}{x}=t^2,\quad x=\frac{1}{t^2-1},\quad \mathrm{d}x=-\frac{2t\,\mathrm{d}t}{(t^2-1)^2},$$

从而所求积分为

$$\int \frac{1}{x}\sqrt{\frac{1+x}{x}}\,\mathrm{d}x=\int (t^2-1)t\cdot\frac{-2t}{(t^2-1)^2}\,\mathrm{d}t=-2\int\frac{t^2}{t^2-1}\,\mathrm{d}t$$

$$=-2\int\left(1+\frac{1}{t^2-1}\right)\mathrm{d}t=-2t-\ln\left|\frac{t-1}{t+1}\right|+C$$

$$=-2\sqrt{\frac{1+x}{x}}+2\ln\left(\sqrt{\frac{1+x}{x}}+1\right)+\ln|x|+C。$$

以上四个例子表明，如果被积函数中含有简单根式 $\sqrt[n]{ax+b}$ 或 $\sqrt[n]{\dfrac{ax+b}{cx+d}}$，可以令这个简单根式为 u。由于这样的变换具有反函数，且反函数是 u 的有理函数，因此原积分即可化为有理函数的积分。

本章给出了求不定积分的几种基本方法以及几种类型函数的不定积分求法。需要指出的是，通常所说的"求不定积分"是指怎样用初等函数把这个不定积分（或原函数）表示出来。在这种意义下，并不是任何初等函数的不定积分都能"求出来"。例如，虽然 $\int \mathrm{e}^{x^2}\,\mathrm{d}x$，$\int\dfrac{\mathrm{d}x}{\ln x}$，$\int\dfrac{\sin x}{x}\,\mathrm{d}x$ 都存在，但却无法用初等函数来表示它们（这已被刘维尔于 1835 年证明）。由此可见，初等函数的原函数不一定是初等函数。

最后顺便指出：在求不定积分时，还可以利用现成的积分表。在积分表中的所有积分公式都是按被积函数的类型分类编排的。人们只要根据被积函数的类型，或经过适当变形化为表中列出的类型，查阅相应部分的公式，便可得到需要的结果。

习　题　4.4

求下列不定积分。

(1) $\displaystyle\int \frac{x^2}{x-1}\,\mathrm{d}x$；

(2) $\displaystyle\int \frac{x-2}{x^2-7x+12}\,\mathrm{d}x$；

(3) $\displaystyle\int \frac{2x^2-3x-3}{(x-1)(x^2-2x+5)}\,\mathrm{d}x$；

(4) $\displaystyle\int \frac{1}{1+x^3}\,\mathrm{d}x$；

(5) $\displaystyle\int \frac{\mathrm{d}x}{x(x^2+1)}$；

(6) $\displaystyle\int \frac{x^6}{1-x^4}\,\mathrm{d}x$；

(7) $\displaystyle\int \frac{x+4}{(x^2-1)(x+2)}\,\mathrm{d}x$；

(8) $\displaystyle\int \frac{\mathrm{d}x}{(x-1)(x^2+1)^2}$；

(9) $\displaystyle\int \frac{\mathrm{d}x}{5-3\cos x}$；

(10) $\displaystyle\int \frac{\mathrm{d}x}{\sin x+\cos x}$；

(11) $\displaystyle\int \frac{\mathrm{d}x}{3+\sin^2 x}$;

(12) $\displaystyle\int \frac{\mathrm{d}x}{5+4\sin 2x}$;

(13) $\displaystyle\int \frac{\sec x \mathrm{d}x}{(1+\sec x)^2}$;

(14) $\displaystyle\int \frac{\mathrm{d}x}{1+\tan x}$;

(15) $\displaystyle\int \frac{\mathrm{d}x}{1+\sqrt[3]{3x-2}}$;

(16) $\displaystyle\int \frac{\mathrm{d}x}{\sqrt{x}+\sqrt[3]{x}}$;

(17) $\displaystyle\int \frac{x^2 \mathrm{d}x}{\sqrt{1+x-x^2}}$;

(18) $\displaystyle\int \frac{\mathrm{d}x}{\sqrt{2x^2-4x+3}}$;

(19) $\displaystyle\int \frac{\mathrm{d}x}{\sqrt{x^2+x}}$;

(20) $\displaystyle\int \sqrt{x^2+x+1}\,\mathrm{d}x$。

4.5　积分表的使用

前面几节我们研究了不定积分的计算方法,可以看出积分的计算往往要比导数的计算更加灵活、复杂。这样,当实际应用中需要计算积分时,就会产生诸多不便。为了解决这个问题,人们便把一些常用积分公式汇总成表,称为积分表(见书末附录 Ⅲ)。积分表是根据被积函数的类型来排列的,求积分时,可根据被积函数的类型直接地或经过简单的变形后,在表内查得所需的结果。

我们先举几个可以直接从积分表中查得结果的积分例子。

例 1　求 $\displaystyle\int \mathrm{e}^{-x}\sin 2x \mathrm{d}x$。

解　被积函数含指数函数,查书末附录 Ⅲ 积分表中公式 128,得

$$\int \mathrm{e}^{-x}\sin 2x \mathrm{d}x = \frac{1}{(-1)^2+2^2}\mathrm{e}^{-x}(-\sin 2x-2\cos 2x)+C$$

$$=-\frac{1}{5}\mathrm{e}^{-x}(\sin 2x+2\cos 2x)+C。$$

例 2　求 $\displaystyle\int \frac{x}{(3x+4)^2}\mathrm{d}x$。

解　被积函数含有 $ax+b$,在书末附录 Ⅲ 积分表中查公式 7,得

$$\int \frac{x}{(ax+b)^2}\mathrm{d}x = \frac{1}{a^2}\left(\ln|ax+b|+\frac{b}{ax+b}\right)+C。$$

现在 $a=3,b=4$,于是

$$\int \frac{x}{(3x+4)^2}\mathrm{d}x = \frac{1}{9}\left(\ln|3x+4|+\frac{4}{3x+4}\right)+C。$$

例 3　求 $\displaystyle\int \frac{\mathrm{d}x}{5-4\cos x}$。

解　被积函数含有三角函数,在书末附录 Ⅲ 积分表中查得关于积分 $\displaystyle\int \frac{\mathrm{d}x}{a+b\cos x}$ 的公

式,但是公式有两个,要看 $a^2 > b^2$ 或 $a^2 < b^2$ 而决定采用哪一个。

现在 $a = 5, b = -4, a^2 > b^2$,所以用附录 Ⅲ 积分表中的公式 105 有

$$\int \frac{\mathrm{d}x}{a + b\cos x} = \frac{2}{a+b}\sqrt{\frac{a+b}{a-b}}\arctan\left(\sqrt{\frac{a-b}{a+b}}\tan\frac{x}{2}\right) + C \quad (a^2 > b^2),$$

于是

$$\int \frac{\mathrm{d}x}{5 - 4\cos x} = \frac{2}{5 + (-4)}\sqrt{\frac{5 + (-4)}{5 - (-4)}}\arctan\left[\sqrt{\frac{5 - (-4)}{5 + (-4)}}\tan\frac{x}{2}\right] + C$$

$$= \frac{2}{3}\arctan\left(3\tan\frac{x}{2}\right) + C。$$

下面再举一个需要先进行变量代换,然后再查表求积分的例子。

例 4 求 $\displaystyle\int \frac{\mathrm{d}x}{(x+1)\sqrt{x^2 + 2x + 5}}$。

解 该积分在表中不能直接查出,为此先令 $u = x + 1$ 得

$$\int \frac{\mathrm{d}x}{(x+1)\sqrt{x^2 + 2x + 5}} = \int \frac{\mathrm{d}u}{u\sqrt{u^2 + 4}}。$$

查书末附录 Ⅲ 积分表中公式 37 得

$$\int \frac{\mathrm{d}x}{(x+1)\sqrt{x^2 + 2x + 5}} = \frac{1}{2}\ln\frac{\sqrt{u^2 + 4} - 2}{|u|} + C = \frac{1}{2}\ln\frac{\sqrt{x^2 + 2x + 5} - 2}{|x+1|} + C。$$

一般说来,查积分表可以节省计算积分的时间,但是,只有掌握了前面学过的基本积分方法才能灵活地使用积分表,而且对一些比较简单的积分,应用基本积分方法来计算可能比查表更快。例如,对 $\displaystyle\int \sin^2 x\cos^3 x\mathrm{d}x$,用变换 $u = \sin x$ 很快就可得到结果。所以,求积分时究竟是直接计算,还是查表,或是两者结合使用,应该作具体分析,不能一概而论。

习 题 4.5

利用积分表,计算下列不定积分。

(1) $\displaystyle\int \mathrm{e}^{-2x}\sin 3x\mathrm{d}x$;

(2) $\displaystyle\int \sqrt{2x^2 + 9}\mathrm{d}x$;

(3) $\displaystyle\int x\arcsin\frac{x}{2}\mathrm{d}x$;

(4) $\displaystyle\int \frac{\mathrm{d}x}{\sqrt{4x^2 - 9}}$;

(5) $\displaystyle\int \frac{1}{x^2(1-x)}\mathrm{d}x$;

(6) $\displaystyle\int \frac{1}{x\sqrt{x^2 - 1}}\mathrm{d}x$;

(7) $\displaystyle\int x^2\sqrt{x^2 - 1}\mathrm{d}x$;

(8) $\displaystyle\int \sqrt{\frac{1-x}{1+x}}\mathrm{d}x$;

(9) $\displaystyle\int \frac{1}{x\sqrt{4x^2 + 9}}\mathrm{d}x$;

(10) $\displaystyle\int \sin^4 x\mathrm{d}x$。

综合练习 4

一、填空题。

1. $\int \sqrt{x \sqrt{x \sqrt{x}}}\, dx =$ _____ ;

2. $\int x f''(x)\, dx =$ _____ ;

3. $\int \sin(e^x) e^x\, dx =$ _____ ;

4. $d\left[\int \arctan x^2\, dx\right] =$ _____ ;

5. 已知 $f'(e^x) = x e^{-x}$, 且 $f(1) = 0$, 则 $f(x) =$ _____。

二、选择题。

1. 设 $f(x)$ 为可导函数, 则 (　　)。

(A) $\int f'(x)\, dx = f(x)$ (B) $d\left[\int f(x)\, dx\right] = f(x)$

(C) $\int df(x) = f(x)$ (D) $\dfrac{d}{dx}\left[\int f(x)\, dx\right] = f(x)$

2. 若 $\int f(x)\, dx = F(x) + C$, 则 $\int e^{-x} f(e^{-x})\, dx = $ (　　)。

(A) $F(e^x) + C$ (B) $-F(e^{-x}) + C$

(C) $F(e^{-x}) + C$ (D) $\dfrac{F(e^{-x})}{x} + C$

3. $\int \dfrac{f'(x)}{1 + f^2(x)}\, dx = $ (　　)。

(A) $\ln|1 + f(x)| + C$ (B) $\dfrac{1}{2}\ln|1 + f^2(x)| + C$

(C) $\arctan f(x) + C$ (D) $\dfrac{1}{2}\arctan f(x) + C$

4. 若 $f'(x^2) = \dfrac{1}{x}(x > 0)$, 则 $f(x) = $ (　　)。

(A) $2x + C$ (B) $\ln|x| + C$

(C) $2\sqrt{x} + C$ (D) $\dfrac{1}{\sqrt{x}} + C$

三、求下列不定积分。

1. $\int \dfrac{\sqrt{x} - 2\sqrt[3]{x} - 1}{\sqrt[4]{x}}\, dx$;   2. $\int x \arcsin x\, dx$;

3. $\int \dfrac{dx}{1 + \sqrt{x}}$;   3. $\int e^{\sin x} \sin 2x\, dx$;

5. $\int \dfrac{\arcsin x}{x^2} dx$;

6. $\int \dfrac{dx}{x \sqrt{x^2 - 1}}$;

7. $\int \dfrac{1 - \tan x}{1 + \tan x} dx$;

8. $\int \dfrac{x^2 - x}{(x - 2)^3} dx$;

9. $\int \dfrac{dx}{\cos^4 x}$;

10. $\int e^x \cos^3 x \, dx$;

11. $\int \dfrac{x - 5}{x^3 - 3x^2 + 4} dx$;

12. $\int \dfrac{3x^4 + x^3 + 4x^2 + 1}{x^5 + 2x^3 + x} dx$;

13. $\int \dfrac{x^7}{x^4 + 2} dx$;

14. $\int \dfrac{x^3 - x + 1}{\sqrt{x^2 + 2x + 2}} dx$;

15. $\int \dfrac{\sin^2 x \cos x}{\sin x + \cos x} dx$;

16. $\int \sin^4 x \, dx$;

17. $\int \dfrac{x^2}{(1 - x)^{100}} dx$;

18. $\int \arctan(1 + \sqrt{x}) dx$;

19. $\int \dfrac{dx}{(1 + 2^x)^4}$;

20. $\int \sqrt{1 + \sin x} \, dx$。

第 5 章   定积分及其应用

5.1   定积分的概念与性质

前面学习了导数和微分,主要讨论函数变量的增量分析和局部线性化问题,本章将学习另一个重要内容:定积分。定积分是关于变量积累的研究。许多实际问题的求解可以归结为定积分的问题,例如几何中的面积、体积、弧长等问题,物理学中物体的质量、液体的压力、引力等问题。阿基米德(Archimedes)在《抛物线求积法》中使用穷竭法求抛物线弓形面积的工作标志着积分学的萌芽,到了 16 世纪,研究行星运动的开普勒(Kapler)发展了阿基米德求面积和体积的方法,并研究了酒桶的体积及最佳比例,由此开创了积分学思想的研究与应用。这些实际问题的数学模型化,引出了人们关注的一个重要问题:如何确定已知曲线下图形的面积?到了 17 世纪,牛顿运用他的"流数术"的运算模式,把曲线看作运动着的点的轨迹,想象用一条运动的直线扫过一个区域,来计算此曲线下的面积。这标志着微积分的诞生。本章我们就从两个典型的问题出发引入定积分的定义,然后讨论它的性质与计算方法,最后讨论定积分的若干应用。

5.1.1   定积分问题举例

1. 曲边梯形的面积及计算。设 $y = f(x)$ 在区间 $[a,b]$ 上非负、连续。由直线 $x = a$、$x = b$、$y = 0$ 及曲线 $y = f(x)$ 所围成的图形(如图 5-1 所示)称为**曲边梯形**,其中曲线弧称为**曲边**。

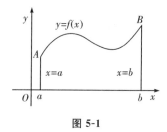

图 5-1

下面讨论怎样计算曲边梯形的面积 A。

我们知道,矩形的高是不变的,它的面积可按公式

$$矩形面积 = 底边 \times 高$$

来定义和计算。而曲边梯形在底边上各点处的高 $f(x)$ 在区间 $[a,b]$ 上是变动的,故它的面积不能直接按上述公式来定义和计算。然而,由于曲边梯形的高 $f(x)$ 在区间 $[a,b]$ 上是连续变化的,在很小一段区间上它的变化很小,近似于不变。基于这种想法,可以用一组

平行于 y 轴的直线把曲边梯形分割成若干个小曲边梯形,只要分割得较细,每个小曲边梯形很窄,则其高 $f(x)$ 的变化就很小。这样,可以在每个小曲边梯形上作一个与它同底且以底上某点的函数值为高的小矩形,用小矩形的面积近似代替小曲边梯形的面积,进而用所有小矩形的面积之和近似代替整个曲边梯形的面积,如图 5-2 所示。

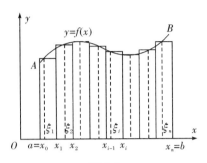

图 5-2

显然,分割越细,近似程度越高。当把区间 $[a,b]$ 无限细分下去,使得每个小区间的长度都趋于零,这时所有窄矩形面积之和的极限就可定义为曲边梯形的面积。这个定义同时也给出了计算曲边梯形面积的方法,现详述如下:

在区间 $[a,b]$ 中任意插入若干个分点
$$a = x_0 < x_1 < x_2 < \cdots < x_{n-1} < x_n = b,$$
把 $[a,b]$ 分成 n 个小区间
$$[x_0, x_1], [x_1, x_2], \cdots, [x_{n-1}, x_n],$$
它们的长度依次为
$$\Delta x_1 = x_1 - x_0, \Delta x_2 = x_2 - x_1, \cdots, \Delta x_n = x_n - x_{n-1}.$$

经过每一个分点作平行于 y 轴的直线段,把曲边梯形分成 n 个窄曲边梯形。在每个小区间 $[x_{i-1}, x_i]$ 上任取一点 ξ_i,以 $[x_{i-1}, x_i]$ 为底、$f(\xi_i)$ 为高的窄矩形面积近似代替第 $i(i=1,2,\cdots,n)$ 个窄曲边梯形面积,把这样得到的 n 个窄矩形面积之和作为所求曲边梯形面积 A 的近似值,即
$$A \approx f(\xi_1)\Delta x_1 + f(\xi_2)\Delta x_2 + \cdots + f(\xi_n)\Delta x_n$$
$$= \sum_{i=1}^{n} f(\xi_i)\Delta x_i.$$

为了保证所有小区间的长度都无限缩小,我们要求所有的小区间长度中的最大值趋于零,如记 $\lambda = \max\{\Delta x_1, \Delta x_2, \cdots, \Delta x_n\}$,则上述条件可表示为 $\lambda \to 0$。当 $\lambda \to 0$ 时(这时分段数 n 无限增多,即 $n \to \infty$),取上述和式的极限,便得曲边梯形的面积
$$A = \lim_{\lambda \to 0} \sum_{i=1}^{n} f(\xi_i)\Delta x_i.$$

2. 变速直线运动的路程。设某物体做直线运动,已知速度 $v = v(t)$ 是时间间隔 $[T_1, T_2]$ 上 t 的连续函数,且 $v(t) \geqslant 0$,计算物体在这段时间内所经过的路程 s。

我们知道,对于匀速直线运动,有公式

$$路程 = 速度 \times 时间，$$

但是，在现在讨论的问题中，速度不是常量，而是随时间变化的变量，因此，所求路程 s 不能直接按匀速直线运动的路程公式来计算。然而，物体运动的速度函数 $v = v(t)$ 是连续变化的，在很短一段时间内，速度的变化很小，近似于匀速。因此，如果把时间间隔分小，在小段时间内，以匀速运动代替变速运动，那么，就可算出部分路程的近似值；再求和，得到整个路程的近似值；最后通过对时间间隔无限细分的极限过程，得到所有部分路程的近似值之和的极限，就是所求变速直线运动的路程的精确值。

具体计算步骤如下：

在时间间隔 $[T_1, T_2]$ 内任意插入若干个分点

$$T_1 = t_0 < t_1 < t_2 < \cdots < t_{n-1} < t_n = T_2，$$

把 $[T_1, T_2]$ 分成 n 个小时段

$$[t_0, t_1], [t_1, t_2], \cdots, [t_{n-1}, t_n]，$$

各小时段时间的长依次为

$$\Delta t_1 = t_1 - t_0, \Delta t_2 = t_2 - t_1, \cdots, \Delta t_n = t_n - t_{n-1}。$$

相应地，在各段时间内物体经过的路程依次为

$$\Delta s_1, \Delta s_2, \cdots, \Delta s_n。$$

在时间间隔 $[t_{i-1}, t_i]$ 上任取一个时刻 $\tau_i (t_{i-1} \leqslant \tau_i \leqslant t_i)$，以 τ_i 时刻的速度 $v(\tau_i)$ 来代替 $[t_{i-1}, t_i]$ 上各个时刻的速度，得到部分路程 Δs_i 的近似值，即

$$\Delta s_i \approx v(\tau_i)\Delta t_i (i = 1, 2, \cdots, n)。$$

于是这 n 段部分路程的近似值之和就是所求变速直线运动路程 s 的近似值，即

$$s \approx v(\tau_1)\Delta t_1 + v(\tau_2)\Delta t_2 + \cdots + v(\tau_n)\Delta t_n$$
$$= \sum_{i=1}^{n} v(\tau_i)\Delta t_i。$$

记 $\lambda = \max\{\Delta t_1, \Delta t_2, \cdots, \Delta t_n\}$，当 $\lambda \to 0$ 时，取上述和式的极限，即得变速直线运动的路程为

$$s = \lim_{\lambda \to 0} \sum_{i=1}^{n} v(\tau_i)\Delta t_i。$$

5.1.2　定积分的定义

从上面两个例子可以看到，所要计算的量，前者是曲边梯形的面积 A，属于几何量，后者是变速直线运动的路程 s，属于物理量，但是解决问题的方法与步骤是相同的，并且最后都归结为具有相同结构的一种特定和式的极限。抛开这些问题的具体意义，抓住它们在数量关系上共同的本质与特性加以概括，我们就可以抽象出下述定积分的定义。

定义 5.1　设函数 $f(x)$ 在 $[a, b]$ 上有界，在 $[a, b]$ 中任意插入若干个分点

$$a = x_0 < x_1 < x_2 < \cdots < x_{n-1} < x_n = b，$$

把 $[a, b]$ 分成 n 个小区间

$$[x_0, x_1], [x_1, x_2], \cdots, [x_{n-1}, x_n]，$$

各个小区间的长度依次为

$$\Delta x_1 = x_1 - x_0, \Delta x_2 = x_2 - x_1, \cdots, \Delta x_n = x_n - x_{n-1},$$

在每个小区间 $[x_{i-1}, x_i]$ 上任取一点 $\xi_i(x_{i-1} \leqslant \xi_i \leqslant x_i)$,作函数值 $f(\xi_i)$ 与小区间长度 Δx_i 的乘积 $f(\xi_i)\Delta x_i (i = 1, 2, \cdots, n)$,并作出和

$$S = \sum_{i=1}^{n} f(\xi_i)\Delta x_i。$$

记 $\lambda = \max\{\Delta x_1, \Delta x_2, \cdots, \Delta x_n\}$,如果无论怎样划分 $[a,b]$,也无论在小区间 $[x_{i-1}, x_i]$ 上怎样选取点 ξ_i,只要当 $\lambda \to 0$ 时,和 S 总趋于确定的极限 I,那么称这个极限 I 为函数 $f(x)$ 在区间 $[a,b]$ 上的**定积分**(简称积分),记作 $\int_a^b f(x)\mathrm{d}x$,即

$$\int_a^b f(x)\mathrm{d}x = I = \lim_{\lambda \to 0} \sum_{i=1}^{n} f(\xi_i)\Delta x_i,$$

其中 $f(x)$ 叫作**被积函数**,$f(x)\mathrm{d}x$ 叫作**被积表达式**,x 叫作**积分变量**,a 叫作**积分下限**,b 叫作**积分上限**,$[a,b]$ 叫作**积分区间**。

关于定积分的定义有以下几点说明:

(1) 和式 $\sum_{i=1}^{n} f(\xi_i)\Delta x_i$ 通常称为 $f(x)$ 的积分和。和式的极限 $\lim_{\lambda \to 0} \sum_{i=1}^{n} f(\xi_i)\Delta x_i$ 存在是指无论怎样划分区间 $[a,b]$,也无论怎样选取点 $\xi_i (i = 1, 2, \cdots, n)$,极限都存在且唯一。

(2) 如果和式的极限 $\lim_{\lambda \to 0} \sum_{i=1}^{n} f(\xi_i)\Delta x_i$ 存在,即 $f(x)$ 在 $[a,b]$ 上的定积分存在,那么就说 $f(x)$ 在 $[a,b]$ 上可积。

(3) 和式的极限 $\lim_{\lambda \to 0} \sum_{i=1}^{n} f(\xi_i)\Delta x_i$ 的值即定积分 $\int_a^b f(x)\mathrm{d}x$ 仅与被积函数 $f(x)$ 及积分区间 $[a,b]$ 有关,与积分变量的记号无关,即

$$\int_a^b f(x)\mathrm{d}x = \int_a^b f(t)\mathrm{d}t = \int_a^b f(u)\mathrm{d}u。$$

(4) 当被积函数在积分区间上恒等于 1 时,其积分值即为积分区间长度,即

$$\int_a^b 1\mathrm{d}x = b - a。$$

对于定积分,有这样一个重要问题:函数 $f(x)$ 在 $[a,b]$ 上满足怎样的条件,$f(x)$ 在 $[a,b]$ 上一定可积?对于这个问题,我们不做深入讨论,只给出两个充分条件。

定理 5.1 设函数 $f(x)$ 在 $[a,b]$ 上连续,则 $f(x)$ 在 $[a,b]$ 上可积。

定理 5.2 设函数 $f(x)$ 在 $[a,b]$ 上有界且只有有限个间断点,则 $f(x)$ 在 $[a,b]$ 上可积。

利用定积分的定义,前面所讨论的两个实际问题可以分别表述如下:

曲线 $y = f(x)(f(x) \geqslant 0)$、$x$ 轴及两条直线 $x = a, x = b$ 围成的曲边梯形的面积 A 等于函数 $f(x)$ 在区间 $[a,b]$ 上的定积分,即 $A = \int_a^b f(x)\mathrm{d}x$。

物体以变速 $v=v(t)(v(t)\geqslant 0)$ 做直线运动,从时刻 $t=T_1$ 到时刻 $t=T_2$,该物体经过的路程 s 等于函数 $v(t)$ 在区间 $[T_1,T_2]$ 上的定积分,即 $s=\displaystyle\int_{T_1}^{T_2}v(t)\mathrm{d}t$。

5.1.3　按照定义计算定积分

由定积分的定义可得计算定积分的方法,即作积分和再取极限。如果已知函数 $f(x)$ 在 $[a,b]$ 上可积,由于积分和的极限唯一性,即定积分的值与 $[a,b]$ 的分法及点 ξ_i 的取法无关,因此可作 $[a,b]$ 的一个特殊的分法(如等分法),在 $[x_{i-1},x_i]$ 上选取特殊的点 ξ_i(如取点 ξ_i 为 $[x_{i-1},x_i]$ 的左端点、右端点、中点等)作出积分和,然后再取极限,就可得到函数 $f(x)$ 在 $[a,b]$ 上的定积分。

例 1　利用定义计算定积分 $\displaystyle\int_0^1 x^2\mathrm{d}x$。

解　因为被积函数 $f(x)=x^2$ 在区间 $[0,1]$ 上连续,所以 $f(x)=x^2$ 在区间 $[0,1]$ 上可积,因此积分与区间 $[0,1]$ 的分法及点 ξ_i 的取法无关。为了便于计算,不妨把区间 $[0,1]$ 分成 n 等分,分点为 $x_i=\dfrac{i}{n}$ $(i=1,2,\cdots,n-1)$;这样,每个小区间 $[x_{i-1},x_i]$ 的长度 $\Delta x_i=\dfrac{1}{n}(i=1,2,\cdots,n)$;取 $\xi_i=x_i(i=1,2,\cdots,n)$,即 ξ_i 取区间右端点。于是,得积分和

$$\sum_{i=1}^n f(\xi_i)\Delta x_i=\sum_{i=1}^n \xi_i^2\Delta x_i=\sum_{i=1}^n x_i^2\Delta x_i=\sum_{i=1}^n(\frac{i}{n})^2\cdot\frac{1}{n}=\frac{1}{n^3}\sum_{i=1}^n i^2$$
$$=\frac{1}{n^3}\cdot\frac{1}{6}n(n+1)(2n+1)=\frac{1}{6}(1+\frac{1}{n})(2+\frac{1}{n}),$$

当 $\lambda\to 0$ 即 $n\to\infty$ 时,取上式右端的极限。由定积分的定义,即得所要计算的定积分为

$$\int_0^1 x^2\mathrm{d}x=\lim_{\lambda\to 0}\sum_{i=1}^n x_i^2\Delta x_i=\lim_{n\to\infty}\frac{1}{6}(1+\frac{1}{n})(2+\frac{1}{n})=\frac{1}{3}。$$

5.1.4　定积分的几何意义

我们已经知道,在区间 $[a,b]$ 上,当 $f(x)\geqslant 0$ 时,定积分 $\displaystyle\int_a^b f(x)\mathrm{d}x$ 在几何上表示曲线 $f(x)$,两条直线 $x=a,x=b$ 与 x 轴所围成的曲边梯形的面积;如果在 $[a,b]$ 上,当 $f(x)\leqslant 0$ 时,由曲线 $y=f(x)$,两条直线 $x=a,x=b$ 与 x 轴所围成的曲边梯形位于 x 轴的下方,定积分 $\displaystyle\int_a^b f(x)\mathrm{d}x$ 在几何上表示上述曲边梯形面积的负值;如果在 $[a,b]$ 上,$f(x)$ 既取得正值又取得负值,即函数 $f(x)$ 的图形的某些部分在 x 轴上方,而其他部分在 x 轴下方,此时定积分 $\displaystyle\int_a^b f(x)\mathrm{d}x$ 表示 x 轴上方图形的面积减去 x 轴下方图形的面积(如图 5-3 所示)所得之差,即 $\displaystyle\int_a^b f(x)\mathrm{d}x=A_1-A_2$。

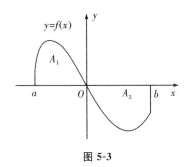

图 5-3

例 2   利用定积分的几何意义求 $\int_{-1}^{2} x\,\mathrm{d}x$。

解   由定积分的几何意义，该定积分表示位于 x 轴上方与下方的两个三角形面积的差，即

$$\int_{-1}^{2} x\,\mathrm{d}x = 2 - \frac{1}{2} = \frac{3}{2}。$$

5.1.5   定积分的性质

为了以后计算及应用方便起见，对定积分作出以下两点补充规定：

(1) 当 $a = b$ 时，$\int_{a}^{b} f(x)\,\mathrm{d}x = 0$；

(2) 当 $a > b$ 时，$\int_{a}^{b} f(x)\,\mathrm{d}x = -\int_{b}^{a} f(x)\,\mathrm{d}x$。

由上式可知，交换定积分的上下限时，定积分的绝对值不变而符号相反。

下面讨论定积分的性质。下列各性质中定积分上下限的大小，如不特别指明，均不加限制，并假设各性质中所列出的定积分都存在。

性质 1 $\int_{a}^{b} \left[f(x) \pm g(x) \right]\mathrm{d}x = \int_{a}^{b} f(x)\,\mathrm{d}x \pm \int_{a}^{b} g(x)\,\mathrm{d}x$。

证 $\int_{a}^{b} \left[f(x) \pm g(x) \right]\mathrm{d}x = \lim_{\lambda \to 0} \sum_{i=1}^{n} \left[f(\xi_i) \pm g(\xi_i) \right]\Delta x_i$

$$= \lim_{\lambda \to 0} \sum_{i=1}^{n} f(\xi_i)\Delta x_i \pm \lim_{\lambda \to 0} \sum_{i=1}^{n} g(\xi_i)\Delta x_i$$

$$= \int_{a}^{b} f(x)\,\mathrm{d}x \pm \int_{a}^{b} g(x)\,\mathrm{d}x。$$

性质 1 对于任意有限个函数都是成立的。类似地，可以证明：

性质 2 $\int_{a}^{b} k f(x)\,\mathrm{d}x = k\int_{a}^{b} f(x)\,\mathrm{d}x\ (k\ \text{是常数})$。

由性质 1 和性质 2 易得

推论 5.1   若 n 个函数 $f_1(x), f_2(x), \cdots, f_n(x)$ 在区间 $[a,b]$ 上都可积，则它们的线性组合

$$c_1 f_1(x) + c_2 f_2(x) + \cdots + c_n f_n(x)$$

在 $[a,b]$ 上也可积，且

$$\int_a^b [c_1 f_1(x) + c_2 f_2(x) + \cdots + c_n f_n(x)] \mathrm{d}x = c_1 \int_a^b f_1(x)\mathrm{d}x + c_2 \int_a^b f_2(x)\mathrm{d}x + \cdots + c_n \int_a^b f_n(x)\mathrm{d}x,$$

其中 $c_1, c_2, \cdots, c_n$ 为常数。

性质 3　设 $a < c < b$，则

$$\int_a^b f(x)\mathrm{d}x = \int_a^c f(x)\mathrm{d}x + \int_c^b f(x)\mathrm{d}x。$$

证　因为函数 $f(x)$ 在区间 $[a,b]$ 上可积，所以无论怎样划分 $[a,b]$，积分和的极限总是不变的。因此在划分区间时，可以使 c 永远是个分点。因此，$[a,b]$ 上的积分和等于 $[a,c]$ 上的积分和加上 $[c,b]$ 上的积分和，记为

$$\sum_{[a,b]} f(\xi_i)\Delta x_i = \sum_{[a,c]} f(\xi_i)\Delta x_i + \sum_{[c,b]} f(\xi_i)\Delta x_i。$$

令 $\lambda \to 0$，上式两端同时取极限，即得

$$\int_a^b f(x)\mathrm{d}x = \int_a^c f(x)\mathrm{d}x + \int_c^b f(x)\mathrm{d}x。$$

这个性质表明定积分对于积分区间具有可加性。

按照定积分的补充规定，我们有：无论 a, b, c 的相对位置如何，总有等式

$$\int_a^b f(x)\mathrm{d}x = \int_a^c f(x)\mathrm{d}x + \int_c^b f(x)\mathrm{d}x$$

成立。例如，当 $a < b < c$ 时，由于

$$\int_a^c f(x)\mathrm{d}x = \int_a^b f(x)\mathrm{d}x + \int_b^c f(x)\mathrm{d}x,$$

于是得

$$\int_a^b f(x)\mathrm{d}x = \int_a^c f(x)\mathrm{d}x - \int_b^c f(x)\mathrm{d}x = \int_a^c f(x)\mathrm{d}x + \int_c^b f(x)\mathrm{d}x。$$

性质 4　如果在区间 $[a,b]$ 上，$f(x) = c$（常数），则 $\int_a^b c\,\mathrm{d}x = c(b-a)$。

证　函数 $f(x) = c$ 在 $[a,b]$ 上的积分和

$$\sum_{k=1}^n f(\xi_k)\Delta x_k = c \sum_{k=1}^n (x_k - x_{k-1}) = c(b-a),$$

$$\lim_{\lambda \to 0} \sum_{k=1}^n f(\xi_k)\Delta x_k = c(b-a),$$

$$\int_a^b c\,\mathrm{d}x = c(b-a)。$$

性质 5　如果在区间 $[a,b]$ 上，$f(x) \geqslant 0$，则 $\int_a^b f(x)\mathrm{d}x \geqslant 0 \; (a < b)$。

证　因为 $f(x) \geqslant 0$，所以 $f(\xi_i) \geqslant 0 (i = 1,2,\cdots,n)$。又由于 $\Delta x_i \geqslant 0 (i = 1,2,\cdots,n)$，因此 $\sum_{i=1}^n f(\xi_i)\Delta x_i \geqslant 0$，令 $\lambda = \max\{\Delta x_1, \cdots, \Delta x_n\} \to 0$，便得到要证的不等式。

推论 5.2　如果在区间 $[a,b]$ 上，$f(x) \leqslant g(x)$，则 $\int_a^b f(x)\mathrm{d}x \leqslant \int_a^b g(x)\mathrm{d}x \; (a < b)$。

证 因为 $g(x)-f(x)\geqslant 0$，由性质 5 得

$$\int_a^b [g(x)-f(x)]\mathrm{d}x\geqslant 0。$$

再由性质 1 即得所要证的不等式。

例 3 试比较积分 $\int_0^1 \mathrm{e}^x\mathrm{d}x$ 与 $\int_0^1(1+x)\mathrm{d}x$ 的大小。

解 利用推论 5.2 知只需比较被积函数在被积范围上的大小关系。

令 $f(x)=\mathrm{e}^x-(1+x)$，于是

$$f'(x)=\mathrm{e}^x-1\geqslant 0(0\leqslant x\leqslant 1)，$$

即 $f(x)$ 在 $[0,1]$ 上单调增加，而 $f(0)=0$，所以 $f(x)\geqslant 0(0\leqslant x\leqslant 1)$，即 $\mathrm{e}^x\geqslant 1+x$，利用推论 5.2 有

$$\int_0^1 \mathrm{e}^x\mathrm{d}x\geqslant\int_0^1(1+x)\mathrm{d}x。$$

推论 5.3 $\left|\int_a^b f(x)\mathrm{d}x\right|\leqslant\int_a^b |f(x)|\mathrm{d}x\ (a<b)。$

证 因为

$$-|f(x)|\leqslant f(x)\leqslant |f(x)|，$$

所以由推论 5.2 及性质 2 可得

$$-\int_a^b |f(x)|\mathrm{d}x\leqslant\int_a^b f(x)\mathrm{d}x\leqslant\int_a^b |f(x)|\mathrm{d}x，$$

即

$$\left|\int_a^b f(x)\mathrm{d}x\right|\leqslant\int_a^b |f(x)|\mathrm{d}x。$$

性质 6 (估值定理)设 M 及 m 分别是函数 $f(x)$ 在区间 $[a,b]$ 上的最大值及最小值，则

$$m(b-a)\leqslant\int_a^b f(x)\mathrm{d}x\leqslant M(b-a)\ (a<b)。$$

证 因为 $m\leqslant f(x)\leqslant M$，所以由性质 5 及推论 5.2 得

$$\int_a^b m\mathrm{d}x\leqslant\int_a^b f(x)\mathrm{d}x\leqslant\int_a^b M\mathrm{d}x。$$

再由性质 2 及性质 4 即得所要证的不等式。

这个性质说明，根据被积函数在积分区间上的最大值及最小值可以估计积分值的大致范围。

例 4 利用估值定理估计积分 $\int_0^2 x^3\mathrm{d}x$ 的大小。

解 在区间 $[0,2]$ 上，x^3 的最大值与最小值分别为 8 与 0，因此有

$$0\leqslant\int_0^2 x^3\mathrm{d}x\leqslant 8\times 2=16。$$

性质 7 (定积分中值定理)如果函数 $f(x)$ 在积分区间 $[a,b]$ 上连续，则在 $[a,b]$ 上至少存在一个点 ξ，使下式成立：$\int_a^b f(x)\mathrm{d}x=f(\xi)(b-a)\ (a\leqslant\xi\leqslant b)$。这个公式叫作**积分中值公式**。

证　把性质 6 中的不等式的各部分除以 $b-a$，得

$$m \leqslant \frac{1}{b-a}\int_a^b f(x)\mathrm{d}x \leqslant M。$$

上式表明，确定的数值 $\dfrac{1}{b-a}\displaystyle\int_a^b f(x)\mathrm{d}x$ 介于函数 $f(x)$ 的最小值 m 及最大值 M 之间。根据闭区间上连续函数的介值定理，在 $[a,b]$ 上至少存在一点 ξ，使得函数 $f(x)$ 在点 ξ 处的值与这个确定的数值相等，即应有 $\dfrac{1}{b-a}\displaystyle\int_a^b f(x)\mathrm{d}x = f(\xi)(a \leqslant \xi \leqslant b)$。两端各乘以 $b-a$，即得所要证的等式。

显然，积分中值公式 $\displaystyle\int_a^b f(x)\mathrm{d}x = f(\xi)(b-a)$（$\xi$ 在 a 与 b 之间），当 $a<b$ 或 $a>b$ 时，该式都成立。

积分中值公式有如下的几何解释：在区间 $[a,b]$ 上至少存在一点 ξ，使得以区间 $[a,b]$ 为底边、以曲线 $y=f(x)$ 为曲边的曲边梯形的面积等于同样以区间 $[a,b]$ 为底边而高为 $f(\xi)$ 的矩形的面积。

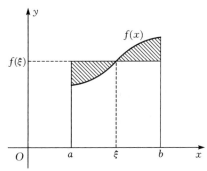

图 5-4

按积分中值公式所得到的 $f(\xi) = \dfrac{1}{b-a}\displaystyle\int_a^b f(x)\mathrm{d}x$ 称为函数 $f(x)$ 在区间 $[a,b]$ 上的平均值。

习　题　5.1

1. 利用定积分定义计算由抛物线 $y=x^2+1$，直线 $x=a$，$x=b$（$b>a$）及 x 轴围成的图形的面积。

2. 利用定积分的定义求下列定积分。

 (1) $\displaystyle\int_0^1 (2x+3)\mathrm{d}x$；   (2) $\displaystyle\int_0^1 \mathrm{e}^x\mathrm{d}x$。

3. 利用定积分的几何意义，证明下列不等式。

 (1) $\displaystyle\int_0^{2\pi} \cos x\mathrm{d}x = 0$；   (2) $\displaystyle\int_{-3}^{3} \sqrt{9-x^2}\mathrm{d}x = \frac{9\pi}{2}$；

 (3) $\displaystyle\int_0^{\pi} \sin x\mathrm{d}x = 2\int_0^{\frac{\pi}{2}} \sin x\mathrm{d}x$；   (4) $\displaystyle\int_{-1}^{2} |x|\mathrm{d}x = \frac{5}{2}$。

4.利用定积分的性质比较下列各对积分值的大小。

(1) $\int_0^1 x^2 \mathrm{d}x$ 与 $\int_0^1 x \mathrm{d}x$；

(2) $\int_1^2 x^2 \mathrm{d}x$ 与 $\int_1^2 x \mathrm{d}x$；

(3) $\int_1^e \ln x \mathrm{d}x$ 与 $\int_1^e \ln^2 x \mathrm{d}x$；

(4) $\int_3^4 \ln x \mathrm{d}x$ 与 $\int_3^4 \ln^2 x \mathrm{d}x$。

5.已知物体以 $v(t) = 3t + 5(\mathrm{m/s})$ 的速度做直线运动,试用定积分表示物体在 $t_1 = 1\mathrm{s}$ 到 $t_2 = 3\mathrm{s}$ 期间所经过的路程 s,并利用定积分的几何意义求出 s 的值。

6.估计下列积分的值。

(1) $\int_1^4 (x^2 + 1)\mathrm{d}x$；

(2) $\int_{\frac{\pi}{4}}^{\frac{3\pi}{4}} (1 + \sin^2 x)\mathrm{d}x$；

(3) $\int_{\frac{1}{\sqrt{3}}}^{\sqrt{3}} x\arctan x \mathrm{d}x$；

(4) $\int_0^1 e^{x^2} \mathrm{d}x$。

5.2   微积分基本公式

在上一节中已经看到,按照定义计算定积分不是件容易的事,所以需要寻求计算定积分的简便而有效的方法。这就是本节讨论的主要内容。

5.2.1   积分上限函数

设函数 $f(x)$ 在区间 $[a,b]$ 上连续,并且设 x 是 $[a,b]$ 上一点,由于 $f(x)$ 在区间 $[a,x]$ 上仍旧连续,因此定积分 $\int_a^x f(x)\mathrm{d}x$ 存在,这里 x 既表示定积分的上限,又表示积分变量。因为定积分与积分变量的记法无关,所以,为了区分清楚,可以把积分变量改用其他符号表示,例如如果用 t 表示,则上面的定积分可以写成 $\int_a^x f(t)\mathrm{d}t$。

另外,如果上限 x 在区间 $[a,b]$ 上任意变动,则对于每一个取定的 x 值,定积分有一个对应值,所以它在 $[a,b]$ 上定义了一个函数,称为**积分上限函数**(也称**变上限积分**),记作 $\Phi(x)$,即

$$\Phi(x) = \int_a^x f(t)\mathrm{d}t \quad (a \leqslant x \leqslant b)。$$

积分上限函数具有下列重要性质。

定理5.3   如果函数 $f(x)$ 在区间 $[a,b]$ 上连续,则积分上限函数 $\Phi(x) = \int_a^x f(t)\mathrm{d}t$ 在 $[a,b]$ 上可导,并且它的导数

$$\Phi'(x) = \frac{\mathrm{d}}{\mathrm{d}x}\int_a^x f(t)\mathrm{d}t = f(x) \quad (a \leqslant x \leqslant b)。$$

证   若 $x \in (a,b)$,设 x 获得增量 Δx,其绝对值足够小,使得 $x + \Delta x \in (a,b)$,由此 $\Phi(x)$ 获得相应的增量 $\Delta\Phi(x)$,即

$$\Delta\Phi(x) = \Phi(x + \Delta x) - \Phi(x)$$
$$= \int_a^{x+\Delta x} f(t)\mathrm{d}t - \int_a^x f(t)\mathrm{d}t$$

$$= \int_a^x f(t)\mathrm{d}t + \int_x^{x+\Delta x} f(t)\mathrm{d}t - \int_a^x f(t)\mathrm{d}t$$

$$= \int_x^{x+\Delta x} f(t)\mathrm{d}t_\circ$$

再由积分中值定理可知,在 x 与 $x+\Delta x$ 之间至少存在一点 ξ,使得

$$\Delta \Phi(x) = \int_x^{x+\Delta x} f(t)\mathrm{d}t = f(\xi)\Delta x$$

成立。又因为 $f(x)$ 在区间 $[a,b]$ 上连续,且当 $\Delta x \to 0$ 时,有 $\xi \to x$,所以 $\lim\limits_{\Delta x \to 0} f(\xi) = f(x)$,从而有

$$\Phi'(x) = \lim_{\Delta x \to 0} \frac{\Delta \Phi(x)}{\Delta x} = \lim_{\Delta x \to 0} \frac{f(\xi)\Delta x}{\Delta x} = \lim_{\xi \to x} f(\xi) = f(x),$$

故

$$\Phi'(x) = \frac{\mathrm{d}}{\mathrm{d}x}\int_a^x f(t)\mathrm{d}t = f(x)_\circ$$

若 $x = a$,取 $\Delta x > 0$,则同理可证 $\Phi'_+(a) = f(a)$;

若 $x = b$,取 $\Delta x < 0$,则同理可证 $\Phi'_-(b) = f(b)$。

这个定理指出了一个重要结论:积分上限函数 $\Phi(x) = \int_a^x f(t)\mathrm{d}t$ 是连续函数 $f(x)$ 在区间 $[a,b]$ 上的一个原函数。因此,引出如下的原函数的存在定理。

定理 5.4　如果函数 $f(x)$ 在区间 $[a,b]$ 上连续,则函数 $\Phi(x) = \int_a^x f(t)\mathrm{d}t$ 就是 $f(x)$ 在区间 $[a,b]$ 上的一个原函数。

例 1　已知 $\Phi(x) = \int_0^x \mathrm{e}^{t^2}\mathrm{d}t$,求 $\Phi'(x)$。

解　根据定理 5.3 有 $\Phi'(x) = \left(\int_0^x \mathrm{e}^{t^2}\mathrm{d}t\right)'_x = \mathrm{e}^{x^2}$。

例 2　设 $\Phi(x) = \int_0^{\sqrt{x}} \sin t^2 \mathrm{d}t$,求 $\Phi'(x)$。

解　由于此变上限定积分是 x 的复合函数,所以,由定理 5.3 及复合函数的求导法则,得

$$\Phi'(x) = \left(\int_0^{\sqrt{x}} \sin t^2 \mathrm{d}t\right)' = \left(\int_0^{\sqrt{x}} \sin t^2 \mathrm{d}t\right)'_{\sqrt{x}}(\sqrt{x})'_x = \frac{1}{2\sqrt{x}}\sin x_\circ$$

例 3　求 $\lim\limits_{x \to 0} \dfrac{\displaystyle\int_{\cos x}^1 \mathrm{e}^{-t^2}\mathrm{d}t}{x^2}$。

解　易知这是一个 $\dfrac{0}{0}$ 型的未定式,可利用洛必达法则来计算。

$$\left(\int_{\cos x}^1 \mathrm{e}^{-t^2}\mathrm{d}t\right)' = \left(-\int_1^{\cos x} \mathrm{e}^{-t^2}\mathrm{d}t\right)' = -\mathrm{e}^{-\cos^2 x}(\cos x)' = \sin x\,\mathrm{e}^{-\cos^2 x},$$

因此

$$\lim_{x \to 0} \frac{\int_{\cos x}^{1} e^{-t^2} dt}{x^2} = \lim_{x \to 0} \frac{\left(\int_{\cos x}^{1} e^{-t^2} dt \right)'}{(x^2)'} = \lim_{x \to 0} \frac{\sin x e^{-\cos^2 x}}{2x} = \frac{1}{2e}。$$

定理 5.4 一方面肯定了连续函数的原函数是存在的，另一方面初步地揭示了定积分与原函数之间的联系，因此就有可能通过原函数来计算定积分。

5.2.2　定积分的基本公式

现在根据定理 5.4 来证明一个重要定理，它给出了用原函数计算定积分的公式。

定理 5.5　如果函数 $F(x)$ 是连续函数 $f(x)$ 在区间 $[a,b]$ 上的一个原函数，则

$$\int_a^b f(x) dx = F(b) - F(a)。$$

证　由定理 5.4 可知，积分上限函数 $\Phi(x) = \int_a^x f(t) dt$ 是 $f(x)$ 的一个原函数，而 $F(x)$ 也是连续函数 $f(x)$ 在区间 $[a,b]$ 上的一个原函数，于是这两个原函数之差 $F(x) - \Phi(x)$ 在 $[a,b]$ 上必是某一个常数 C，即 $F(x) - \Phi(x) = C \ (a \leqslant x \leqslant b)$。

令 $x = a$，得 $F(a) - \Phi(a) = C$，而 $\Phi(a) = \int_a^a f(x) dx = 0$，因此 $C = F(a)$，于是

$$F(x) - \Phi(x) = F(a)。$$

令 $x = b$，得 $F(b) - \Phi(b) = F(a)$，而 $\Phi(b) = \int_a^b f(x) dx$，所以

$$\int_a^b f(x) dx = F(b) - F(a)。$$

为了方便起见，以后把 $F(b) - F(a)$ 记成 $\left[F(x) \right]_a^b$ 或 $F(x) \big|_a^b$，于是有

$$\int_a^b f(x) dx = \left[F(x) \right]_a^b = F(b) - F(a)。$$

这个公式称为**牛顿 - 莱布尼茨公式**，也称为**微积分基本公式**。这个公式进一步揭示了定积分与被积函数的原函数或不定积分之间的联系。它表明：一个连续函数在区间 $[a,b]$ 上的定积分等于它的任一个原函数在区间 $[a,b]$ 上的增量。这就给定积分提供了一个有效而简便的计算方法。

例 4　计算 $\int_0^{\frac{\pi}{2}} \sin x dx$。

解　由于 $-\cos x$ 是 $\sin x$ 的一个原函数，由牛顿 - 莱布尼茨公式有

$$\int_0^{\frac{\pi}{2}} \sin x dx = \left[-\cos x \right]_0^{\frac{\pi}{2}} = -\cos \frac{\pi}{2} + \cos 0 = 1。$$

例 5　计算 $\int_{-1}^{\sqrt{3}} \frac{dx}{1 + x^2}$。

解　由于 $\arctan x$ 是 $\frac{1}{1 + x^2}$ 的一个原函数，所以

$$\int_{-1}^{\sqrt{3}} \frac{dx}{1 + x^2} = \left[\arctan x \right]_{-1}^{\sqrt{3}} = \arctan \sqrt{3} - \arctan(-1)$$

$$= \frac{\pi}{3} - (-\frac{\pi}{4}) = \frac{7}{12}\pi 。$$

例 6　计算余弦曲线 $y = \cos x$ 在 $\left[0, \frac{\pi}{2}\right]$ 上与坐标轴所围成的平面图形的面积 A（如图 5-5 所示）。

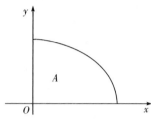

图 5-5

解　由定积分的几何意义知

$$A = \int_0^{\frac{\pi}{2}} \cos x \, dx,$$

由于 $\sin x$ 是 $\cos x$ 的一个原函数，所以

$$A = \int_0^{\frac{\pi}{2}} \cos x \, dx = \left[\sin x\right]_0^{\frac{\pi}{2}} = \sin \frac{\pi}{2} - \sin 0 = 1 。$$

习　题　5.2

1. 求函数 $y = \int_0^x \sin t \, dt$ 在 $x = 0$ 和 $x = \frac{\pi}{4}$ 处的导数。

2. 求由参数方程 $x = \int_0^t \sin u \, du, y = \int_0^t \cos u \, du$ 所确定的函数 y 对 x 的导数。

3. 当 x 为何值时，函数 $F(x) = \int_0^x t e^{-t^2} \, dt$ 有极值？是极大值还是极小值？

4. 设 $f(x)$ 为连续函数，$u(x)$ 与 $v(x)$ 均为可导函数，且可实行复合：$f[u(x)], f[v(x)]$。

   试证明：

   $$\frac{d}{dx} \int_{u(x)}^{v(x)} f(t) \, dt = f[v(x)] v'(x) - f[u(x)] u'(x)。$$

   并用此结论求函数 $F(x) = \int_x^{x^2} t^2 e^{-t} \, dt$ 的导数。

5. 设 $f(x)$ 在 $[a, b]$ 上连续，$F(x) = \int_a^x f(t)(x-t) \, dt$。试证明 $F''(x) = f(x)$。

6. 求下列极限。

   (1) $\displaystyle\lim_{x \to 0} \frac{\int_0^x \cos t^2 \, dt}{x}$；

   (2) $\displaystyle\lim_{x \to 0} \frac{\left(\int_0^{x^2} e^{t^2} \, dt\right)^2}{\int_0^x t e^{2t^2} \, dt}$。

7. 计算 $\int_0^2 f(x) \, dx$，其中 $f(x) = \begin{cases} x + 1, & x \leqslant 1, \\ \dfrac{1}{2} x^2, & x > 1。 \end{cases}$

8.计算下列定积分。

$(1)\int_1^3 x^3 dx$;

$(2)\int_0^1 (3x^2-x+1)dx$;

$(3)\int_1^2 \left(x+\dfrac{1}{x}\right)^2 dx$;

$(4)\int_4^9 \sqrt{x}(1+\sqrt{x})dx$;

$(5)\int_{-e-1}^{-\sqrt{2}} \dfrac{1}{1+x}dx$;

$(6)\int_{-\frac{1}{2}}^{\frac{1}{2}} \dfrac{1}{\sqrt{1-x^2}}dx$;

$(7)\int_1^{\sqrt{3}} \dfrac{1+2x^2}{x^2(1+x^2)}dx$;

$(8)\int_{-1}^0 \dfrac{3x^4+3x^2+1}{1+x^2}dx$;

$(9)\int_0^{\frac{\pi}{4}} \tan^3\theta d\theta$;

$(10)\int_0^{\frac{\pi}{2}} |\sin x-\cos x|dx$。

5.3　定积分的换元法和分部积分法

由上节可知,计算定积分 $\int_a^b f(x)dx$ 的简便方法是把它转化为求 $f(x)$ 的原函数的增量。在第4章中,我们知道用换元积分法和分部积分法可以求出一些函数的原函数,因此,在一定条件下,可以用换元积分法和分部积分法来计算定积分。

5.3.1　定积分的换元法

为了说明如何用换元法来计算定积分,先证明下面的定理。

定理 5.6　假设函数 $f(x)$ 在区间 $[a,b]$ 上连续,函数 $x=\varphi(t)$ 满足条件:

$(1)\varphi(\alpha)=a,\varphi(\beta)=b$;

$(2)x=\varphi(t)$ 在 $[\alpha,\beta]$(或$[\beta,\alpha]$)上具有连续导数,且其值域 $R_\varphi=[a,b]$。

则有

$$\int_a^b f(x)dx=\int_\alpha^\beta f[\varphi(t)]\varphi'(t)dt。$$

此公式叫作**定积分的换元公式**。

证　因为 $f(x)$ 在区间 $[a,b]$ 上连续,所以 $f(x)$ 可积。设 $F(x)$ 是 $f(x)$ 的一个原函数,则由牛顿-莱布尼茨公式,有

$$\int_a^b f(x)dx=F(b)-F(a)。$$

另一方面,记 $\Phi(t)=F[\varphi(t)]$,它是由 $F(x)$ 与 $x=\varphi(t)$ 复合而成的连续函数,且

$$\Phi'(t)=\frac{dF}{dx}\cdot\frac{dx}{dt}=f(x)\cdot\varphi'(t)=f[\varphi(t)]\varphi'(t),$$

这表明 $\Phi(t)=F[\varphi(t)]$ 是 $f[\varphi(t)]\varphi'(t)$ 的一个原函数,由牛顿-莱布尼茨公式,有

$$\int_\alpha^\beta f[\varphi(t)]\varphi'(t)dt=\Phi(\beta)-\Phi(\alpha)。$$

又由 $\Phi(t)=F[\varphi(t)]$ 及 $\varphi(\alpha)=a,\varphi(\beta)=b$ 可知

$$\Phi(\beta) - \Phi(\alpha) = F[\varphi(\beta)] - F[\varphi(\alpha)] = F(b) - F(a),$$

所以

$$\int_a^b f(x)\mathrm{d}x = F(b) - F(a) = \Phi(\beta) - \Phi(\alpha) = \int_\alpha^\beta f[\varphi(t)]\varphi'(t)\mathrm{d}t,$$

即

$$\int_a^b f(x)\mathrm{d}x = \int_\alpha^\beta f[\varphi(t)]\varphi'(t)\mathrm{d}t.$$

应用换元公式时有两点值得注意:

(1) 用 $x = \varphi(t)$ 把原来的变量 x 代换成新变量 t 时,积分限也要换成相应于新变量 t 的积分限;

(2) 求出 $f[\varphi(t)]\varphi'(t)$ 的一个原函数 $\Phi(t)$ 后,不必像计算不定积分那样再把 $\Phi(t)$ 变成原来变量 x 的函数,而只要把新变量 t 的上下限分别代入 $\Phi(t)$ 中,然后相减即可。

例 1　计算 $\int_0^a \sqrt{a^2 - x^2}\mathrm{d}x \ (a > 0)$。

解　设 $x = a\sin t$,则 $\mathrm{d}x = a\cos t\mathrm{d}t$,当 $x = 0$ 时,$t = 0$;当 $x = a$ 时,$t = \dfrac{\pi}{2}$。于是

$$\int_0^a \sqrt{a^2 - x^2}\mathrm{d}x = a^2 \int_0^{\frac{\pi}{2}} \cos^2 t\mathrm{d}t = \frac{a^2}{2} \int_0^{\frac{\pi}{2}} (1 + \cos 2t)\mathrm{d}t$$

$$= \frac{a^2}{2}\left[t + \frac{1}{2}\sin 2t\right]_0^{\frac{\pi}{2}} = \frac{\pi a^2}{4}.$$

换元公式也可反过来使用,为方便使用起见,把积分公式左右两边对调位置,同时把 t 改记为 x,而把 x 改记为 t,得

$$\int_a^b f[\varphi(x)]\varphi'(x)\mathrm{d}x = \int_\alpha^\beta f(t)\mathrm{d}t,$$

这样,我们可用 $t = \varphi(x)$ 来引入新变量 t,而 $\alpha = \varphi(a)$,$\beta = \varphi(b)$。

例 2　计算 $\int_0^{\frac{\pi}{2}} \cos^5 x \sin x\mathrm{d}x$。

解　设 $t = \cos x$,则 $\mathrm{d}t = -\sin x\mathrm{d}x$,且当 $x = 0$ 时,$t = 1$;当 $x = \dfrac{\pi}{2}$ 时,$t = 0$。于是

$$\int_0^{\frac{\pi}{2}} \cos^5 x \sin x\mathrm{d}x = -\int_1^0 t^5\mathrm{d}t = \int_0^1 t^5\mathrm{d}t = \left[\frac{t^6}{6}\right]_0^1 = \frac{1}{6}.$$

在计算熟练的情况下,可以不用写出新变量 t 的代换过程,那么定积分的上、下限就不需要变更。如例 2 可按如下过程计算:

$$\int_0^{\frac{\pi}{2}} \cos^5 x \sin x\mathrm{d}x = -\int_0^{\frac{\pi}{2}} \cos^5 x\mathrm{d}(\cos x) = -\left[\frac{\cos^6 x}{6}\right]_0^{\frac{\pi}{2}} = \frac{1}{6}.$$

例 3　计算 $\int_0^\pi \sqrt{\sin^3 x - \sin^5 x}\mathrm{d}x$。

解　由于

$$\sqrt{\sin^3 x - \sin^5 x} = \sqrt{\sin^3 x(1 - \sin^2 x)} = \sin^{\frac{3}{2}} x \cdot |\cos x|,$$

在 $\left[0,\dfrac{\pi}{2}\right]$ 上,$|\cos x| = \cos x$;在 $\left[\dfrac{\pi}{2},\pi\right]$ 上,$|\cos x| = -\cos x$,所以

$$\int_0^\pi \sqrt{\sin^3 x - \sin^5 x}\,\mathrm{d}x = \int_0^{\frac{\pi}{2}} \sin^{\frac{3}{2}} x \cos x\,\mathrm{d}x + \int_{\frac{\pi}{2}}^\pi \sin^{\frac{3}{2}} x(-\cos x)\,\mathrm{d}x$$

$$= \int_0^{\frac{\pi}{2}} \sin^{\frac{3}{2}} x\,\mathrm{d}(\sin x) - \int_{\frac{\pi}{2}}^\pi \sin^{\frac{3}{2}} x\,\mathrm{d}(\sin x)$$

$$= \left[\frac{2}{5}\sin^{\frac{5}{2}} x\right]_0^{\frac{\pi}{2}} - \left[\frac{2}{5}\sin^{\frac{5}{2}} x\right]_{\frac{\pi}{2}}^\pi$$

$$= \frac{4}{5}.$$

例 4   计算 $\displaystyle\int_0^4 \frac{x+2}{\sqrt{2x+1}}\,\mathrm{d}x$。

解   设 $\sqrt{2x+1} = t$,则 $x = \dfrac{t^2-1}{2}$,$\mathrm{d}x = t\,\mathrm{d}t$,且当 $x = 0$ 时,$t = 1$;当 $x = 4$ 时,$t = 3$。
于是

$$\int_0^4 \frac{x+2}{\sqrt{2x+1}}\,\mathrm{d}x = \int_1^3 \frac{\dfrac{t^2-1}{2}+2}{t}\,t\,\mathrm{d}t = \frac{1}{2}\int_1^3 (t^2+3)\,\mathrm{d}t$$

$$= \frac{1}{2}\left[\frac{t^3}{3}+3t\right]_1^3 = \frac{1}{2}\left[\left(\frac{27}{3}+9\right)-\left(\frac{1}{3}+3\right)\right]$$

$$= \frac{22}{3}.$$

例 5   证明:

(1) 若 $f(x)$ 在 $[-a,a]$ 上连续且为偶函数,则 $\displaystyle\int_{-a}^a f(x)\,\mathrm{d}x = 2\int_0^a f(x)\,\mathrm{d}x$。

(2) 若 $f(x)$ 在 $[-a,a]$ 上连续且为奇函数,则 $\displaystyle\int_{-a}^a f(x)\,\mathrm{d}x = 0$。

证   因为

$$\int_{-a}^a f(x)\,\mathrm{d}x = \int_{-a}^0 f(x)\,\mathrm{d}x + \int_0^a f(x)\,\mathrm{d}x,$$

对积分 $\displaystyle\int_{-a}^0 f(x)\,\mathrm{d}x$ 作代换 $x = -t$,则得

$$\int_{-a}^0 f(x)\,\mathrm{d}x = -\int_a^0 f(-t)\,\mathrm{d}t = \int_0^a f(-t)\,\mathrm{d}t = \int_0^a f(-x)\,\mathrm{d}x,$$

于是

$$\int_{-a}^a f(x)\,\mathrm{d}x = \int_0^a f(-x)\,\mathrm{d}x + \int_0^a f(x)\,\mathrm{d}x = \int_0^a [f(x)+f(-x)]\,\mathrm{d}x.$$

(1) 若 $f(x)$ 为偶函数,则 $f(x)+f(-x) = 2f(x)$,于是

$$\int_{-a}^a f(x)\,\mathrm{d}x = 2\int_0^a f(x)\,\mathrm{d}x;$$

(2) 若 $f(x)$ 为奇函数,则 $f(x) + f(-x) = 0$,于是

$$\int_{-a}^{a} f(x)\mathrm{d}x = 0。$$

例 6 若 $f(x)$ 在 $[0,1]$ 上连续,证明:

(1) $\int_{0}^{\frac{\pi}{2}} f(\sin x)\mathrm{d}x = \int_{0}^{\frac{\pi}{2}} f(\cos x)\mathrm{d}x$。

(2) $\int_{0}^{\pi} x f(\sin x)\mathrm{d}x = \dfrac{\pi}{2}\int_{0}^{\pi} f(\sin x)\mathrm{d}x$。由此计算 $\int_{0}^{\pi} \dfrac{x\sin x}{1+\cos^2 x}\mathrm{d}x$。

证 (1) 设 $x = \dfrac{\pi}{2} - t$,则 $\mathrm{d}x = -\mathrm{d}t$,且当 $x = 0$ 时,$t = \dfrac{\pi}{2}$;当 $x = \dfrac{\pi}{2}$ 时,$t = 0$。于是

$$\int_{0}^{\frac{\pi}{2}} f(\sin x)\mathrm{d}x = -\int_{\frac{\pi}{2}}^{0} f\left[\sin\left(\frac{\pi}{2} - t\right)\right]\mathrm{d}t = \int_{0}^{\frac{\pi}{2}} f(\cos t)\mathrm{d}t = \int_{0}^{\frac{\pi}{2}} f(\cos x)\mathrm{d}x。$$

(2) 设 $x = \pi - t$,则 $\mathrm{d}x = -\mathrm{d}t$,且当 $x = 0$ 时,$t = \pi$;当 $x = \pi$ 时,$t = 0$。于是

$$\begin{aligned}
\int_{0}^{\pi} x f(\sin x)\mathrm{d}x &= -\int_{\pi}^{0} (\pi - t) f[\sin(\pi - t)]\mathrm{d}t \\
&= \int_{0}^{\pi} (\pi - t) f(\sin t)\mathrm{d}t = \pi\int_{0}^{\pi} f(\sin t)\mathrm{d}t - \int_{0}^{\pi} t f(\sin t)\mathrm{d}t \\
&= \pi\int_{0}^{\pi} f(\sin x)\mathrm{d}x - \int_{0}^{\pi} x f(\sin x)\mathrm{d}x,
\end{aligned}$$

所以

$$\int_{0}^{\pi} x f(\sin x)\mathrm{d}x = \frac{\pi}{2}\int_{0}^{\pi} f(\sin x)\mathrm{d}x。$$

利用上述结论,即得

$$\begin{aligned}
\int_{0}^{\pi} \frac{x\sin x}{1+\cos^2 x}\mathrm{d}x &= \frac{\pi}{2}\int_{0}^{\pi} \frac{\sin x}{1+\cos^2 x}\mathrm{d}x = -\frac{\pi}{2}\int_{0}^{\pi} \frac{\mathrm{d}(\cos x)}{1+\cos^2 x} \\
&= -\frac{\pi}{2}\left[\arctan(\cos x)\right]_{0}^{\pi} \\
&= -\frac{\pi}{2}\left(-\frac{\pi}{4} - \frac{\pi}{4}\right) = \frac{\pi^2}{4}。
\end{aligned}$$

例 7 设 $f(x)$ 是连续的周期函数,周期为 T,证明:

(1) $\int_{a}^{a+T} f(x)\mathrm{d}x = \int_{0}^{T} f(x)\mathrm{d}x$;

(2) $\int_{a}^{a+nT} f(x)\mathrm{d}x = n\int_{0}^{T} f(x)\mathrm{d}x\ (n \in \mathbf{N})$。由此计算 $\int_{0}^{n\pi} \sqrt{1+\sin 2x}\,\mathrm{d}x$。

证 (1) 因为

$$\int_{a}^{a+T} f(x)\mathrm{d}x = \int_{a}^{0} f(x)\mathrm{d}x + \int_{0}^{T} f(x)\mathrm{d}x + \int_{T}^{a+T} f(x)\mathrm{d}x,$$

设 $x = t + T$ 以及 $f(x+T) = f(x)$,所以

$$\int_{T}^{a+T} f(x)\mathrm{d}x = \int_{0}^{a} f(t+T)\mathrm{d}(t+T) = \int_{0}^{a} f(t+T)\mathrm{d}t$$

$$= \int_0^a f(t)\mathrm{d}t = \int_0^a f(x)\mathrm{d}x,$$

因此
$$\int_a^{a+T} f(x)\mathrm{d}x = \int_0^T f(x)\mathrm{d}x。$$

$(2)\ \int_a^{a+nT} f(x)\mathrm{d}x = \sum_{k=0}^{n-1}\int_{a+kT}^{a+kT+T} f(x)\mathrm{d}x,$ 由 (1) 知

$$\int_{a+(n-1)T}^{[a+(n-1)+T]} f(x)\mathrm{d}x = \int_{a+(n-2)T}^{[a+(n-2)T]+T} f(x)\mathrm{d}x = \cdots = \int_a^{a+T} f(x)\mathrm{d}x = \int_0^T f(x)\mathrm{d}x,$$

故
$$\int_a^{a+nT} f(x)\mathrm{d}x = n\int_0^T f(x)\mathrm{d}x。$$

由于 $\sqrt{1+\sin 2x}$ 是以 π 为周期的周期函数，利用上述结论，有

$$\int_0^{n\pi}\sqrt{1+\sin 2x}\,\mathrm{d}x = n\int_0^\pi\sqrt{1+\sin 2x}\,\mathrm{d}x = n\int_0^\pi |\sin x + \cos x|\,\mathrm{d}x$$

$$= \sqrt2 n\int_0^\pi \left|\sin\left(x+\frac\pi4\right)\right|\mathrm{d}x = \sqrt2 n\int_{\frac\pi4}^{\frac{5\pi}4} |\sin t|\,\mathrm{d}t$$

$$= \sqrt2 n\int_0^\pi |\sin t|\,\mathrm{d}t = \sqrt2 n\int_0^\pi \sin t\,\mathrm{d}t$$

$$= 2\sqrt2 n。$$

5.3.2 定积分的分部积分法

定理 5.7 若 $u(x),v(x)$ 是 $[a,b]$ 上具有连续导数的函数，则
$$\int_a^b u(x)v'(x)\mathrm{d}x = [u(x)v(x)]_a^b - \int_a^b u'(x)v(x)\mathrm{d}x。$$

证 因为 $u(x)v(x)$ 是 $u(x)v'(x)+u'(x)v(x)$ 在区间 $[a,b]$ 上的一个原函数，所以
$$\int_a^b [u(x)v'(x)+u'(x)v(x)]\mathrm{d}x = [u(x)v(x)]_a^b,$$

即
$$\int_a^b u(x)v'(x)\mathrm{d}x = [u(x)v(x)]_a^b - \int_a^b u'(x)v(x)\mathrm{d}x。$$

此公式称为定积分的**分部积分公式**，简记为
$$\int_a^b uv'\mathrm{d}x = [uv]_a^b - \int_a^b u'v\,\mathrm{d}x\ \text{或}\ \int_a^b u\,\mathrm{d}v = [uv]_a^b - \int_a^b v\,\mathrm{d}u。$$

例 8 计算 $\int_0^1 x\mathrm{e}^x\mathrm{d}x$。

解 $\int_0^1 x\mathrm{e}^x\mathrm{d}x = \int_0^1 x\mathrm{d}(\mathrm{e}^x) = [x\mathrm{e}^x]_0^1 - \int_0^1 \mathrm{e}^x\mathrm{d}x = \mathrm{e} - [\mathrm{e}^x]_0^1 = \mathrm{e} - \mathrm{e} + 1 = 1。$

例 9 计算 $I_n = \int_0^{\frac\pi2}\sin^n x\,\mathrm{d}x\ (n\in \mathbf{N}^+)$。

证 $I_n = \int_0^{\frac\pi2}\sin^n x\,\mathrm{d}x = \int_0^{\frac\pi2}\sin^{n-1}x\sin x\,\mathrm{d}x = -\int_0^{\frac\pi2}\sin^{n-1}x\,\mathrm{d}(\cos x)$

$$= -\left[\cos x \sin^{n-1} x\right]_0^{\frac{\pi}{2}} + \int_0^{\frac{\pi}{2}} \cos x \, d(\sin^{n-1} x)$$

$$= 0 + (n-1)\int_0^{\frac{\pi}{2}} \sin^{n-2} x \cos^2 x \, dx$$

$$= (n-1)\int_0^{\frac{\pi}{2}} (1 - \sin^2 x) \sin^{n-2} x \, dx$$

$$= (n-1)\int_0^{\frac{\pi}{2}} \sin^{n-2} x \, dx - (n-1)\int_0^{\frac{\pi}{2}} \sin^n x \, dx$$

$$= (n-1)I_{n-2} - (n-1)I_n \text{。}$$

把上式看作以 I_n 为未知量的方程,解之得

$$I_n = \frac{n-1}{n} I_{n-2} \text{。}$$

这个等式叫作积分 I_n 关于下标的递推公式。如果把 n 换成 $n-2$,则得

$$I_{n-2} = \frac{n-3}{n-2} I_{n-4} \text{。}$$

同样地依次进行下去,直到 I_n 的下标递减到 0 或 1 为止,于是,

$$I_{2m} = \frac{2m-1}{2m} \cdot \frac{2m-3}{2m-2} \cdot \cdots \cdot \frac{5}{6} \cdot \frac{3}{4} \cdot \frac{1}{2} I_0,$$

$$I_{2m+1} = \frac{2m}{2m+1} \cdot \frac{2m-2}{2m-1} \cdot \cdots \cdot \frac{6}{7} \cdot \frac{4}{5} \cdot \frac{2}{3} I_1 \ (m=1,2,\cdots),$$

而

$$I_0 = \int_0^{\frac{\pi}{2}} dx = \frac{\pi}{2}, \quad I_1 = \int_0^{\frac{\pi}{2}} \sin x \, dx = 1,$$

因此

$$I_{2m} = \frac{2m-1}{2m} \cdot \frac{2m-3}{2m-2} \cdot \cdots \cdot \frac{5}{6} \cdot \frac{3}{4} \cdot \frac{1}{2} \cdot \frac{\pi}{2},$$

$$I_{2m+1} = \frac{2m}{2m+1} \cdot \frac{2m-2}{2m-1} \cdot \cdots \cdot \frac{6}{7} \cdot \frac{4}{5} \cdot \frac{2}{3} \cdot 1 \ (m=1,2,\cdots) \text{。}$$

令 $x = \frac{\pi}{2} - t$,有

$$\int_0^{\frac{\pi}{2}} \cos^n x \, dx = -\int_{\frac{\pi}{2}}^0 \cos^n \left(\frac{\pi}{2} - t\right) dt = \int_0^{\frac{\pi}{2}} \sin^n x \, dx \text{。}$$

因此定积分 $\int_0^{\frac{\pi}{2}} \cos^n x \, dx$ 与 $\int_0^{\frac{\pi}{2}} \sin^n x \, dx$ 相等。

5.3.3　特殊类型函数定积分的计算

由前面内容可知,有理函数的不定积分可转化为多项式和某些简单真分式的不定积分。利用牛顿-莱布尼茨公式,可完全类似地将有理函数的定积分转化为多项式和某些简单真分式的定积分。

例 10　求 $\int_2^3 \frac{x^5 + x^4 - 8}{x^3 - x} dx$。

解 由于

$$\frac{x^5 + x^4 - 8}{x^3 - x} = x^2 + x + 1 + \frac{8}{x} - \frac{4}{x+1} - \frac{3}{x-1},$$

故

$$\int_2^3 \frac{x^5 + x^4 - 8}{x^3 - x} \mathrm{d}x = \int_2^3 \left(x^2 + x + 1 + \frac{8}{x} - \frac{4}{x+1} - \frac{3}{x-1} \right) \mathrm{d}x$$

$$= \left(\frac{1}{3}x^3 + \frac{1}{2}x^2 + x + 8\ln|x| - 4\ln|x+1| - 3\ln|x-1| \right) \Big|_2^3$$

$$= 9\frac{5}{6} + 12\ln 3 - 19\ln 2.$$

例 11 求 $\int_1^{\sqrt{3}} \frac{\mathrm{d}x}{(x^2+1)(x^2+x)}$。

解 由于

$$\frac{1}{(x^2+1)(x^2+x)} = \frac{1}{x} - \frac{\frac{1}{2}}{x+1} - \frac{\frac{1}{2}x + \frac{1}{2}}{x^2+1},$$

从而

$$\int_1^{\sqrt{3}} \frac{\mathrm{d}x}{(x^2+1)(x^2+x)} = \int_1^{\sqrt{3}} \left(\frac{1}{x} - \frac{\frac{1}{2}}{x+1} - \frac{\frac{1}{2}x}{x^2+1} - \frac{\frac{1}{2}}{x^2+1} \right) \mathrm{d}x$$

$$= \left[\ln|x| - \frac{1}{2}\ln|x+1| - \frac{1}{4}\ln(x^2+1) - \frac{1}{2}\arctan x \right] \Big|_1^{\sqrt{3}}$$

$$= \frac{1}{2}\ln 3 - \frac{1}{2}\ln(\sqrt{3}+1) + \frac{1}{4}\ln 2 - \frac{\pi}{24}.$$

有些定积分的被积函数虽不属于有理函数,但通过作变换,可转化为有理函数的定积分。

例 12 求 $\int_1^2 \frac{\sqrt{x-1}}{x} \mathrm{d}x$。

解 为了去掉根号,令 $\sqrt{x-1} = t$,则 $x = t^2 + 1$,且 $x \in [1,2]$时,$t \in [0,1]$,从而

$$\int_1^2 \frac{\sqrt{x-1}}{x} \mathrm{d}x = \int_0^1 \frac{t}{t^2+1} \cdot 2t\mathrm{d}t = 2\int_0^1 \left(1 - \frac{1}{1+t^2} \right) \mathrm{d}t$$

$$= 2(t - \arctan t) \Big|_0^1 = 2\left(1 - \frac{\pi}{4} \right) = 2 - \frac{\pi}{2}.$$

例 13 求 $\int_{\frac{\pi}{3}}^{\frac{\pi}{2}} \frac{1 + \sin x}{\sin x(1 + \cos x)} \mathrm{d}x$。

解 这是关于 $\sin x, \cos x$ 的有理函数定积分,利用万能代换,即令 $t = \tan\frac{x}{2}$,则

$$\frac{1+\sin x}{\sin x(1+\cos x)} = \frac{1+\dfrac{2t}{1+t^2}}{\dfrac{2t}{1+t^2}\left(1+\dfrac{1-t^2}{1+t^2}\right)} = \frac{(1+2t+t^2)(1+t^2)}{4t},$$

$$\mathrm{d}x = \frac{2}{1+t^2}\mathrm{d}t,$$

且 $x \in \left[\dfrac{\pi}{3}, \dfrac{\pi}{2}\right]$ 时, $t \in \left[\dfrac{1}{\sqrt{3}}, 1\right]$, 从而

$$\int_{\frac{\pi}{3}}^{\frac{\pi}{2}} \frac{1+\sin x}{\sin x(1+\cos x)}\mathrm{d}x = \int_{\frac{1}{\sqrt{3}}}^{1} \frac{(1+2t+t^2)(1+t^2)}{4t} \cdot \frac{2}{1+t^2}\mathrm{d}t = \frac{1}{2}\int_{\frac{1}{\sqrt{3}}}^{1}\left(\frac{1}{t}+2+t\right)\mathrm{d}t$$

$$= \frac{1}{2}\left(\ln t+2t+\frac{1}{2}t^2\right)\bigg|_{\frac{1}{\sqrt{3}}}^{1} = \frac{7-2\sqrt{3}}{6}+\frac{1}{4}\ln 3。$$

习   题   5.3

1. 计算下列定积分。

(1) $\displaystyle\int_0^1 (2x+3)\mathrm{d}x$；

(2) $\displaystyle\int_0^1 \frac{1-x^2}{1+x^2}\mathrm{d}x$；

(3) $\displaystyle\int_e^{e^2} \frac{1}{x\ln x}\mathrm{d}x$；

(4) $\displaystyle\int_0^1 \frac{\mathrm{e}^x-\mathrm{e}^{-x}}{2}\mathrm{d}x$；

(5) $\displaystyle\int_0^{\frac{\pi}{3}} \tan^2 x\mathrm{d}x$；

(6) $\displaystyle\int_4^9 \left(\sqrt{x}+\frac{1}{\sqrt{x}}\right)\mathrm{d}x$；

(7) $\displaystyle\int_0^4 \frac{\mathrm{d}x}{1+\sqrt{x}}$；

(8) $\displaystyle\int_{\frac{1}{e}}^{e} \frac{(\ln x)^2}{x}\mathrm{d}x$；

(9) $\displaystyle\int_0^{\frac{\pi}{2}} \cos^5 x\sin 2x\mathrm{d}x$；

(10) $\displaystyle\int_0^1 \sqrt{4-x^2}\mathrm{d}x$；

(11) $\displaystyle\int_0^a x^2\sqrt{a^2-x^2}\mathrm{d}x \;(a>0)$；

(12) $\displaystyle\int_0^1 \frac{\mathrm{d}x}{(x^2-x+1)^{\frac{3}{2}}}$；

(13) $\displaystyle\int_0^1 \frac{\mathrm{d}x}{\mathrm{e}^x+\mathrm{e}^{-x}}$；

(14) $\displaystyle\int_0^{\frac{\pi}{2}} \frac{\cos x}{1+\sin^2 x}\mathrm{d}x$；

(15) $\displaystyle\int_0^1 \arcsin x\mathrm{d}x$；

(16) $\displaystyle\int_0^{\frac{\pi}{2}} \mathrm{e}^x\sin x\mathrm{d}x$；

(17) $\displaystyle\int_{\frac{1}{e}}^{e} |\ln x|\mathrm{d}x$；

(18) $\displaystyle\int_0^1 \mathrm{e}^{\sqrt{x}}\mathrm{d}x$；

(19) $\displaystyle\int_0^a x^2\sqrt{\frac{a-x}{a+x}}\mathrm{d}x \;(a>0)$；

(20) $\displaystyle\int_0^{\frac{\pi}{2}} \frac{\cos\theta}{\sin\theta+\cos\theta}\mathrm{d}\theta。$

2. 设函数 $f(x)$ 在 $[a,b]$ 上连续, 且 $\displaystyle\int_a^b f(x)\mathrm{d}x = 1$, 求 $\displaystyle\int_a^b f(a+b-x)\mathrm{d}x$。

3. 证明: $\displaystyle\int_x^1 \frac{\mathrm{d}t}{1+t^2} = \int_1^{\frac{1}{x}} \frac{\mathrm{d}t}{1+t^2} \;(x>0)。$

4. 若 $f(t)$ 是连续的奇函数,证明 $\int_0^x f(t)\mathrm{d}t$ 是偶函数;若 $f(t)$ 是连续的偶函数,证明 $\int_0^x f(t)\mathrm{d}t$ 是奇函数。

5.4 反常积分

前面所讨论的定积分要同时满足两个条件:其一,积分区间为有限闭区间;其二,被积函数是此区间上的连续(有界)函数。但在实际问题中,我们常常遇到积分区间为无穷区间,或者被积函数为无界函数的积分。因此有必要在这两方面推广定积分的概念,从而形成**反常积分**的概念。

5.4.1 无穷限的反常积分

定义 5.2　设函数 $f(x)$ 在区间 $[a,+\infty)$ 上连续,取 $t>a$,如果极限

$$\lim_{t\to+\infty}\int_a^t f(x)\mathrm{d}x$$

存在,则称此极限为函数 $f(x)$ 在无穷区间 $[a,+\infty)$ 上的**反常积分**,记作 $\int_a^{+\infty} f(x)\mathrm{d}x$,即

$$\int_a^{+\infty} f(x)\mathrm{d}x = \lim_{t\to+\infty}\int_a^t f(x)\mathrm{d}x,$$

这时也称**反常积分** $\int_a^{+\infty} f(x)\mathrm{d}x$ **收敛**;如果 $\lim\limits_{t\to+\infty}\int_a^t f(x)\mathrm{d}x$ 不存在,则函数 $f(x)$ 在无穷区间 $[a,+\infty)$ 上的反常积分 $\int_a^{+\infty} f(x)\mathrm{d}x$ 就没有意义,习惯上称**反常积分** $\int_a^{+\infty} f(x)\mathrm{d}x$ **发散**,这时记号 $\int_a^{+\infty} f(x)\mathrm{d}x$ 不再表示数值。

类似地,可以定义函数在 $(-\infty,b]$ 上的反常积分。

定义 5.3　设函数 $f(x)$ 在区间 $(-\infty,b]$ 上连续,取 $t<b$,如果极限

$$\lim_{t\to-\infty}\int_t^b f(x)\mathrm{d}x$$

存在,则称此极限为函数 $f(x)$ 在无穷区间 $(-\infty,b]$ 上的反常积分,记作 $\int_{-\infty}^b f(x)\mathrm{d}x$,即

$$\int_{-\infty}^b f(x)\mathrm{d}x = \lim_{t\to-\infty}\int_t^b f(x)\mathrm{d}x,$$

这时也称反常积分 $\int_{-\infty}^b f(x)\mathrm{d}x$ 收敛;如果 $\lim\limits_{t\to-\infty}\int_t^b f(x)\mathrm{d}x$ 不存在,则称反常积分 $\int_{-\infty}^b f(x)\mathrm{d}x$ 发散。

定义 5.4　设函数 $f(x)$ 在区间 $(-\infty,+\infty)$ 内连续,如果反常积分

$$\int_0^{+\infty} f(x)\mathrm{d}x \text{ 和 } \int_{-\infty}^0 f(x)\mathrm{d}x$$

都收敛,则称上述两个反常积分的和为函数 $f(x)$ 在无穷区间 $(-\infty,+\infty)$ 内的反常积分,

记作 $\displaystyle\int_{-\infty}^{+\infty} f(x)\mathrm{d}x$，即

$$\int_{-\infty}^{+\infty} f(x)\mathrm{d}x = \int_{-\infty}^{0} f(x)\mathrm{d}x + \int_{0}^{+\infty} f(x)\mathrm{d}x = \lim_{t\to-\infty}\int_{t}^{0} f(x)\mathrm{d}x + \lim_{t\to+\infty}\int_{0}^{t} f(x)\mathrm{d}x,$$

这时也称反常积分 $\displaystyle\int_{-\infty}^{+\infty} f(x)\mathrm{d}x$ 收敛；否则就称反常积分 $\displaystyle\int_{-\infty}^{+\infty} f(x)\mathrm{d}x$ 发散。

上述反常积分统称为**无穷限的反常积分**。

由上述定义及牛顿-莱布尼茨公式,可得如下结果:

设 $F(x)$ 为 $f(x)$ 在 $[a,+\infty)$ 上的一个原函数,若 $\lim\limits_{x\to+\infty} F(x)$ 存在,则有反常积分

$$\int_{a}^{+\infty} f(x)\mathrm{d}x = \lim_{x\to+\infty} F(x) - F(a);$$

若 $\lim\limits_{x\to+\infty} F(x)$ 不存在,则反常积分 $\displaystyle\int_{a}^{+\infty} f(x)\mathrm{d}x$ 发散。

如果记 $F(+\infty) = \lim\limits_{x\to+\infty} F(x)$，$[F(x)]_{a}^{+\infty} = F(+\infty) - F(a)$，则当 $F(+\infty)$ 存在时,

$$\int_{a}^{+\infty} f(x)\mathrm{d}x = [F(x)]_{a}^{+\infty};$$

当 $F(+\infty)$ 不存在时,反常积分 $\displaystyle\int_{a}^{+\infty} f(x)\mathrm{d}x$ 发散。

类似地,若在 $(-\infty,b]$ 上,$F'(x) = f(x)$,则当 $F(-\infty)$ 存在时,

$$\int_{-\infty}^{b} f(x)\mathrm{d}x = [F(x)]_{-\infty}^{b};$$

当 $F(-\infty)$ 不存在时,反常积分 $\displaystyle\int_{-\infty}^{b} f(x)\mathrm{d}x$ 发散。

若在 $(-\infty,+\infty)$ 内,$F'(x) = f(x)$,则当 $F(-\infty)$ 与 $F(+\infty)$ 都存在时,有

$$\int_{-\infty}^{+\infty} f(x)\mathrm{d}x = [F(x)]_{-\infty}^{+\infty};$$

当 $F(-\infty)$ 与 $F(+\infty)$ 有一个不存在时,反常积分 $\displaystyle\int_{-\infty}^{+\infty} f(x)\mathrm{d}x$ 发散。

例 1　计算反常积分 $\displaystyle\int_{-\infty}^{+\infty} \frac{\mathrm{d}x}{1+x^2}$。

解　$\displaystyle\int_{-\infty}^{+\infty} \frac{\mathrm{d}x}{1+x^2} = [\arctan x]_{-\infty}^{+\infty} = \lim_{x\to+\infty}\arctan x - \lim_{x\to-\infty}\arctan x = \frac{\pi}{2} - \left(-\frac{\pi}{2}\right) = \pi$。

这个反常积分值的几何意义是:位于曲线 $y = \dfrac{1}{1+x^2}$ 的下方、x 轴上方的图形的面积。

例 2　计算反常积分 $\displaystyle\int_{e}^{+\infty} \frac{\mathrm{d}x}{x\ln x}$。

解　因为

$$\int_{e}^{+\infty} \frac{\mathrm{d}x}{x\ln x} = \int_{e}^{+\infty} \frac{\mathrm{d}(\ln x)}{\ln x} = [\ln(\ln x)]_{e}^{+\infty} = +\infty,$$

所以,反常积分 $\displaystyle\int_e^{+\infty}\dfrac{\mathrm{d}x}{x\ln x}$ 发散。

例 3 证明反常积分 $\displaystyle\int_1^{+\infty}\dfrac{1}{x^p}\mathrm{d}x$ 在 $p>1$ 时收敛,在 $p\leqslant 1$ 时发散。

证 当 $p=1$ 时,有

$$\int_1^{+\infty}\frac{1}{x}\mathrm{d}x=\lim_{b\to+\infty}[\ln x]_1^b=+\infty;$$

当 $p\neq 1$ 时,有

$$\int_1^{+\infty}\frac{1}{x^p}\mathrm{d}x=\lim_{b\to+\infty}\int_1^b\frac{1}{x^p}\mathrm{d}x=\frac{1}{1-p}\lim_{b\to+\infty}[x^{1-p}]_1^b$$

$$=\frac{1}{1-p}\lim_{b\to+\infty}(b^{1-p}-1)=\begin{cases}\dfrac{1}{p-1},&p>1,\\[2mm]+\infty,&p<1.\end{cases}$$

综上所述,反常积分 $\displaystyle\int_1^{+\infty}\dfrac{1}{x^p}\mathrm{d}x$ 在 $p>1$ 时收敛,在 $p\leqslant 1$ 时发散。

5.4.2 无界函数的反常积分

如果函数 $f(x)$ 在点 a 的任一邻域内都无界,那么点 a 称为函数 $f(x)$ 的**瑕点**(也称为**无界间断点**)。无界函数的反常积分又称为**瑕积分**。

定义 5.5 设函数 $f(x)$ 在区间 $(a,b]$ 上连续,且 $\lim\limits_{x\to a^+}f(x)=\infty$,取 $t>a$,如果极限

$$\lim_{t\to a^+}\int_t^b f(x)\mathrm{d}x$$

存在,则称此极限为函数 $f(x)$ 在 $(a,b]$ 上的反常积分,记作 $\displaystyle\int_a^b f(x)\mathrm{d}x$,即

$$\int_a^b f(x)\mathrm{d}x=\lim_{t\to a^+}\int_t^b f(x)\mathrm{d}x,$$

这时也称反常积分 $\displaystyle\int_a^b f(x)\mathrm{d}x$ 收敛。如果上述极限不存在,则称反常积分 $\displaystyle\int_a^b f(x)\mathrm{d}x$ 发散。

定义 5.6 设函数 $f(x)$ 在区间 $[a,b)$ 上连续,且 $\lim\limits_{x\to b^-}f(x)=\infty$,取 $t<b$,如果极限

$$\lim_{t\to b^-}\int_a^t f(x)\mathrm{d}x$$

存在,则定义

$$\int_a^b f(x)\mathrm{d}x=\lim_{t\to b^-}\int_a^t f(x)\mathrm{d}x,$$

这时也称反常积分 $\displaystyle\int_a^b f(x)\mathrm{d}x$ 收敛。如果上述极限不存在,则称反常积分 $\displaystyle\int_a^b f(x)\mathrm{d}x$ 发散。

定义 5.7 设函数 $f(x)$ 在区间 $[a,b]$ 上除点 $c(a<c<b)$ 外连续,点 c 为 $f(x)$ 的瑕点,如果两个反常积分

$$\int_a^c f(x)\mathrm{d}x \text{ 与 } \int_c^b f(x)\mathrm{d}x$$

都收敛,则定义

$$\int_a^b f(x)\mathrm{d}x = \int_a^c f(x)\mathrm{d}x + \int_c^b f(x)\mathrm{d}x = \lim_{t\to c^-}\int_a^t f(x)\mathrm{d}x + \lim_{t\to c^+}\int_t^b f(x)\mathrm{d}x,$$

否则,就称反常积分 $\int_a^b f(x)\mathrm{d}x$ 发散。

计算无界函数的反常积分时,为了书写的方便,常常略去极限符号,形式上则直接借助牛顿 - 莱布尼茨公式的计算公式。

设 $F(x)$ 为 $f(x)$ 在除去瑕点的区间上的一个原函数。

(1) 仅 a 为瑕点时,有

$$\int_a^b f(x)\mathrm{d}x = \left[F(x)\right]_a^b = F(b) - \lim_{x\to a^+}F(x) = F(b) - F(a^+);$$

(2) 仅 b 为瑕点时,有

$$\int_a^b f(x)\mathrm{d}x = \left[F(x)\right]_a^b = \lim_{x\to b^-}F(x) - F(a) = F(b^-) - F(a)。$$

例 4　计算反常积分 $\int_0^a \dfrac{\mathrm{d}x}{\sqrt{a^2 - x^2}}\ (a > 0)$。

解　因为 $\lim\limits_{x\to a^-}\dfrac{1}{\sqrt{a^2 - x^2}} = +\infty$,所以点 a 是瑕点,于是

$$\int_0^a \frac{\mathrm{d}x}{\sqrt{a^2 - x^2}} = \left[\arcsin\frac{x}{a}\right]_0^a = \lim_{x\to a^-}\arcsin\frac{x}{a} - 0 = \frac{\pi}{2}。$$

这个反常积分值的几何意义是:位于曲线 $y = \dfrac{1}{\sqrt{a^2 - x^2}}$ 之下、x 轴之上、直线 $x = 0$ 与 $x = a$ 之间的图形的面积。

例 5　讨论反常积分 $\int_{-1}^1 \dfrac{\mathrm{d}x}{x^2}$ 的敛散性。

解　$f(x) = \dfrac{1}{x^2}$ 在 $[-1,1]$ 上除 $x = 0$ 外连续,且 $\lim\limits_{x\to 0}\dfrac{1}{x^2} = \infty$,所以 $x = 0$ 是唯一瑕点。

由于

$$\int_{-1}^0 \frac{\mathrm{d}x}{x^2} = \left[-\frac{1}{x}\right]_{-1}^0 = \lim_{x\to 0^-}\left(-\frac{1}{x}\right) - 1 = +\infty,$$

即反常积分 $\int_{-1}^0 \dfrac{\mathrm{d}x}{x^2}$ 发散,所以反常积分 $\int_{-1}^1 \dfrac{\mathrm{d}x}{x^2}$ 发散。

注　如果忽略了 $x = 0$ 是被积函数的瑕点,就会得到以下的错误结果:

$$\int_{-1}^1 \frac{\mathrm{d}x}{x^2} = \left[-\frac{1}{x}\right]_{-1}^1 = -1 - 1 = -2。$$

例 6　证明反常积分 $\int_a^b \dfrac{\mathrm{d}x}{(x-a)^q}$ 当 $0 < q < 1$ 时收敛;当 $q \geqslant 1$ 时发散。

证　当 $q = 1$ 时,

$$\int_a^b \frac{\mathrm{d}x}{(x-a)^q} = \int_a^b \frac{\mathrm{d}x}{x-a} = \left[\ln(x-a)\right]_a^b = \ln(b-a) - \lim_{x\to a^+}\ln(x-a) = +\infty;$$

当 $q \neq 1$ 时，

$$\int_a^b \frac{\mathrm{d}x}{(x-a)^q} = \left[\frac{(x-a)^{1-q}}{1-q}\right]_a^b = \begin{cases} \dfrac{(b-a)^{1-q}}{1-q}, & 0 < q < 1, \\ +\infty, & q > 1. \end{cases}$$

因此，当 $0 < q < 1$ 时，该反常积分收敛，其值为 $\dfrac{(b-a)^{1-q}}{1-q}$；当 $q \geqslant 1$ 时，该反常积分发散。

习　题　5.4

1. 计算下列反常积分。

(1) $\displaystyle\int_1^{+\infty} \frac{1}{x^4}\mathrm{d}x$；

(2) $\displaystyle\int_0^{+\infty} \mathrm{e}^{-\sqrt{x}}\mathrm{d}x$；

(3) $\displaystyle\int_{-\infty}^0 \cos x\mathrm{d}x$；

(4) $\displaystyle\int_{-\infty}^{+\infty} \frac{1}{x^2+2x+2}\mathrm{d}x$；

(5) $\displaystyle\int_0^1 \frac{x}{\sqrt{1-x^2}}\mathrm{d}x$；

(6) $\displaystyle\int_1^2 \frac{x}{\sqrt{x-1}}\mathrm{d}x$；

(7) $\displaystyle\int_0^2 \frac{\mathrm{d}x}{(1-x)^2}$；

(8) $\displaystyle\int_1^{\mathrm{e}} \frac{1}{x\sqrt{1-\ln^2 x}}\mathrm{d}x$。

2. 当 k 为何值时，反常积分 $\displaystyle\int_2^{+\infty} \frac{\mathrm{d}x}{x(\ln x)^k}$ 收敛？当 k 为何值时，这个反常积分发散？当 k 为何值时，这个反常积分取得最小值？

5.5　定积分在几何上的应用

本节我们将应用前面学过的定积分理论来分析和解决一些几何问题。

5.5.1　定积分的元素法

元素法是工程技术中常采用的一种方法，它使得定积分在实践中的应用更加方便。为了说明这种方法，我们先回顾一下前面讨论过的曲边梯形的面积问题。

设 $f(x)$ 在区间 $[a,b]$ 上连续且 $f(x) \geqslant 0$，求以曲线 $y = f(x)$ 为曲边、底边为 $[a,b]$ 的曲边梯形的面积 A。把这个面积 A 表示为定积分 $A = \displaystyle\int_a^b f(x)\mathrm{d}x$ 的步骤是：

(1) 分割：用任意一组分点把区间 $[a,b]$ 分成长度为 $\Delta x_i (i=1,2,\cdots,n)$ 的 n 个小区间，相应地，把曲边梯形分成 n 个窄曲边梯形，设第 i 个窄曲边梯形的面积为 ΔA_i，于是有

$$A = \sum_{i=1}^n \Delta A_i。$$

(2) 计算 ΔA_i 的近似值：

$$\Delta A_i \approx f(\xi_i)\Delta x_i (x_{i-1} \leqslant \xi_i \leqslant x_i)。$$

（3）求和：A 的近似值

$$A \approx \sum_{i=1}^{n} f(\xi_i) \Delta x_i。$$

（4）求极限：令 $\lambda = \max\{\Delta x_1, \Delta x_2, \cdots, \Delta x_n\}$，则 $A = \lim_{\lambda \to 0} \sum_{i=1}^{n} f(\xi_i) \Delta x_i = \int_a^b f(x) \mathrm{d}x$。

在上述问题中，所求量（即面积 A）与区间 $[a,b]$ 有关。如果把区间 $[a,b]$ 分成许多部分区间，则所求量相应地分成许多部分量（即 ΔA_i），而所求量等于所有部分量之和（即 $A = \sum_{i=1}^{n} \Delta A_i$），这一性质称为所求量对于区间 $[a,b]$ 具有可加性。此外，以 $f(\xi_i) \Delta x_i$ 近似代替部分量 ΔA_i 时，要求它们只相差一个比 Δx_i 高阶的无穷小，以使和式 $\sum_{i=1}^{n} f(\xi_i) \Delta x_i$ 的极限是 A 的精确值，从而 A 可表示为定积分 $A = \int_a^b f(x) \mathrm{d}x$。

在引出 A 的积分表达式的四个步骤中，主要是第二步，这一步是要确定 ΔA_i 的近似值 $f(\xi_i) \Delta x_i$，使得

$$A = \lim_{\lambda \to 0} \sum_{i=1}^{n} f(\xi_i) \Delta x_i = \int_a^b f(x) \mathrm{d}x。$$

在实用上，为了简便起见，常省略下标 i，用 ΔA 表示任一小区间 $[x, x+\mathrm{d}x]$ 上的窄曲边梯形的面积，这样 $A = \sum \Delta A$。

取 $[x, x+\mathrm{d}x]$ 的左端点 x 为 ξ，以点 x 处的函数值 $f(x)$ 为高、$\mathrm{d}x$ 为底边的矩形的面积 $f(x)\mathrm{d}x$ 为 ΔA 的近似值，即 $\Delta A \approx f(x)\mathrm{d}x$。上式右端 $f(x)\mathrm{d}x$ 叫作面积元素（也称面积微元），记为 $\mathrm{d}A = f(x)\mathrm{d}x$。于是 $A \approx \sum f(x)\mathrm{d}x$，因此

$$A = \lim \sum f(x)\mathrm{d}x = \int_a^b f(x)\mathrm{d}x。$$

一般地，如果某一实际问题中的所求量 U 符合下列条件，就可考虑用定积分来表示这个量 U：

（1）U 是一个与变量 x 的变化区间 $[a,b]$ 有关的量；

（2）U 对于区间 $[a,b]$ 具有可加性，就是说如果把区间 $[a,b]$ 分成许多部分区间，则 U 相应地分成许多部分量，而 U 等于所有部分量之和；

（3）部分量 ΔU_i 的近似值可表示为 $f(\xi_i) \Delta x_i$。

通常求这个量 U 的积分表达式的步骤是：

（1）根据问题的具体情况，选取一个变量，例如 x 为积分变量，并确定它的变化区间 $[a,b]$；

（2）设想把区间 $[a,b]$ 分成 n 个小区间，取其中任一小区间并记作 $[x, x+\mathrm{d}x]$，求出相应于这个小区间的部分量 ΔU 的近似值。如果 ΔU 能近似地表示为 $[a,b]$ 上的一个连续函数在 x 处的值 $f(x)$ 与 $\mathrm{d}x$ 的乘积，就把 $f(x)\mathrm{d}x$ 称为量 U 的元素并记作 $\mathrm{d}U$，即 $\mathrm{d}U = f(x)\mathrm{d}x$；

(3) 以所求量 U 的元素 $f(x)\mathrm{d}x$ 为被积表达式,在区间 $[a,b]$ 上作定积分,得

$$U = \int_a^b f(x)\mathrm{d}x。$$

这就是所求量 U 的积分表达式。

这个方法通常叫作**元素法**。

5.5.2　定积分在几何学上的应用

1. 平面图形的面积

(1) 直角坐标情形

由定积分的定义知道,由曲线 $y = f(x)(f(x) \geqslant 0)$ 及直线 $x = a, x = b(a < b)$ 与 x 轴所围成的曲边梯形的面积 S 为

$$S = \int_a^b f(x)\mathrm{d}x,$$

其中被积表达式 $f(x)\mathrm{d}x$ 就是直角坐标下的面积元素,表示高为 $f(x)$、底为 $\mathrm{d}x$ 的一个矩形的面积。

应用定积分不仅可以计算曲边梯形的面积,还可以计算一些比较复杂的平面图形的面积。

例 1　计算由两条抛物线 $y = x^2$ 与 $x = y^2$ 所围成的图形的面积。

解　这两条抛物线所围成的图形为如图 5-6 所示中的封闭区域 D。

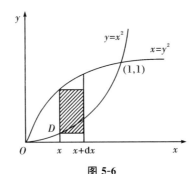

图 5-6

我们首先求出这两条抛物线的交点,为此,解方程组

$$\begin{cases} y = x^2, \\ y^2 = x, \end{cases}$$

解得

$$\begin{cases} x = 0, \\ y = 0 \end{cases} \text{及} \begin{cases} x = 1, \\ y = 1。 \end{cases}$$

则这两条抛物线的交点为 $(0,0)$ 及 $(1,1)$,从而可知这两条抛物线所围图形在直线 $x = 0$ 与 $x = 1$ 之间。

以横坐标 x 为积分变量,且 $x \in [0,1]$,在 $[0,1]$ 上的任一小区间 $[x, x+\mathrm{d}x]$ 对应的窄条的面积近似于高为 $\sqrt{x} - x^2$、底为 $\mathrm{d}x$ 的矩形的面积,则面积微元为

$$\mathrm{d}S = (\sqrt{x} - x^2)\mathrm{d}x,$$

则
$$S = \int_0^1 (\sqrt{x} - x^2)\mathrm{d}x = \left(\frac{2}{3}x^{\frac{3}{2}} - \frac{x^3}{3} \right)\Big|_0^1 = \frac{1}{3}。$$

例 2 计算由抛物线 $y^2 = 2x$ 与直线 $x + y = 4$ 所围成的图形的面积。

解 如图 5-7 所示,求出抛物线与直线的交点,即解方程组 $\begin{cases} y^2 = 2x, \\ x + y = 4, \end{cases}$ 得到交点分别为 $A(2,2),B(8,4)$。

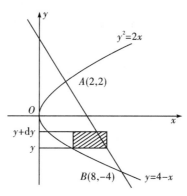

图 5-7

选择 y 作积分变量,且 $y \in [-4,2]$,在 $[-4,2]$ 上任取一个小区间 $[y,y+\mathrm{d}y]$,则在 $[y,y+\mathrm{d}y]$ 上的面积微元为
$$\mathrm{d}S = \left[(4-y) - \frac{y^2}{2} \right]\mathrm{d}y,$$

则可得
$$S = \int_{-4}^2 \left[(4-y) - \frac{y^2}{2} \right]\mathrm{d}y = \left(4y - \frac{1}{2}y^2 - \frac{1}{6}y^3 \right)\Big|_{-4}^2 = 18。$$

例 3 求椭圆 $\dfrac{x^2}{a^2} + \dfrac{y^2}{b^2} = 1$ 所围成的图形的面积。

解 这个椭圆关于两坐标轴对称,如图 5-8 所示,所以椭圆所围成的面积为
$$S = 4S_1,$$
其中 S_1 为椭圆在第一象限所围成的图形的面积。

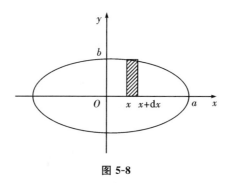

图 5-8

在第一象限，$y = \sqrt{b^2 \left(1 - \dfrac{x^2}{a^2}\right)} = \dfrac{b}{a}\sqrt{a^2 - x^2}$。在小区间 $[x, x + \mathrm{d}x]$ 上的面积微元为

$$\mathrm{d}S = \frac{b}{a}\sqrt{a^2 - x^2}\,\mathrm{d}x = y\mathrm{d}x,$$

则
$$S = 4S_1 = 4\int_0^a y\mathrm{d}x。$$

直接计算此积分比较麻烦，如果将椭圆方程改为参数方程，然后代入计算则比较简便。即令

$$\begin{cases} x = a\cos t, \\ y = b\sin t, \end{cases} \left(0 \leqslant t \leqslant \frac{\pi}{2}\right),$$

应用定积分换元法，令 $x = a\cos t$，则 $y = b\sin t$，$\mathrm{d}x = -a\sin t\mathrm{d}t$。当 x 由 0 变到 a 时，t 由 $\dfrac{\pi}{2}$ 变到 0，所以

$$S = 4\int_{\frac{\pi}{2}}^0 b\sin t(-a\sin t)\mathrm{d}t = 4ab\int_0^{\frac{\pi}{2}} \sin^2 t\mathrm{d}t = \pi ab。$$

（2）极坐标情形

设一平面图形，在极坐标系下由连续曲线 $r = r(\theta)$ 及射线 $\theta = \alpha, \theta = \beta$ 所围成（称为曲边扇形，如图 5-9 所示）。为求其面积，我们在 θ 的变化区间 $[\alpha, \beta]$ 上取一典型小区间 $[\theta, \theta + \mathrm{d}\theta]$，相应于此区间上的面积近似地等于中心角为 $\mathrm{d}\theta$、半径为 $r(\theta)$ 的扇形面积，从而得到面积微元

$$\mathrm{d}A = \frac{1}{2}r^2(\theta)\mathrm{d}\theta,$$

所以
$$A = \frac{1}{2}\int_\alpha^\beta r^2(\theta)\mathrm{d}\theta。 \tag{5.1}$$

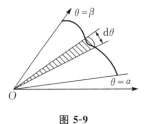

图 5-9

例 4 计算阿基米德螺线 $r = a\theta(a > 0)$ 上相应于 θ 从 0 到 2π 的一段弧与极轴所围成图形，如图 5-10 所示的面积。

解 由（5.1）式得

$$A = \frac{1}{2}\int_0^{2\pi}(a\theta)^2\mathrm{d}\theta = \left(\frac{1}{6}a^2\theta^3\right)\Bigg|_0^{2\pi} = \frac{4}{3}a^2\pi^3。$$

例 5 求由双纽线 $(x^2 + y^2)^2 = 2a^2(x^2 - y^2)$ 所围成，且在半径为 a 的圆内部的图

形,如图 5-11 所示的面积。

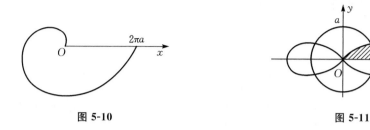

图 5-10　　　　　　　　　　　图 5-11

解　由对称性,所求面积应等于第一象限部分面积的 4 倍,极坐标下双纽线在第一象限部分的方程为

$$r^2 = 2a^2\cos2\theta, \quad 0 \leqslant \theta \leqslant \frac{\pi}{4}。$$

圆的方程为

$$r = a。$$

由

$$\begin{cases} r^2 = 2a^2\cos2\theta, \\ r = a \end{cases}$$

解得两曲线在第一象限交点为 $\left(a, \dfrac{\pi}{6}\right)$,由(5.1)式得所求面积

$$A = 4\left(\frac{1}{2}\int_0^{\frac{\pi}{6}} a^2 \,\mathrm{d}\theta + \frac{1}{2}\int_{\frac{\pi}{6}}^{\frac{\pi}{4}} 2a^2\cos2\theta \,\mathrm{d}\theta\right) = \frac{a^2\pi}{3} + 2a^2\sin2\theta \Big|_{\frac{\pi}{6}}^{\frac{\pi}{4}}$$

$$= \left(2 + \frac{\pi}{3} - \sqrt{3}\right)a^2。$$

2. 体积

(1) 平行截面面积为已知的立体体积

设有一空间立体介于垂直于 x 轴的两平行平面 $x = a$ 与 $x = b$ 之间,如图 5-12 所示,若对任意的 $x \in [a, b]$,立体在此处垂直于 x 轴的截面面积可以用 x 的连续函数 $A(x)$ 来表示,则此立体的体积可用定积分表示。

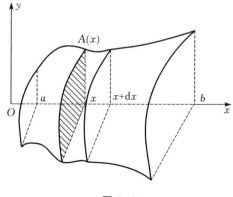

图 5-12

在 $[a,b]$ 上任取一小区间 $[x,x+\mathrm{d}x]$，对应于此小区间的体积近似地等于以底面积为 $A(x)$，高为 $\mathrm{d}x$ 的柱体的体积，故体积元素为

$$\mathrm{d}V = A(x)\mathrm{d}x,$$

从而

$$V = \int_a^b A(x)\mathrm{d}x。$$

例 6　一平面经过半径为 R 的圆柱体的底圆中心，并与底面交成角 α，如图 5-13 所示，计算此平面截圆柱体所得楔形体的体积 V。

解　**解法 1**　如图 5-13，建立直角坐标系，则底面圆方程为 $x^2+y^2=R^2$。对任意的 $x\in[-R,R]$，过点 x 且垂直于 x 轴的截面是一个直角三角形，两直角边的长度分别为 $y=\sqrt{R^2-x^2}$ 和 $y\tan\alpha=\sqrt{R^2-x^2}\tan\alpha$，故截面面积为

$$A(x) = \frac{1}{2}(R^2-x^2)\tan\alpha。$$

于是，所要求的立体体积为

$$V = \int_{-R}^{R}\frac{1}{2}(R^2-x^2)\tan\alpha\mathrm{d}x = \tan\alpha\int_0^R(R^2-x^2)\mathrm{d}x = \frac{2}{3}R^3\tan\alpha。$$

解法 2　对任意的 $y\in[0,R]$，在楔形体中，过点 y 且垂直于 y 轴的截面是一个矩形，如图 5-14 所示，其长为 $2x=2\sqrt{R^2-y^2}$，高为 $y\tan\alpha$，故其面积为

$$A(y) = 2y\sqrt{R^2-y^2}\tan\alpha，$$

从而，楔形体的体积为

$$V = \int_0^R 2y\sqrt{R^2-y^2}\tan\alpha\mathrm{d}y = -\frac{2}{3}\tan\alpha(R^2-y^2)^{\frac{3}{2}}\Big|_0^R = \frac{2}{3}R^3\tan\alpha。$$

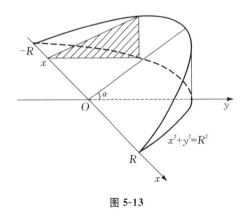

图 5-13

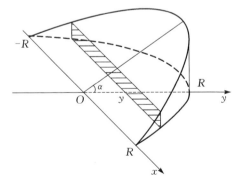

图 5-14

（2）旋转体的体积

旋转体就是由一个平面图形绕这个平面内一条直线旋转一周而成的立体。这条直线叫作旋转轴。圆柱、圆台、球体可以分别看成是由矩形绕它的一条边、直角梯形绕它的直角腰、半圆绕它的直径旋转一周而成的立体，所以它们都是旋转体。

上述旋转体都可以看成是由曲线 $y = f(x)$，直线 $x = a$，$x = b$ 及 x 轴所围成的曲边梯形绕 x 轴旋转一周而成的立体。现在我们来考虑用定积分计算这种旋转体的体积。

取横坐标 x 为积分变量，它的变化区间为 $[a, b]$，相应地，取区间内的任一小区间 $[x, x + \mathrm{d}x]$ 的窄曲边梯形绕 x 轴旋转一周而成的薄片的体积近似于以 $f(x)$ 为底半径、$\mathrm{d}x$ 为高的圆柱体的体积，如图 5-15 所示，即体积微元

$$\mathrm{d}V = \pi [f(x)]^2 \mathrm{d}x,$$

以 $\pi [f(x)]^2 \mathrm{d}x$ 为被积表达式，在闭区间 $[a, b]$ 上作定积分，便得到旋转体的体积：

$$V = \int_a^b \pi [f(x)]^2 \mathrm{d}x.$$

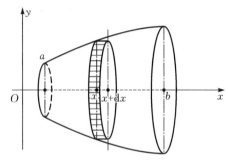

图 5-15

例 7　求由圆 $x^2 + y^2 = R^2$ 所围成的平面图形绕 x 轴旋转一周所成的球体的体积。

解　由方程 $x^2 + y^2 = R^2$ 解得 $y^2 = R^2 - x^2$，由对称性 $V = 2V_1$，而 $\mathrm{d}V_1 = \pi y^2 \mathrm{d}x$，则 $V_1 = \int_0^R \pi y^2 \mathrm{d}x$。所以球体的体积为

$$V = 2V_1 = 2\int_0^R \pi y^2 \mathrm{d}x = 2\int_0^R \pi (R^2 - x^2) \mathrm{d}x = \frac{4}{3}\pi R^3.$$

例 8　求由椭圆 $\dfrac{x^2}{a^2} + \dfrac{y^2}{b^2} = 1$ 所围成的平面图形绕 x 轴旋转一周所围成的旋转体（叫作**旋转椭球体**）（见图 5-16）的体积。

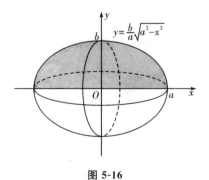

$$y = \frac{b}{a}\sqrt{a^2 - x^2}$$

图 5-16

解 这个旋转椭球体也可看作是由半个椭圆 $y = \dfrac{b}{a}\sqrt{a^2 - x^2}$ 及 x 轴围成的图形绕 x 轴旋转一周而成的立体,$x \in [-a, a]$。所以体积微元为

$$\mathrm{d}V = \frac{\pi b^2}{a^2}(a^2 - x^2)\,\mathrm{d}x,$$

于是旋转椭球体的体积为

$$V = \int_{-a}^{a} \frac{\pi b^2}{a^2}(a^2 - x^2)\,\mathrm{d}x = \frac{\pi b^2}{a^2}\left[a^2 x - \frac{x^3}{3}\right]\Big|_{-a}^{a} = \frac{4}{3}\pi a b^2 。$$

若旋转轴为 y 轴,又怎样求呢?请读者思考。

3. 平面曲线的弧长

圆的周长可以利用圆的内接正多边形的周长在边数无限增多时的极限来确定。我们可以用类似的方法来建立平面上连续曲线的弧长的概念,从而应用定积分计算弧长。

设 A, B 是曲线弧的两个端点,在弧 $\overset{\frown}{AB}$ 上依次任取分点 $A = M_0, M_1, M_2, \cdots, M_{i-1}, M_i, \cdots, M_{n-1}, M_n = B$,并依次连接相邻的分点得一折线(如图 5-17 所示),当分点的数目无限增加且每一小段 $\overset{\frown}{M_{i-1}M_i}$ 都缩向一点时,如果此折线的长 $\sum\limits_{i=1}^{n} |M_{i-1}M_i|$ 的极限存在,则称此极限为曲线弧 $\overset{\frown}{AB}$ 的弧长,并称此曲线弧 $\overset{\frown}{AB}$ 是可求长的。

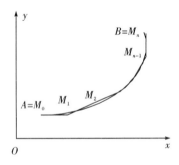

图 5-17

一般地,光滑曲线弧是可求长的,故可用定积分来计算弧长。下面利用定积分的元素法来讨论平面光滑曲线的弧长的计算公式。

设曲线弧由参数方程 $\begin{cases} x = \varphi(t), \\ y = \psi(t) \end{cases}$ $(\alpha \leqslant t \leqslant \beta)$ 给出,其中 $\varphi(t), \psi(t)$ 在 $[\alpha, \beta]$ 上具有连续导数,且 $\varphi'(t), \psi'(t)$ 不同时为零。

取参数 t 为积分变量,它的变化区间为 $[\alpha, \beta]$。相应于 $[\alpha, \beta]$ 上任一小区间 $[t, t + \mathrm{d}t]$ 的小弧段的长度 Δs 近似等于对应的弦的长度 $\sqrt{(\Delta x)^2 + (\Delta y)^2}$,因为

$$\Delta x = \varphi(t + \mathrm{d}t) - \varphi(t) \approx \mathrm{d}x = \varphi'(t)\mathrm{d}t,$$

$$\Delta y = \psi(t + \mathrm{d}t) - \psi(t) \approx \mathrm{d}y = \psi'(t)\mathrm{d}t,$$

所以,Δs 的近似值即弧长元素(弧微分) 为

$$\mathrm{d}s = \sqrt{(\mathrm{d}x)^2 + (\mathrm{d}y)^2} = \sqrt{\varphi'^2(t)(\mathrm{d}t)^2 + \psi'^2(t)(\mathrm{d}t)^2} = \sqrt{\varphi'^2(t) + \psi'^2(t)}\,\mathrm{d}t,$$

于是所求弧长为

$$s = \int_\alpha^\beta \sqrt{\varphi'^2(t) + \psi'^2(t)}\,\mathrm{d}t.$$

当曲线弧由直角坐标系中的方程 $y = f(x)(a \leqslant x \leqslant b)$ 给出,其中 $f(x)$ 在 $[a, b]$ 上具有一阶连续的导数时,曲线弧有参数方程

$$\begin{cases} x = x, \\ y = f(x), \end{cases} a \leqslant x \leqslant b,$$

从而所求的弧长为

$$s = \int_a^b \sqrt{1 + y'^2}\,\mathrm{d}x.$$

如果曲线方程由极坐标方程 $r = r(\theta)(\alpha \leqslant \theta \leqslant \beta)$ 给出,且 $r(\theta)$ 存在一阶连续导数,则曲线弧有参数方程

$$\begin{cases} x = r(\theta)\cos\theta, \\ y = r(\theta)\sin\theta, \end{cases} \alpha \leqslant \theta \leqslant \beta,$$

可得

$$\varphi'(\theta) = [r(\theta)\cos\theta]' = r'(\theta)\cos\theta - r(\theta)\sin\theta,$$

$$\psi'(\theta) = [r(\theta)\sin\theta]' = r'(\theta)\sin\theta + r(\theta)\cos\theta,$$

从而 　　　　　　$$\varphi'^2(\theta) + \psi'^2(\theta) = r^2(\theta) + r'^2(\theta),$$

所以

$$s = \int_\alpha^\beta \sqrt{r^2(\theta) + r'^2(\theta)}\,\mathrm{d}\theta.$$

例 9　计算曲线 $y = \dfrac{2}{3}x^{\frac{3}{2}}$ 上相应于 $a \leqslant x \leqslant b$ 的一段弧的长度。

解　由于 $y' = x^{\frac{1}{2}}$,则弧长微元为

$$\mathrm{d}s = \sqrt{1 + (x^{\frac{1}{2}})^2}\,\mathrm{d}x = \sqrt{1 + x}\,\mathrm{d}x,$$

所以,所求弧长为

$$s = \int_a^b \sqrt{1 + x}\,\mathrm{d}x = \frac{2}{3}\left[(1 + b)^{\frac{3}{2}} - (1 + a)^{\frac{3}{2}}\right].$$

例 10　计算摆线 $\begin{cases} x = a(\theta - \sin\theta), \\ y = a(1 - \cos\theta) \end{cases}$ $(0 \leqslant \theta \leqslant 2\pi)$ 的一拱的长度(如图 5-18 所示)。

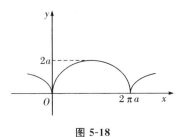

图 5-18

解   弧长微元为

$$ds = \sqrt{a^2(1-\cos\theta)^2 + a^2\sin^2\theta}\,d\theta$$
$$= a\sqrt{2(1-\cos\theta)}\,d\theta$$
$$= 2a\sin\frac{\theta}{2}\,d\theta,$$

从而所求弧长为

$$s = \int_0^{2\pi} 2a\sin\frac{\theta}{2}\,d\theta = 2a\left[-2\cos\frac{\theta}{2}\right]_0^{2\pi} = 8a。$$

例 11   求心形线 $r = a(1+\cos\theta)\,(a>0)$ 的全长(见图 5-19)。

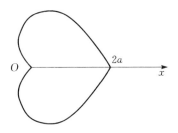

图 5-19

解   由极坐标方程的曲线弧公式,有

$$ds = \sqrt{r^2(\theta) + r'^2(\theta)}\,d\theta = \sqrt{a^2(1+\cos\theta)^2 + a^2\sin^2\theta}\,d\theta = a\sqrt{2(1+\cos\theta)}\,d\theta。$$

由对称性知

$$s = 2\int_0^\pi a\sqrt{2(1+\cos\theta)}\,d\theta = 2a\int_0^\pi 2\cos\frac{\theta}{2}\,d\theta = 8a\sin\frac{\theta}{2}\Big|_0^\pi = 8a。$$

习   题   5.5

1.求由下列各组曲线围成的图形的面积。

(1)$y = \dfrac{1}{x}, y = x, x = 2$;   (2)$y = x^2 - 25, y = x - 13$;

(3)$y = e^x, y = e^{-x}, x = 1$;   (4)$y = \ln x, y = \ln a, y = \ln b, x = 0, b > a > 0$。

2.求由抛物线 $y = -x^2 + 4x - 3$ 及其在点 $(0,-3)$ 和 $(3,0)$ 处的切线所围成的图形
   的面积。

3. 求极坐标系下下列曲线所围图形的面积。

　　(1) 极坐标曲线 $r = 2a\cos\theta$；　　　　(2) 极坐标曲线 $r = 2a(2 + \cos\theta)$。

4. 求下列各曲线所围成图形的公共部分的面积。

　　(1) $r = 1$ 及 $r = 1 + \cos\theta$；　　　　(2) $r = 3\cos\theta$ 及 $r = 1 + \cos\theta$。

5. 把抛物线 $y^2 = 4ax$ 及直线 $x = x_0 (x_0 > 0)$ 所围成的图形绕 x 轴旋转一周,计算所得旋转体的体积。

6. 由 $y = x^3, x = 2, y = 0$ 所围成的图形分别绕 x 轴及 y 轴旋转一周,计算所得的两个旋转体的体积。

7. 计算星形线(如图 5-20 所示):$x = a\cos^3 t, y = a\sin^3 t$ 的全长。

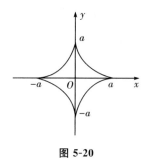

图 5-20

5.6　定积分在物理学中的应用

引入定积分概念时曾提到非匀速直线运动的路程可用定积分表达,其实物理学中许多量可用定积分求出,本节就来研究若干物理问题。

5.6.1　变力沿直线做功

由物理学知,恒力沿直线段做功可求,即若一个大小和方向都不变的恒力 F 作用于一物体,使其沿力的方向做直线运动,移动了一段距离 s,则 F 所做的功为 $W = F \cdot s$。

下面用微分元素法来讨论变力沿直线段做功问题。设有大小随物体位置改变而连续变化的力 $F = F(x)$ 作用于一物体上,使其沿 x 轴做直线运动,力 F 的方向与物体运动的方向一致,从 $x = a$ 移至 $x = b > a$ (见图 5-21)。在 $[a,b]$ 上任一点 x 处取一微小位移 dx,当物体从 x 移到 $x + dx$ 时,$F(x)$ 所做的功近似等于 $F(x)dx$,即功元素 $dW = F(x)dx$,于是

$$W = \int_a^b F(x)dx。$$

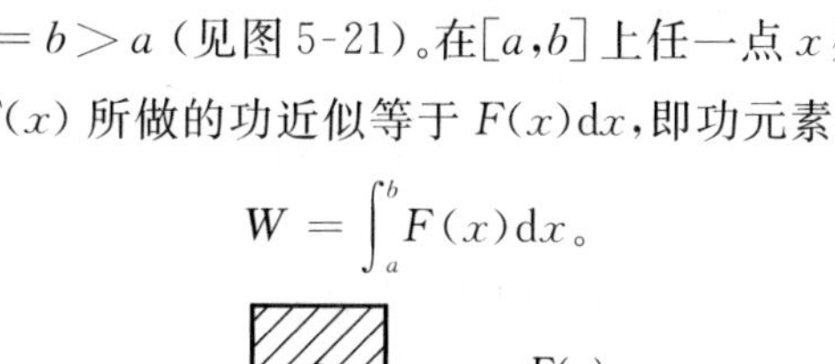

图 5-21

例 1 一汽缸如图 5-22 所示,直径为 0.20m,长为 1.00m,其中充满了气体,压强为 9.8×10^5 Pa。若温度保持不变,求推动活塞前进 0.5m 时气体压缩所做的功。

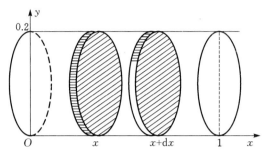

图 5-22

解 根据波义耳(Boyle)定律,在恒温条件下,气体压强 p 与体积 V 的乘积是常数,即 $pV = k$。由于压缩前气体压强为 9.8×10^5 Pa,所以 $k = 9.8 \times 10^5 \times \pi \times 0.1^2 = 9800\pi$。建立坐标系如图 5-22 所示,活塞位置用 x 表示,活塞开始位置在 $x = 0$ 处,此时汽缸中气体体积 $V = (1-x)\pi (0.1)^2$ m^3,于是压强为

$$p(x) = \frac{k}{(1-x)\pi (0.1)^2},$$

从而活塞上的压力为

$$F(x) = pS = \frac{k}{1-x},$$

故推动活塞所做的功为

$$W = \int_0^{0.5} \frac{9800\pi}{1-x} dx = -9800\pi\ln(1-x)\Big|_0^{0.5} = 9800\pi\ln2 \approx 2.13 \times 10^4 (J)。$$

例 2 从地面垂直向上发射一质量为 m 的火箭,求将火箭发射至离地面高 H 处所做的功。

解 发射火箭需要克服地球引力做功,设地球半径为 R,质量为 M,则由万有引力定律知,地球对火箭的引力为

$$F = \frac{GMm}{r^2},$$

其中 r 为地心到火箭的距离,G 为引力常数。

当火箭在地面时,$r = R$,引力为 $\frac{GMm}{R^2}$;另一方面,火箭在地面时,所受引力为 mg,其中 g 为重力加速度,因此

$$\frac{GMm}{R^2} = mg,$$

故有

$$G = \frac{gR^2}{M},$$

于是

$$F = \frac{mgR^2}{r^2}。$$

从而,将火箭从 $r = R$ 发射至 $r = R + H$ 处所做功为

$$W = mgR^2 \int_R^{R+H} \frac{1}{r^2} dr = mgR^2 \left(\frac{1}{R} - \frac{1}{R+H} \right)。$$

例 3　地面上有一截面面积为 $A = 20\text{m}^2$、深为 4m 的长方体水池盛满水,用抽水泵把这池水全部抽到离池顶 3m 高的地方,问需做多少功?

解　建立坐标系,如图 5-23 所示。

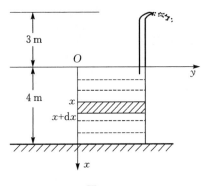

图 5-23

设想把池中的水分成很多薄层,则把池中全部水抽出所做的功 W 等于把每一薄层水抽出所做的功的总和。在 $[0,4]$ 上取小区间 $[x, x + dx]$,相应于此小区间的那一薄层水的体积为 $20dx\text{m}^3$,设水的密度 $\rho = 1 \times 10^3\ \text{kg} \cdot \text{m}^{-3}$,故这层水重为 $2 \times 10^4 g dx \text{kg}$(其中 $g = 9.8\text{m} \cdot \text{s}^{-2}$),将它抽到距池顶 3m 高处克服重力所做功为

$$dW = 2 \times 10^4 \cdot (x + 3) \cdot g dx,$$

从而,将全部水抽到离池顶 3m 高处所做的功为

$$W = \int_0^4 2 \times 10^4 \cdot (x + 3) \cdot g dx = 1.96 \times 10^5 \cdot \left(\frac{x^2}{2} + 3x \right) \Big|_0^4$$
$$= 3.92 \times 10^6 (\text{J})。$$

5.6.2　液体静压力

由帕斯卡(Pascal)定律,在液面下深度为 h 的地方,液体重量产生的压强为 $p = \rho g h$,其中 ρ 为液体密度,g 为重力加速度。即液面下的物体受液体的压强与深度成正比,同一深度处各方向上的压强相等。面积为 A 的平板水平置于水深为 h 处,平板一侧的压力为

$$F = pA = \rho g h A。$$

下面考虑一块与液面垂直没入液体内的平面薄板,我们来求它的一面所受的压力。设薄板为一曲边梯形,其曲边的方程为 $y = f(x)(a \leqslant x \leqslant b)$,建立坐标系如图 5-24 所示,$x$ 轴铅直向下,y 轴与液面相齐。当薄板被设想分成许多水平的窄条时,相应于典型小区间 $[x, x + dx]$ 的小窄条上深度变化不大,从而压强变化也不大,可近似地取为 $\rho g x$,同时小窄条的面积用矩形面积来近似,即为 $f(x)dx$,故小窄条一面所受压力近似地为

$$\mathrm{d}F = \rho g x \cdot f(x) \mathrm{d}x,$$

从而

$$F = \rho g \int_a^b x f(x) \mathrm{d}x。$$

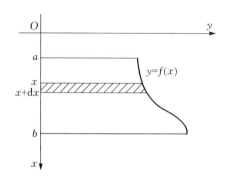

图 5-24

例 4 一横放的圆柱形水桶,桶内盛有半桶水,桶端面半径为 $0.6\mathrm{m}$,计算桶的一个端面上所受的压力。

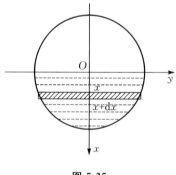

图 5-25

解 建立坐标系如图 5-25 所示,

桶的端面圆的方程为

$$x^2 + y^2 = 0.36。$$

相应于 $[x, x + \mathrm{d}x]$ 的小窄条上的压力微元

$$\mathrm{d}p = 2\rho g x \sqrt{0.36 - x^2} \mathrm{d}x,$$

所以桶的一个端面上所受的压力为

$$p = 2\rho g \int_0^{0.6} x \sqrt{0.36 - x^2} \mathrm{d}x = \frac{2}{3}\rho g (0.6)^3 \approx 1.41 \times 10^3 (\mathrm{N}),$$

其中 $\rho = 1 \times 10^3 \mathrm{kg} \cdot \mathrm{m}^{-3}, g = 9.8 \mathrm{m} \cdot \mathrm{s}^{-2}$。

5.6.3 引力

由物理学知,质量分别为 m_1, m_2,相距为 r 的两质点间的引力的大小为

$$F = G \frac{m_1 m_2}{r^2},$$

其中 G 为引力系数,引力的方向沿着两质点的连线方向。

对于不能视为质点的两物体之间的引力,我们不能直接利用质点间的引力公式,而是采用微元法,下面举例说明。

例 5　一根长为 l 的均匀直棒,其线密度为 ρ,在它的一端垂线上距直棒 a 处有质量为 m 的质点,求棒对质点的引力。

解　建立坐标系如图 5-26 所示。

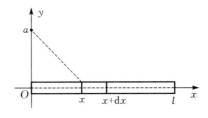

图 5-26

对任意的 $x \in [0, l]$,考虑直棒上相应于 $[x, x+\mathrm{d}x]$ 的一段对质点的引力,由于 $\mathrm{d}x$ 很小,故此一小段对质点的引力可视为两质点的引力,其大小为

$$\mathrm{d}F = \frac{Gm\rho \mathrm{d}x}{a^2 + x^2},$$

其方向是沿着两点 $(0, a)$ 与 $(x, 0)$ 的连线的,当 x 在 $(0, l)$ 之间变化时,$\mathrm{d}F$ 的方向是不断变化的。故将引力微元 $\mathrm{d}F$ 在水平方向和铅直方向进行分解,分别记为 $\mathrm{d}F_x, \mathrm{d}F_y$,则

$$\mathrm{d}F_x = \frac{x}{\sqrt{x^2 + a^2}} \mathrm{d}F = \frac{Gm\rho x}{(a^2 + x^2)^{\frac{3}{2}}} \mathrm{d}x, \quad \mathrm{d}F_y = -\frac{a}{\sqrt{x^2 + a^2}} \mathrm{d}F = -\frac{Gm\rho a}{(a^2 + x^2)^{\frac{3}{2}}} \mathrm{d}x。$$

于是,直棒对质点的水平方向引力为

$$F_x = Gm\rho \int_0^l \frac{x}{(x^2 + a^2)^{\frac{3}{2}}} \mathrm{d}x = \frac{Gm\rho}{2} \int_0^l (a^2 + x^2)^{-\frac{3}{2}} \mathrm{d}(a^2 + x^2)$$

$$= -Gm\rho (a^2 + x^2)^{-\frac{1}{2}} \Big|_0^l = Gm\rho \left(\frac{1}{a} - \frac{1}{\sqrt{a^2 + l^2}} \right)。$$

铅直方向引力为

$$F_y = -Gm\rho a \int_0^l \frac{\mathrm{d}x}{(a^2 + x^2)^{\frac{3}{2}}} = -Gm\rho a \left(\frac{x}{a^2 \sqrt{a^2 + x^2}} \right)^{-\frac{1}{2}} \Big|_0^l = -\frac{Gm\rho l}{a \sqrt{a^2 + l^2}}。$$

注　此例如果将直棒的线密度改为 $\rho = \rho(x)$,即直棒是非均匀的,当 $\rho(x)$ 为已知时,直棒对质点的引力仍可按上述方法求得。

5.6.4　平均值

我们知道,n 个数值 $y_1, y_2, \cdots, y_n$ 的算术平均值为 $\bar{y} = \frac{1}{n}(y_1 + y_2 + \cdots + y_n)$。在许多

实际问题中,需考虑连续函数在一个区间上所取值的平均值,如一昼夜间的平均温度等。下面,将讨论如何定义和计算连续函数 $f(x)$ 在 $[a,b]$ 上的平均值。

先将区间 $[a,b]$ 分为 n 等分,分点为 $a = x_0 < x_1 < \cdots < x_n = b$,每个小区间的长度为 $\Delta x = \dfrac{b-a}{n}$,$f(x)$ 在各分点处的函数值记为 $y_i = f(x_i)(i = 1,2,\cdots,n)$。当 Δx 很小(即 n 充分大)时,在每个小区间上函数值视为相等,故可以用 $y_1, y_2, \cdots, y_n$ 的平均值 $\dfrac{1}{n}(y_1 + y_2 + \cdots + y_n)$ 来近似表达 $f(x)$ 在 $[a,b]$ 上的所有取值的平均值。因此,称极限值

$$\overline{y} = \lim_{n \to \infty} \frac{1}{n}(y_1 + y_2 + \cdots + y_n)$$

为函数 $f(x)$ 在 $[a,b]$ 上的平均值。

由于

$$\overline{y} = \lim_{n \to \infty} \frac{y_1 + y_2 + \cdots + y_n}{b-a} \cdot \frac{b-a}{n} = \lim_{\Delta x \to 0} \frac{y_1 + y_2 + \cdots + y_n}{b-a} \cdot \Delta x$$

$$= \frac{1}{b-a} \lim_{\Delta x \to 0} \sum_{i=1}^{n} f(x_i) \Delta x,$$

故 $$\overline{y} = \frac{1}{b-a} \int_a^b f(x) \mathrm{d}x。 \tag{5.2}$$

(5.2)式就是连续函数 $f(x)$ 在 $[a,b]$ 上的平均值的计算公式。

例 6 计算纯电阻电路中正弦交流电 $i = I_\mathrm{m}\sin\omega t$ 在一个周期 $T = \dfrac{2\pi}{\omega}$ 上的功率的平均值(简称平均功率)。

解 设电阻为 R,则电路中的电压为

$$U = iR = I_\mathrm{m}R\sin\omega t,$$

功率为

$$N = Ui = I_\mathrm{m}^2 R \sin^2 \omega t,$$

一个周期上的平均功率为

$$\overline{N} = \frac{1}{T} \int_0^T I_\mathrm{m}^2 R \sin^2 \omega t \,\mathrm{d}t = \frac{I_\mathrm{m}^2 R \omega}{2\pi} \int_0^{\frac{2\pi}{\omega}} \sin^2 \omega t \,\mathrm{d}t = \frac{I_\mathrm{m}^2 R}{4\pi} \int_0^{\frac{2\pi}{\omega}} (1 - \cos 2\omega t) \,\mathrm{d}(\omega t)$$

$$= \frac{I_\mathrm{m}^2 R}{4\pi} \left(\omega t - \frac{\sin 2\omega t}{2} \right) \Big|_0^{\frac{2\pi}{\omega}} = \frac{I_\mathrm{m}^2 R}{2} = \frac{I_\mathrm{m} U_\mathrm{m}}{2},$$

其中 $U_\mathrm{m} = I_\mathrm{m} R$ 表示最大电压,也称为电压峰值,即纯电阻电路中正弦交流电的平均功率等于电流与电压的峰值的乘积的一半。

通常交流电器上标明的功率就是平均功率,而交流电器上标明的电流值是另一种特定的平均值,常称为有效值。

一般地,周期性非恒定电流 i 的有效值是这样规定的:当电流 $i(t)$ 在一个周期 T 内在负载电阻 R 上消耗的平均功率等于取固定值 I 的恒定电流在 R 上消耗的功率时,称这个

固定值为 $i(t)$ 的有效值。

电流 $i(t)$ 在电阻 R 上消耗的功率为

$$N(t) = U(t) \cdot i(t) = i^2(t)R,$$

它在 $[0, T]$ 上的平均值为

$$\overline{N} = \frac{1}{T} \int_0^T i^2(t)R\,\mathrm{d}t = \frac{R}{T} \int_0^T i^2(t)\,\mathrm{d}t,$$

而固定值为 I 的电流在 R 上消耗的功率为 $N = I^2R$，因此

$$I^2 R = \frac{R}{T} \int_0^T i^2(t)\,\mathrm{d}t,$$

即

$$I = \sqrt{\frac{1}{T} \int_0^T i^2(t)\,\mathrm{d}t}。$$

例 7　求正弦电流 $i(t) = I_\mathrm{m}\sin\omega t$ 的有效值。

解　$I = \left(\dfrac{1}{\frac{2\pi}{\omega}} \int_0^{\frac{2\pi}{\omega}} I_\mathrm{m}^2 \sin^2\omega t\,\mathrm{d}t \right)^{\frac{1}{2}} = \left[\dfrac{I_\mathrm{m}^2}{4\pi} \left(\omega t - \dfrac{\sin 2\omega t}{2} \right) \Big|_0^{\frac{2\pi}{\omega}} \right]^{\frac{1}{2}} = \dfrac{I_\mathrm{m}}{\sqrt{2}}。$

即正弦交流电的有效值等于它的峰值的 $\dfrac{1}{\sqrt{2}}$。

数学上，把 $\sqrt{\dfrac{1}{b-a} \int_a^b f^2(x)\,\mathrm{d}x}$ 叫作函数 $f(x)$ 在 $[a, b]$ 上的均方根。

习　题　5.6

1. 把长为 $10\mathrm{m}$，宽为 $6\mathrm{m}$，高为 $5\mathrm{m}$ 的储水池内盛满的水全部抽出，需做多少功？

2. 有一等腰梯形闸门，它的两条底边分别长为 $10\mathrm{m}$ 和 $6\mathrm{m}$，高为 $20\mathrm{m}$，较长的底边与水面相齐，计算闸门的一侧所受的水压力。

3. 设有一半径为 R，中心角为 φ 的圆弧形细棒，其线密度为常数 ρ，在圆心处有一质量为 m 的质点，试求细棒对该质点的引力。

4. 求下列函数在 $[-a, a]$ 上的平均值。

(1) $f(x) = \sqrt{a^2 - x^2}$；　　　　　　　　　(2) $f(x) = x^2$。

5. 已知电压 $u(t) = 3\sin 2t$，求：(1) $u(t)$ 在 $\left[0, \dfrac{\pi}{2}\right]$ 上的平均值；(2) 电压的均方根值。

综合练习 5

1. 计算下列积分。

(1) $\displaystyle\int_0^{\frac{\pi}{2}} \dfrac{x + \sin x}{1 + \cos x}\,\mathrm{d}x$；　　　　　　(2) $\displaystyle\int_0^{\frac{\pi}{4}} \ln(1 + \tan x)\,\mathrm{d}x$；

(3) $\displaystyle\int_0^a \dfrac{\mathrm{d}x}{x + \sqrt{a^2 - x^2}}(a > 0)$；　　(4) $\displaystyle\int_0^{\frac{\pi}{2}} \sqrt{1 - \sin 2x}\,\mathrm{d}x$；

(5) $\int_0^{\frac{\pi}{2}} \dfrac{\mathrm{d}x}{1+\cos^2 x}$;

(6) $\int_0^{\pi} x \sqrt{\cos^2 x - \cos^4 x}\,\mathrm{d}x$;

(7) $\int_0^{\pi} x^2 \mid \cos x \mid \mathrm{d}x$;

(8) $\int_0^{+\infty} \dfrac{\mathrm{d}x}{\mathrm{e}^{x+1} + \mathrm{e}^{3-x}}$;

(9) $\int_{\frac{1}{2}}^{\frac{3}{2}} \dfrac{\mathrm{d}x}{\sqrt{\mid x^2 - x \mid}}$;

(10) $\int_0^x \max\{t^3, t^2, 1\}\,\mathrm{d}t$ 。

2. 求下列极限。

(1) $\lim\limits_{x \to a} \dfrac{x}{x-a}\int_a^x f(t)\,\mathrm{d}t$,其中 $f(x)$ 连续；

(2) $\lim\limits_{x \to +\infty} \dfrac{\int_0^x (\arctan t)^2\,\mathrm{d}t}{\sqrt{x^2+1}}$;

(3) $\lim\limits_{x \to 0} \dfrac{x}{1-\mathrm{e}^{x^2}}\int_0^x \mathrm{e}^{t^2}\,\mathrm{d}t$;

(4) $\lim\limits_{x \to 0} \dfrac{1}{x}\int_0^x \dfrac{1-\cos t}{t}\,\mathrm{d}t$ 。

3. 证明许瓦兹不等式(Schwarz Inequality)：若 $f(x)$ 和 $g(x)$ 在 $[a,b]$ 上可积，则

$$\left[\int_a^b f(x)g(x)\,\mathrm{d}x\right]^2 \leqslant \int_a^b [f(x)]^2\,\mathrm{d}x \cdot \int_a^b [g(x)]^2\,\mathrm{d}x 。$$

4. 计算曲线 $y = \ln x$ 上相应于从 $x = \sqrt{3}$ 到 $x = \sqrt{8}$ 的一段弧的长度。

第6章　常微分方程

在科学研究和生产实际中,经常要寻求表示客观事物的变量之间的函数关系,这种函数关系往往不能直接得到,但可以得到含有未知函数导数或微分的关系式,即通常所说的微分方程。因此,微分方程是描述客观事物的数量关系的一种重要数学模型。本章重点讨论几种常见的微分方程的解法,并结合实际问题探讨用微分方程建立数学模型的一般思想方法。

6.1　常微分方程的基本概念

6.1.1　常微分方程和偏微分方程

先看两个例子:

例1　一曲线通过原点,且在该曲线上任意点 $M(x,y)$ 处的切线的斜率为 $4x$,求该曲线的方程。

解　设该曲线的方程为 $y=y(x)$,根据导数的几何意义,有
$$\frac{\mathrm{d}y}{\mathrm{d}x}=4x,$$
或
$$\mathrm{d}y=4x\mathrm{d}x, \tag{1}$$
此外还满足
$$y(0)=0。 \tag{2}$$
对(1)式两端积分,得
$$y=\int 4x\mathrm{d}x=2x^2+C, \tag{3}$$
其中 C 为任意常数。把(2)式代入(3)式,得 $C=0$。将 $C=0$ 代入(3)式得
$$y=2x^2, \tag{4}$$
(4)式即为所求曲线的方程。

例2　把质量为 m 的物体从地面上以初速度 v_0 竖直上抛,设该物体只受重力作用,求该物体的运动方程。

解　建立如图 6-1 所示的坐标系。

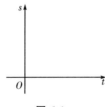

图 6-1

设物体的运动方程为 $s = s(t)$，因为 $F = ma$，而 $a = \dfrac{\mathrm{d}v}{\mathrm{d}t} = \dfrac{\mathrm{d}^2 s}{\mathrm{d}t^2}$，所以

$$F = m \frac{\mathrm{d}^2 s}{\mathrm{d}t^2}。$$

又因为物体只受重力作用，且重力加速度 g 的方向与所建立的坐标方向相反，所以 $F = -mg$，故有

$$m \frac{\mathrm{d}^2 s}{\mathrm{d}t^2} = -mg \ \ 即 \frac{\mathrm{d}^2 s}{\mathrm{d}t^2} = -g, \tag{1}$$

(1) 式两边积分，得

$$v = v(t) = \frac{\mathrm{d}s}{\mathrm{d}t} = -gt + C_1; \tag{2}$$

(2) 式两边再积分，得

$$s = s(t) = -\frac{1}{2}gt^2 + C_1 t + C_2。 \tag{3}$$

又因为当 $t = 0$ 时，$s = 0$，$v = v_0$，即

$$\begin{cases} s(0) = s \mid_{t=0} = 0, \\ v(0) = \dfrac{\mathrm{d}s}{\mathrm{d}t} \mid_{t=0} = v_0, \end{cases} \tag{4}$$

分别代入 (2) 式、(3) 式，得

$$C_2 = 0, C_1 = v_0,$$

所以物体的运动方程为

$$s = s(t) = -\frac{1}{2}gt^2 + v_0 t。 \tag{5}$$

上面两个例子都是从实际出发，得到了与过去所学方程不同的方程。对于这种方程给出如下定义：

定义 6.1   含有自变量、自变量的未知函数以及未知函数的导数或微分的方程称为**微分方程**。在微分方程中，如果自变量的个数只有一个的微分方程称为**常微分方程**；自变量的个数有两个或两个以上的微分方程称为**偏微分方程**。

例如，微分方程

$$\frac{\mathrm{d}^2 y}{\mathrm{d}t^2} + b\frac{\mathrm{d}y}{\mathrm{d}t} + cy = f(t), (\frac{\mathrm{d}y}{\mathrm{d}t})^2 + t\frac{\mathrm{d}y}{\mathrm{d}t} + y = 0$$

都是常微分方程；而

$$\frac{\partial^2 T}{\partial x^2} + \frac{\partial^2 T}{\partial y^2} + \frac{\partial^2 T}{\partial z^2} = 0, \frac{\partial^2 T}{\partial x^2} = 4\frac{\partial T}{\partial t}$$

都是偏微分方程。

微分方程中出现的未知函数最高阶导数的阶数称为**微分方程的阶数**，微分方程的阶数大于等于 2 的方程，称为**高阶微分方程**。

一般地,n 阶微分方程具有形式

$$F(x,y,y',\cdots,y^{(n)}) = 0, \tag{6.1}$$

这里 $F(x,y,y',\cdots,y^{(n)})$ 是关于 $x,y,y',\cdots,y^{(n)}$ 的已知函数,而且一定含有 $y^{(n)}$;y 是以 x 为自变量的函数。

我们将要学习的是常微分方程。我们把常微分方程简称为"微分方程",有时也简称为"方程"。

6.1.2　线性和非线性微分方程

定义 6.2　如果方程 $F(x,y,y',\cdots,y^{(n)}) = 0$ 的左端为未知函数及其各阶导数的一次有理整式,则称它为 n **阶线性微分方程**;否则,称它为**非线性微分方程**。

例如,

$$\frac{\mathrm{d}^2 y}{\mathrm{d}t^2} + b\frac{\mathrm{d}y}{\mathrm{d}t} + cy = f(t),\frac{\mathrm{d}^2 y}{\mathrm{d}t^2} + b(t)\frac{\mathrm{d}y}{\mathrm{d}t} + c(t)y = f(t)$$

都是二阶线性微分方程;而方程

$$\left(\frac{\mathrm{d}y}{\mathrm{d}t}\right)^2 + t\frac{\mathrm{d}y}{\mathrm{d}t} + y = 0$$

是非线性的,因为方程中出现了 $\frac{\mathrm{d}y}{\mathrm{d}t}$ 的二次项。

n 阶线性微分方程的一般形式为

$$a_0(x)y^{(n)} + a_1(x)y^{(n-1)} + \cdots + a_n(x)y = f(x),$$

其中 $a_0(x) \neq 0$,$a_0(x),a_1(x),\cdots,a_n(x),f(x)$ 都是 x 的已知函数。

$n = 2$ 时的二阶线性方程的一般形式为

$$a_0(x)y'' + a_1(x)y' + a_2(x)y = f(x),a_0 \neq 0,$$

例如,$y'' + x^2 y' + y\sin x = x\mathrm{e}^x$ 为二阶线性方程。

6.1.3　微分方程的解

定义 6.3　如果函数 $y = \varphi(x)$ 代入方程(6.1)后,能使它变成恒等式,则函数 $y = \varphi(x)$ 为方程(6.1)的解。

如 $y = \sqrt{1-x^2}$ 为方程 $\frac{\mathrm{d}y}{\mathrm{d}x} = -\frac{x}{y}$ 的解。

常微分方程的解的表达式中,可能包含一个或者几个常数,若其所包含的独立的任意常数的个数恰好与该方程的阶数相同,我们称这样的解为该微分方程的**通解**。在通解中任意常数被确定后的解称为微分方程的**特解**。

例如,例 1 中的(3)式和(4)式都是微分方程(1)的解,例 2 中的(3)式和(5)式都是微分方程(1)的解;例 1 中的(3)式是(1)式的通解,例 2 中的(3)式是(1)式的通解;例 1 中的(4)式是(1)式的特解,例 2 中的(5)式是(1)式的特解。

什么是独立的任意常数?函数 $y = C_1 \mathrm{e}^x + 5C_2 \mathrm{e}^x$ 显然也为方程 $y'' - 5y' + 4y = 0$ 的解。这时的 C_1,C_2 就不是两个独立的任意常数,因为该函数能写成 $y = (C_1 + 5C_2)\mathrm{e}^x = C\mathrm{e}^x$。

这种能合并成一个的任意常数只能算一个独立的任意常数。为了准确地描述这一问题引入下面的定义:

定义 6.4 设函数 $y_1(x)$, $y_2(x)$ 是定义在区间 (a,b) 内的函数,若存在两个不完全为零的数 k_1, k_2,使得对于 (a,b) 内的任一 x 恒有 $k_1 y_1(x) + k_2 y_2(x) = 0$ 成立,则称函数 $y_1(x)$, $y_2(x)$ 在 (a,b) 内线性相关,否则称线性无关。

可见 $y_1(x)$, $y_2(x)$ 线性相关的充要条件是 $\dfrac{y_1(x)}{y_2(x)}$ 或 $\dfrac{y_2(x)}{y_1(x)}$ 在区间 (a,b) 内恒为常数。若 $\dfrac{y_1(x)}{y_2(x)} \neq$ 常数,则 $y_1(x)$, $y_2(x)$ 线性无关。例如,e^{2x} 与 e^{3x} 线性无关,e^{2x} 与 $3e^{2x}$ 线性相关。

当 $y_1(x)$, $y_2(x)$ 线性无关时,函数 $y = C_1 y_1(x) + C_2 y_2(x)$ 中两个常数才是两个独立的任意常数。

确定通解中任意常数需要的条件称为**定解条件**,如例 1 中的式(2),例 2 中的式(4)都是定解条件。

如果微分方程是一阶的,其定解条件为 $y\,|_{x=x_0} = y_0$;如果微分方程是二阶的,其定解条件为 $y\,|_{x=x_0} = y_0$,$y'\,|_{x=x_0} = y_1$,其中 x_0, y_0, y_1 是定值。这样的定解条件称为**初始条件**。

一般地,n 阶微分方程有 n 个初始条件

$$y\,|_{x=x_0} = y_0,\ y'\,|_{x=x_0} = y_1, \cdots, y^{(n-1)}\,|_{x=x_0} = y_{n-1},$$

其中 x_0, y_0, $\cdots$, y_{n-1} 是定值。

求微分方程 $y' = f(x,y)$ 满足初始条件 $y\,|_{x=x_0} = y_0$ 的特解这样一个问题叫作一阶微分方程的**初值问题**,记作

$$\begin{cases} y' = f(x,y), \\ y\,|_{x=x_0} = y_0. \end{cases} \tag{6.2}$$

微分方程的通解是一族函数,在几何上表示一族曲线,特解表示曲线族中的一条曲线,叫作**微分方程的积分曲线**。初值问题(6.2)式的几何意义,就是求微分方程的通过点 (x_0, y_0) 的那条积分曲线。

二阶微分方程的初值问题记作

$$\begin{cases} y'' = f(x,y,y'), \\ y\,|_{x=x_0} = y_0, \ y'\,|_{x=x_0} = y_1, \end{cases}$$

其几何意义是:求微分方程的通过点 (x_0, y_0) 且在该点处的切线斜率为 y_1 的那条积分曲线。

例 3 验证函数

$$y = C_1 \cos 2x + C_2 \sin 2x \tag{1}$$

是微分方程

$$\frac{\mathrm{d}^2 y}{\mathrm{d}x^2} + 4y = 0 \tag{2}$$

的通解,并求出满足初始条件 $y\,|_{x=0} = 1$ 和 $y'\,|_{x=0} = 2$ 的特解。

解 由(1)式得

$$\frac{\mathrm{d}y}{\mathrm{d}x} = 2C_1 \sin 2x - 2C_2 \cos 2x, \tag{3}$$

$$\frac{\mathrm{d}^2 y}{\mathrm{d}x^2} = -4C_1 \cos 2x - 4C_2 \sin 2x, \tag{4}$$

将(1)式和(4)式代入(2)式得

$$-4C_1 \cos 2x - 4C_2 \sin 2x + 4(C_1 \cos 2x + C_2 \sin 2x) \equiv 0。$$

由微分方程的解的定义知,(1)式是(2)式的解,又因为(1)式中有两个独立的任意常数,所以(1)式是(2)式的通解。

把初始条件 $y|_{x=0}=1$ 和 $y'|_{x=0}=2$ 代入(1)式和(3)式得 $C_1=1, C_2=1$,所以(2)式满足初始条件 $y|_{x=0}=1$ 和 $y'|_{x=0}=2$ 的特解为 $y = \cos 2x + \sin 2x$。

习　题　6.1

1. 在下列方程中,哪些是微分方程,哪些不是微分方程?对于微分方程,说出它的阶数。

(1) $x(y')^2 + 2yy' + x = 0$；　　　　　(2) $xy^2 + x^2 y + y = 0$；

(3) $(5x - 6y)\mathrm{d}x + (2x + y)\mathrm{d}y = 0$；　(4) $y' + y'' = y$。

2. 指出下面微分方程的阶数,并回答方程是否是线性的。

(1) $\dfrac{\mathrm{d}y}{\mathrm{d}x} = 4x^2 - y$；　　　　　(2) $\dfrac{\mathrm{d}^2 y}{\mathrm{d}x^2} - \left(\dfrac{\mathrm{d}y}{\mathrm{d}x}\right)^2 + 12xy = 0$；

(3) $\left(\dfrac{\mathrm{d}y}{\mathrm{d}x}\right)^2 + 4x\dfrac{\mathrm{d}y}{\mathrm{d}x} - 3y = 0$；　(4) $\dfrac{\mathrm{d}y}{\mathrm{d}x} + \cos y + 2x = 0$。

3. 试验证下面函数均为方程 $\dfrac{\mathrm{d}^2 y}{\mathrm{d}x^2} + \omega^2 y = 0$ 的解,其中 $\omega > 0$ 是常数。

(1) $y = \cos \omega x$；

(2) $y = C_1 \cos \omega x$, C_1 为常数；

(3) $y = C_2 \sin \omega x$, C_2 为常数；

(4) $y = C_1 \cos \omega x + C_2 \sin \omega x$, C_1, C_2 为常数。

4. 验证下列各函数是相应方程的解。

(1) $y = \dfrac{\sin x}{x}$, $xy' + y = \cos x$；

(2) $y = Ce^x$, $y'' - 2y' + y = 0$, C 为常数；

(3) $y = x^2 + 1$, $y' = y^2 - (x^2 + 1)y + 2x$。

5. 从下列曲线族中,找出满足所给初始条件的曲线。

(1) $x^2 - y^2 = C$, $y|_{x=0} = 5$；

(2) $y = (C_1 + C_2 x)e^{3x}$, $y|_{x=0} = 0$, $y'|_{x=0} = 1$。

6. 曲线在点 $M(x, y)$ 处的切线斜率等于该点横坐标与纵坐标的乘积,写出曲线所满足的微分方程。

7. 用微分方程表示物理命题:某种气体的气压 P 对于温度 T 的变化率与气压成正比,与温度的二次方成反比。

6.2   可分离变量的微分方程

在本节与下一节中我们将讨论一些特殊类型的一阶微分方程的解法。一阶微分方程的一般形式为

$$F(x, y, y') = 0。 \tag{6.3}$$

若可解出 y'，则(6.3)式可写成显式方程

$$y' = f(x, y) \tag{6.4}$$

或 $$M(x, y)\mathrm{d}x + N(x, y)\mathrm{d}y = 0, \tag{6.5}$$

这里 $M(x, y)$ 和 $N(x, y)$ 均表示含 x, y 的数学表达式。若(6.4)式中右端不含 y，即

$$y' = f(x),$$

则由积分学可知，当 $f(x)$ 在某一区间上可积时，其解存在，且

$$y = \int f(x)\mathrm{d}x + C。$$

这里 $\int f(x)\mathrm{d}x$ 实质上只是表示为 $f(x)$ 的某个原函数，而不是不定积分，在后面各例中，我们也用抽象形式 $\int f(x)\mathrm{d}x$ 表示 $f(x)$ 的某个原函数，而不是不定积分。

下面我们讨论几种特殊类型的一阶微分方程的求解方法。在学习后续章节内容时，必须掌握各类微分方程的标准形式，能准确判断微分方程的类型，熟悉各类微分方程的解法。另外，还需要灵活运用数学中经常采用的重要方法：变量代换，根据所给方程的特点，引进适当的变量代换，把方程化为能够求解的类型，然后求解。

6.2.1   可分离变量的微分方程

形如

$$\frac{\mathrm{d}y}{\mathrm{d}x} = f(x)\varphi(y) \tag{6.6}$$

的方程，称为**可分离变量的微分方程**，这里 $f(x), \varphi(y)$ 分别是 x, y 的连续函数。

求解思路：

如果 $\varphi(y) \neq 0$，我们可以将方程(6.6)改写为

$$\frac{\mathrm{d}y}{\varphi(y)} = f(x)\mathrm{d}x。$$

两个微分相等，则它们的原函数相差一个常数项，所以有

$$\int \frac{\mathrm{d}y}{\varphi(y)} = \int f(x)\mathrm{d}x + C。$$

当 $\varphi(y) = 0$，如果存在 y_0 使 $\varphi(y_0) = 0$，则 $y = y_0$ 也是方程(6.6)的解。

因此在求解方程(6.6)时，如果有特解 $y = y_0$，必须补上。

例 1   求解方程 $\dfrac{\mathrm{d}y}{\mathrm{d}x} = -\dfrac{x}{y}$。

解　因为 $\varphi(y) = \dfrac{1}{y} \neq 0$，分离变量为

$$y\mathrm{d}y = -x\mathrm{d}x,$$

两边积分有 $\displaystyle\int y\mathrm{d}y = -\int x\mathrm{d}x$，得到

$$\frac{y^2}{2} = -\frac{x^2}{2} + \frac{C}{2},$$

通解为

$$x^2 + y^2 = C。$$

例 2　求解方程 $\dfrac{\mathrm{d}y}{\mathrm{d}x} = y^2\cos x$。

解　$y \neq 0$ 时，分离变量得

$$\frac{\mathrm{d}y}{y^2} = \cos x\mathrm{d}x,$$

两边同时积分得

$$-\frac{1}{y} = \sin x + C,$$

通解为

$$y = -\frac{1}{\sin x + C}。$$

注　$y = 0$ 也是方程的解，而其并不包含在通解中，因而方程还有解 $y = 0$。

例 3　求微分方程 $\dfrac{\mathrm{d}y}{\mathrm{d}x} = 2xy$ 的通解。

解　将方程分离变量后得

$$\frac{\mathrm{d}y}{y} = 2x\mathrm{d}x。$$

两端积分

$$\int \frac{\mathrm{d}y}{y} = \int 2x\mathrm{d}x ,$$

得

$$\ln|y| = x^2 + C_1,$$

从而

$$y = \pm \mathrm{e}^{x^2 + C_1} = \pm \mathrm{e}^{C_1}\mathrm{e}^{x^2}。$$

因 $\pm \mathrm{e}^{C_1}$ 是任意非零常数，又 $y = 0$ 也是方程的解，所以方程的通解为

$$y = C\mathrm{e}^{x^2}。$$

例 4　求微分方程 $\dfrac{\mathrm{d}y}{\mathrm{d}x} = \dfrac{1}{x+y}$ 的通解。

解　本例并不是可分离变量的微分方程，注意观察方程右边是整体量 $x+y$ 的函数，令 $x+y = u$，将方程转化为可分离变量的微分方程。

令 $x+y=u$,则 $y=u-x$,$\dfrac{\mathrm{d}y}{\mathrm{d}x}=\dfrac{\mathrm{d}u}{\mathrm{d}x}-1$,代入原方程,得

$$\frac{\mathrm{d}u}{\mathrm{d}x}-1=\frac{1}{u}, \quad \frac{\mathrm{d}u}{\mathrm{d}x}=\frac{u+1}{u},$$

分离变量,得

$$\frac{u}{u+1}\mathrm{d}u=\mathrm{d}x,$$

两端积分,得
$$u-\ln|u+1|=x+C。$$

以 $u=x+y$ 代入上式,即得
$$y-\ln|x+y+1|=C,$$

或
$$x=C_1\mathrm{e}^y-y-1 \quad (C_1=\pm\,\mathrm{e}^{-C})。$$

本题亦可按一阶线性微分方程的解法求解,在下节具体讲解。

6.2.2 齐次方程

接下来介绍一类方程可化为可分离变量的微分方程。

形如

$$\frac{\mathrm{d}y}{\mathrm{d}x}=g\left(\frac{y}{x}\right) \tag{6.7}$$

的方程,称为**齐次方程**,其中 $g(u)$ 为 u 的连续函数。

例如,$(xy-y^2)\mathrm{d}x-(x^2-2xy)\mathrm{d}y=0$ 是齐次方程,因为它可化为

$$\frac{\mathrm{d}y}{\mathrm{d}x}=\frac{xy-y^2}{x^2-2xy}=\frac{\dfrac{y}{x}-\left(\dfrac{y}{x}\right)^2}{1-2\,\dfrac{y}{x}}。$$

一般地,齐次方程转化为可分离变量的微分方程的步骤如下:

作变量变换 $\dfrac{y}{x}=u$,即 $y=ux$,两边关于 x 求导,得

$$\frac{\mathrm{d}y}{\mathrm{d}x}=x\,\frac{\mathrm{d}u}{\mathrm{d}x}+u,$$

将上式代回原方程,得

$$x\,\frac{\mathrm{d}u}{\mathrm{d}x}+u=g(u),$$

整理后,得

$$\frac{\mathrm{d}u}{\mathrm{d}x}=\frac{1}{x}(g(u)-u)。 \tag{6.8}$$

这样就将方程(6.7)转化成了变量可分离的方程(6.8)。可按求解可分离变量的微分方程的方法求解方程(6.8),然后代回原来的变量,即得方程(6.7)的解。

例 5 求解方程 $\dfrac{\mathrm{d}y}{\mathrm{d}x}=\dfrac{y}{x}+\tan\dfrac{y}{x}$。

解 令 $u = \dfrac{y}{x}$ 或 $y = ux$，两边对 x 求导，得

$$\frac{\mathrm{d}y}{\mathrm{d}x} = x\frac{\mathrm{d}u}{\mathrm{d}x} + u,$$

代回原方程，得

$$x\frac{\mathrm{d}u}{\mathrm{d}x} + u = u + \tan u,$$

方程化为

$$\frac{\mathrm{d}u}{\mathrm{d}x} = \frac{\tan u}{x},$$

（1）当 $\tan u \neq 0$ 时，两边求积分有

$$\int \frac{\mathrm{d}(\sin u)}{\sin u} = \int \frac{1}{x}\mathrm{d}x,$$

得

$$\ln|\sin u| = \ln|x| + \widetilde{C},$$

这里 $\widetilde{C}$ 是任意常数，整理后得

$$\sin u = \pm\, \mathrm{e}^{\widetilde{C}}x,$$

令 $\pm\, \mathrm{e}^{\widetilde{C}} = C$，得到
$$\sin u = Cx。$$

（2）当 $\tan u = 0$ 时，此方程还有解

$$\tan u = 0,$$

即
$$\sin u = 0。$$

很显然，特解 $\sin u = 0$，包含在通解 $\sin u = Cx$ 中，代回原来的变量，得到原方程的通解为

$$\sin\frac{y}{x} = Cx。$$

例 6 求微分方程 $\dfrac{\mathrm{d}y}{\mathrm{d}x} = \left(\dfrac{x}{y}\right)^2 + \dfrac{y}{x}$ 的通解。

解 这是齐次微分方程。令 $\dfrac{y}{x} = u$，则有

$$u + x\frac{\mathrm{d}u}{\mathrm{d}x} = u^{-2} + u,$$

即
$$x\frac{\mathrm{d}u}{\mathrm{d}x} = u^{-2}。$$

分离变量，得

$$u^2\,\mathrm{d}u = \frac{\mathrm{d}x}{x},$$

两边积分，得

$$u^3 = 3\ln|x| + C,$$

其中 C 为任意常数,回代 $u = \dfrac{y}{x}$,可得原方程的通解为

$$\left(\frac{y}{x}\right)^3 = 3\ln|x| + C,$$

即

$$y^3 = x^3(3\ln|x| + C)。$$

*6.2.3　可化为齐次微分方程的微分方程

微分方程

$$\frac{\mathrm{d}y}{\mathrm{d}x} = \frac{ax + by + c}{a_1 x + b_1 y + c_1} \quad (ab \neq 0) \tag{6.9}$$

当 $c = c_1 = 0$ 时,是**齐次微分方程**。

当 c, c_1 两个常数不同时为零时,该微分方程不是齐次微分方程,但是可以通过下列变换把它化为齐次方程,令

$$x = X + h, y = Y + k,$$

其中 h 和 k 是待定常数。于是

$$\mathrm{d}x = \mathrm{d}X, \mathrm{d}y = \mathrm{d}Y,$$

从而方程(6.9)化为

$$\frac{\mathrm{d}Y}{\mathrm{d}X} = \frac{aX + bY + ah + bk + c}{a_1 X + b_1 Y + a_1 h + b_1 k + c_1}。$$

如果方程组

$$\begin{cases} ah + bk + c = 0, \\ a_1 h + b_1 k + c_1 = 0 \end{cases}$$

有解,则方程(6.9)可化成齐次方程。

(1)行列式 $\begin{vmatrix} a & b \\ a_1 & b_1 \end{vmatrix} \neq 0$,即 $\dfrac{a_1}{a} \neq \dfrac{b_1}{b}$ 时,可以求出 h 和 k。这样,方程(6.9)便可以化为齐次方程

$$\frac{\mathrm{d}Y}{\mathrm{d}X} = \frac{aX + bY}{a_1 X + b_1 Y},$$

求出这个齐次方程的通解后,再在通解中令 $X = x - h, Y = y - k$,便可得到方程(6.9)的通解。

(2)当方程组的系数行列式 $\begin{vmatrix} a & b \\ a_1 & b_1 \end{vmatrix} = 0$,即 $\dfrac{a_1}{a} = \dfrac{b_1}{b}$ 时,h 和 k 无法求出,因此上述方法不能应用。但这时令 $\dfrac{a_1}{a} = \dfrac{b_1}{b} = \lambda$,从而方程(6.9)可写成

$$\frac{\mathrm{d}y}{\mathrm{d}x} = \frac{ax + by + c}{\lambda(ax + by) + c_1},$$

引入新变量 $v = ax + by$,则

$$\frac{\mathrm{d}v}{\mathrm{d}x} = a + b\frac{\mathrm{d}y}{\mathrm{d}x} \text{ 或 } \frac{\mathrm{d}y}{\mathrm{d}x} = \frac{1}{b}\left(\frac{\mathrm{d}v}{\mathrm{d}x} - a\right),$$

于是方程(6.9)成为

$$\frac{1}{b}\left(\frac{\mathrm{d}v}{\mathrm{d}x} - a\right) = \frac{v+c}{\lambda v + c_1},$$

这是可分离变量的方程。

以上所介绍的方法可以应用于更一般的方程

$$\frac{\mathrm{d}y}{\mathrm{d}x} = f\left(\frac{ax+by+c}{a_1 x + b_1 y + c_1}\right)。$$

例 7　求方程 $\dfrac{\mathrm{d}y}{\mathrm{d}x} = \dfrac{y-x+1}{y+x+5}$ 的通解。

解　方程组 $\begin{cases} y-x+1=0, \\ y+x+5=0 \end{cases}$ 有唯一解 $x_0 = -2, y_0 = -3$。

令 $x = X-2, y = Y-3$，则原方程可化为

$$\frac{\mathrm{d}Y}{\mathrm{d}X} = \frac{Y-X}{Y+X}。$$

再令 $u = \dfrac{Y}{X}$，则有 $\dfrac{\mathrm{d}Y}{\mathrm{d}X} = u + \dfrac{\mathrm{d}u}{\mathrm{d}X}$，即

$$\frac{(1+u)\mathrm{d}u}{1+u^2} = \frac{-1}{X}\mathrm{d}X,$$

两边积分，得

$$2\arctan u + \ln(1+u^2) + \ln X^2 = C,$$

即

$$\ln(X^2+Y^2) + 2\arctan\frac{Y}{X} = C,$$

代回原变量，即得原方程的通解为

$$\ln\left[(x+2)^2 + (y+3)^2\right] + 2\arctan\frac{y+3}{x+2} = C。$$

例 8　求方程 $\dfrac{\mathrm{d}y}{\mathrm{d}x} = \dfrac{y-x+1}{y-x+5}$ 的通解。

解　令 $z = y-x$，则原方程化为

$$\frac{\mathrm{d}z}{\mathrm{d}x} = \frac{-4}{z+5},$$

分离变量，得

$$(z+5)\mathrm{d}z = -4\mathrm{d}x,$$

两边积分，得

$$\frac{1}{2}z^2 + 5z = -4x + C_1。$$

将 $z = y-x$ 代入上式并化简，得

$$y^2 - 2xy + x^2 - 2x + 10y = C \quad (\text{其中 } C = 2C_1)。$$

习　题　6.2

1. 求下列方程的解。

　(1) $3x^2 + 5x - 5y' = 0$;　　　　　(2) $y^2\mathrm{d}x + (x+1)\mathrm{d}y = 0$;

（3）$\dfrac{\mathrm{d}y}{\mathrm{d}x}=\dfrac{1+y^2}{xy+x^3y}$;　　　　　　（4）$\dfrac{\mathrm{d}y}{\mathrm{d}x}=\mathrm{e}^{x-y}$。

2. 作适当的变量变换求解下列方程。

（1）$y'=\dfrac{x^2+y^2}{2x^2}$;　　　　　　（2）$(x^2+y^2)\mathrm{d}x+2xy\mathrm{d}y=0$;

（3）$xy'=y\ln\dfrac{y}{x}$;　　　　　　（4）$y'=\mathrm{e}^{\frac{y}{x}}+\dfrac{y}{x}$，$y\big|_{x=\frac{1}{e}}=0$。

3. 利用适当的变换化下列方程为齐次方程，并求出通解。

（1）$(2x-5y+3)\mathrm{d}x-(2x+4y-6)\mathrm{d}y=0$;

（2）$(x-y-1)\mathrm{d}x+(4y+x-1)\mathrm{d}y=0$;

（3）$(x+y)\mathrm{d}x+(3x+3y-4)\mathrm{d}y=0$;

（4）$\dfrac{\mathrm{d}y}{\mathrm{d}x}=\dfrac{1}{x-y}+1$。

6.3　一阶线性微分方程与常数变易法

6.3.1　线性方程

形如
$$\frac{\mathrm{d}y}{\mathrm{d}x}+P(x)y=Q(x) \tag{6.10}$$

的方程叫**一阶线性微分方程**，其中 $P(x)$，$Q(x)$ 在考虑的区间上是 x 的连续函数。

当 $Q(x)\equiv0$ 时，方程（6.10）变为
$$\frac{\mathrm{d}y}{\mathrm{d}x}=-P(x)y, \tag{6.11}$$

称其为**一阶齐次线性微分方程**。

$Q(x)\not\equiv0$，方程（6.10）称为**一阶非齐次线性微分方程**。

对于一阶齐次线性微分方程（6.11）是可分离变量的微分方程，求解如下：

分离变量得　　　　　　$\dfrac{\mathrm{d}y}{y}=-P(x)\mathrm{d}x$,

两边积分得　　　　　　$\displaystyle\int\dfrac{\mathrm{d}y}{y}=\int P(x)\mathrm{d}x+C_1$,

表示为函数 y 得
$$y=C\mathrm{e}^{-\int P(x)\mathrm{d}x}（C\text{ 为任意常数}）。 \tag{6.12}$$

对于方程（6.10），现在来讨论其通解的求法。

不难发现，方程（6.11）是方程（6.10）的特殊情况，可以设想：（6.12）式中的常数 C 变易为 x 的函数 $C(x)$，令
$$y=C(x)\mathrm{e}^{-\int P(x)\mathrm{d}x}, \tag{6.13}$$

两边微分,得到

$$\frac{\mathrm{d}y}{\mathrm{d}x} = \frac{\mathrm{d}C(x)}{\mathrm{d}x}\mathrm{e}^{-\int P(x)\mathrm{d}x} - C(x)P(x)\mathrm{e}^{-\int P(x)\mathrm{d}x}, \tag{6.14}$$

将(6.13)式、(6.14)式代入方程(6.10),得

$$\frac{\mathrm{d}C(x)}{\mathrm{d}x}\mathrm{e}^{-\int P(x)\mathrm{d}x} - C(x)P(x)\mathrm{e}^{-\int P(x)\mathrm{d}x} + P(x)C(x)\mathrm{e}^{-\int P(x)\mathrm{d}x} = Q(x),$$

即

$$\frac{\mathrm{d}C(x)}{\mathrm{d}x} = Q(x)\mathrm{e}^{\int P(x)\mathrm{d}x},$$

积分后得

$$C(x) = \int Q(x)\mathrm{e}^{\int p(x)\mathrm{d}x}\mathrm{d}x + C_1,$$

这里 C_1 为任意常数。将上式代入(6.13)式,得到方程(6.10)的通解为

$$y = \mathrm{e}^{-\int P(x)\mathrm{d}x}\left(\int Q(x)\mathrm{e}^{\int P(x)\mathrm{d}x}\mathrm{d}x + C_1\right)_\circ \tag{6.15}$$

将(6.15)式改写成两项之和

$$y = C_1\mathrm{e}^{-\int P(x)\mathrm{d}x} + \mathrm{e}^{-\int P(x)\mathrm{d}x}\int Q(x)\mathrm{e}^{\int P(x)\mathrm{d}x}\mathrm{d}x,$$

上式右端第一项是对应的齐次线性方程(6.11)的通解,第二项是非齐次线性方程(6.10)的一个特解(在方程(6.10)的通解(6.15)中取 $C_1 = 0$ 便可以得到这个特解)。由此可知,一阶非齐次线性方程的通解等于对应的齐次方程的通解与非齐次方程的一个特解之和。

这种将常数变易为待定函数的方法称为**常数变易法**。常数变易法实际也是一种变量变化的方法,通过变化将方程化为可分离变量的微分方程。

例 1　求解方程 $\cos x\dfrac{\mathrm{d}y}{\mathrm{d}x} = y\sin x + \cos^2 x$。

解　先求解对应齐次方程

$$\frac{\mathrm{d}y}{\mathrm{d}x} = y\frac{\sin x}{\cos x},$$

得

$$y = \frac{C}{\cos x}(C \text{ 为任意常数})_\circ$$

再用常数变易法求非齐次方程的通解,令

$$y = \frac{C(x)}{\cos x},$$

代入原方程,得

$$\cos x\left[\frac{\dfrac{\mathrm{d}C(x)}{\mathrm{d}x}\cos x + C(x)\sin x}{\cos^2 x}\right] = \frac{C(x)}{\cos x}\sin x + \cos^2 x,$$

即

$$\frac{\mathrm{d}C(x)}{\mathrm{d}x} = \cos^2 x,$$

积分得

$$C(x) = \int \cos^2 x \mathrm{d}x = \frac{1}{2}x + \frac{1}{4}\sin 2x + C(C\text{ 为任意常数})。$$

将函数 $C(x)$ 代入到齐次方程的解,得到通解为

$$y = \frac{1}{\cos x}(\frac{1}{2}x + \frac{1}{4}\sin 2x + C)(C\text{ 为任意常数})。$$

有时方程关于 $y,\frac{\mathrm{d}y}{\mathrm{d}x}$ 不是线性的,但如果 x 为 y 的函数,方程关于 $x,\frac{\mathrm{d}x}{\mathrm{d}y}$ 是线性的,则仍然可以根据上面的方法求解,解得对应的通解公式为

$$x = \mathrm{e}^{-\int P(x)\mathrm{d}y}(\int Q(y)\mathrm{e}^{\int P(x)\mathrm{d}y}\mathrm{d}y + C)。$$

对于一阶线性方程,也可直接用通解公式计算得出。

例 2　求解方程 $\frac{\mathrm{d}y}{\mathrm{d}x} = \frac{y}{2x - y^2}$。

解　很显然原方程不是未知函数 y 的线性方程,但我们将方程改写为

$$\frac{\mathrm{d}x}{\mathrm{d}y} = \frac{2x - y^2}{y} = \frac{2}{y}x - y,$$

则 $P(y) = -\frac{2}{y}, Q(y) = -y$,代入通解公式得

$$x = \mathrm{e}^{2\int \frac{1}{y}\mathrm{d}y}(-\int y\mathrm{e}^{-2\int \frac{1}{y}\mathrm{d}y}\mathrm{d}y + C) = \mathrm{e}^{\ln y^2}(-\int y\mathrm{e}^{\ln y^{-2}}\mathrm{d}y + C)$$
$$= -y^2\ln|y| + Cy^2。$$

*6.3.2　伯努利方程

方程

$$\frac{\mathrm{d}y}{\mathrm{d}x} + P(x)y = Q(x)y^n \quad (n \neq 0,1) \tag{6.16}$$

叫作**伯努利方程**。当 $n = 0$ 或 $n = 1$ 时,方程(6.16)是线性微分方程。当 $n \neq 0, n \neq 1$ 时,方程不是线性的,但是通过变量的代换,便可把它化成线性的。事实上,用 y^n 去除方程(6.16)的两端,得

$$y^{-n}\frac{\mathrm{d}y}{\mathrm{d}x} + P(x)y^{1-n} = Q(x),$$

容易看出,上式左端第一项与 $\frac{\mathrm{d}}{\mathrm{d}x}(y^{1-n})$ 只差一个常数因子 $1 - n$,因此我们引入新的因变量

$$u = y^{1-n},$$

那么

$$\frac{\mathrm{d}u}{\mathrm{d}x} = (1 - n)y^{-n}\frac{\mathrm{d}y}{\mathrm{d}x},$$

所以方程(6.16)可化为线性方程

$$\frac{\mathrm{d}u}{\mathrm{d}x} + (1 - n)P(x)u = (1 - n)Q(x),$$

求出这个方程的通解后,以 y^{1-n} 代 u,便得到伯努利方程的通解。

例3 求微分方程 $xy' + y = xy^2\ln x$ 的通解。

解 原方程可写为

$$y' + \frac{1}{x}y = y^2\ln x,$$

这是伯努利方程,令 $u = y^{1-2} = y^{-1}$(此时 $y \neq 0$),则原方程化为

$$\frac{\mathrm{d}u}{\mathrm{d}x} - \frac{1}{x}u = -\ln x,$$

这是线性方程,用求解公式(6.15)求得

$$u = \mathrm{e}^{\int \frac{1}{x}\mathrm{d}x}\left[\int(-\ln x)\mathrm{e}^{-\int \frac{1}{x}\mathrm{d}x}\mathrm{d}x + C\right] = x\left[C - \frac{1}{2}(\ln x)^2\right],$$

代回原变量,得通解

$$y = \frac{1}{x}\left[C - \frac{1}{2}(\ln x)^2\right]^{-1}。$$

另外,$y = 0$ 也是原方程的解。

例4 求方程 $\dfrac{\mathrm{d}y}{\mathrm{d}x} + \dfrac{y}{x} = \alpha(\ln x)y^2$ 的通解。

解 以 y^2 除方程的两端,得

$$y^{-2}\frac{\mathrm{d}y}{\mathrm{d}x} + \frac{1}{x}y^{-1} = \alpha\ln x,$$

即

$$-\frac{\mathrm{d}(y^{-1})}{\mathrm{d}x} + \frac{1}{x}y^{-1} = \alpha\ln x。$$

令 $z = y^{-1}$ 则上述方程可化为

$$\frac{\mathrm{d}z}{\mathrm{d}x} - \frac{1}{x}z = -\alpha\ln x,$$

这是一个线性方程,它的通解为

$$z = x\left[C - \frac{\alpha}{2}(\ln x)^2\right]。$$

以 y^{-1} 代 z,得所求方程的通解为

$$yx\left[C - \frac{\alpha}{2}(\ln x)^2\right] = 1。$$

习　题　6.3

1. 求下列方程的解。

(1) $\dfrac{\mathrm{d}y}{\mathrm{d}x} = y + \sin x$;　　　(2) $\dfrac{\mathrm{d}x}{\mathrm{d}t} + 3x = \mathrm{e}^{2t}$;

(3) $\dfrac{\mathrm{d}y}{\mathrm{d}x} + \dfrac{1-2x}{x^2}y - 1 = 0$;　　(4) $\dfrac{\mathrm{d}y}{\mathrm{d}x} = \dfrac{x^4 + y^3}{xy^2}$;

(5) $\dfrac{\mathrm{d}y}{\mathrm{d}x} = \dfrac{y}{x+y^2}$;　　(6) $x\dfrac{\mathrm{d}y}{\mathrm{d}x} + y = x^3$。

2.求下列方程满足所给初始条件的特解。

(1) $\dfrac{\mathrm{d}y}{\mathrm{d}x} - y\tan x = \sec x, y\mid_{x=0} = 0$ ；

(2) $\dfrac{\mathrm{d}y}{\mathrm{d}x} + \dfrac{y}{x} = \dfrac{\sin x}{x}, y\mid_{x=\pi} = 1$ ；

(3) $\dfrac{\mathrm{d}y}{\mathrm{d}x} + 3y = 8, y\mid_{x=0} = 2$ ；

(4) $y' + \dfrac{2 - 3x^2}{x^3}y = 1, y\mid_{x=1} = 0$ 。

3.求下列伯努利方程的通解。

(1) $y' + y = y^2(\cos x - \sin x)$ ；

(2) $y' - 3xy = xy^2$ 。

6.4   可降阶的高阶微分方程

从本节开始我们将讨论二阶及二阶以上的微分方程,即高阶微分方程。有些高阶微分方程可以通过代换将它们化为低阶的方程来求解。本节主要介绍三种容易降阶的高阶微分方程的求解方法。

6.4.1 $y^{(n)} = f(x)$ 型的微分方程

微分方程

$$y^{(n)} = f(x) \tag{6.17}$$

的右端仅含 x 自变量,显然只要把 $y^{(n-1)}$ 作为新的未知函数,那么(6.17)式就是新未知函数的一阶微分方程,两端积分,就得到一个 $n-1$ 阶的微分方程

$$y^{(n-1)} = \int f(x)\mathrm{d}x + C_1 。$$

同理,又可以得到

$$y^{(n-2)} = \int \left[\int f(x)\mathrm{d}x \right] \mathrm{d}x + C_1 x + C_2,$$

依此种方法继续进行,接连积分 n 次,便得到(6.17)式的通解。

例1   求微分方程 $y''' = x\sin x$ 的通解。

解   对所给的方程接连积分3次,得

$$y'' = \int x\sin x \mathrm{d}x + 2C_1 = -x\cos x + \sin x + 2C_1,$$

$$y' = \int (-x\cos x + \sin x + 2C_1)\mathrm{d}x + C_2 = -x\sin x - 2\cos x + 2C_1 x + C_2,$$

$$y = \int (-x\sin x - 2\cos x + 2C_1 x + C_2)\mathrm{d}x + C_3$$

$$= x\cos x - 3\sin x + C_1 x^2 + C_2 x + C_3 。$$

6.4.2 $y'' = f(x, y')$ 型的微分方程

方程

$$y'' = f(x, y') \tag{6.18}$$

的右端不显含未知函数 y 。如果设 $y' = p$,那么 $y'' = \dfrac{\mathrm{d}p}{\mathrm{d}x} = p'$,从而方程(6.18)可以化为

$$p' = f(x, p),$$

这是一个关于 x 与 p 的一阶微分方程。如果能够求得它的通解为 $y' = p = \varphi(x, C_1)$,那

么,在此式两端积分就可以得到方程(6.18)的通解为

$$y = \int \varphi(x, C_1) \mathrm{d}x + C_2。$$

例 2　求微分方程 $(1+x^2)y'' + 2xy' = 2x+1$ 满足初始条件:$y\big|_{x=0} = 1, y'\big|_{x=0} = 2$ 的特解。

解　所给方程是 $y'' = f(x, y')$ 型的。设 $y' = p$,则 $y'' = \dfrac{\mathrm{d}p}{\mathrm{d}x} = p'$,将它们代入方程,得

$$(1+x^2)p' + 2xp = 2x+1,$$

即

$$\frac{\mathrm{d}p}{\mathrm{d}x} + \frac{2x}{1+x^2}p = \frac{2x+1}{1+x^2},$$

这是一阶线性微分方程。利用(6.15)式,得

$$p = \frac{x^2 + x + C_1'}{1+x^2},$$

即

$$y' = \frac{x^2 + x + C_1'}{1+x^2} = \frac{C_1}{1+x^2} + \frac{x}{1+x^2} + 1 \ (C_1 = C_1' - 1),$$

代入初始条件 $y'\big|_{x=0} = 2$ 得 $C_1 = 1$,故上式成为

$$y' = \frac{1}{1+x^2} + \frac{x}{1+x^2} + 1,$$

再两端积分,得

$$y = \arctan x + \frac{1}{2}\ln(1+x^2) + x + C_2,$$

再代入初始条件 $y\big|_{x=0} = 1$ 得 $C_2 = 1$,故所求特解为

$$y = \arctan x + \frac{1}{2}\ln(1+x^2) + x + 1。$$

6.4.3　$y'' = f(y, y')$ 型的微分方程

方程

$$y'' = f(y, y') \tag{6.19}$$

中不显含自变量 x。如果设 $y' = p$,并将 y 看作自变量,那么

$$y'' = \frac{\mathrm{d}p}{\mathrm{d}x} = \frac{\mathrm{d}p}{\mathrm{d}y} \cdot \frac{\mathrm{d}y}{\mathrm{d}x} = p\frac{\mathrm{d}p}{\mathrm{d}y},$$

从而方程(6.19)可以化为

$$p\frac{\mathrm{d}p}{\mathrm{d}y} = f(y, p),$$

这是一个关于 y 与 p 的一阶微分方程。如果能够求得它的通解为 $y' = p = \varphi(y, C_1)$,那么分离变量并积分就可以得到方程(6.19)的通解为

$$\int \frac{\mathrm{d}y}{\varphi(y, C_1)} = x + C_2。$$

例 3　求微分方程 $yy'' - y'^2 = 0$ 的通解。

解　所给方程不显含自变量 x。设 $y' = p$，则 $y'' = p\dfrac{\mathrm{d}p}{\mathrm{d}y}$，将它们代入方程，得

$$yp\frac{\mathrm{d}p}{\mathrm{d}y} - p^2 = 0。$$

在 $y \neq 0, p \neq 0$ 时，约去 p 并分离变量，得 $\dfrac{\mathrm{d}p}{p} = \dfrac{\mathrm{d}y}{y}$，两端积分，得

$$\ln p = \ln y + \ln C_1，$$

即
$$y' = C_1 y。$$

再分离变量并两端积分，得通解为 $\ln y = C_1 x + \ln C_2$，即

$$y = C_2 e^{C_1 x}。$$

习　题　6.4

1. 求下列方程的解。

(1) $(1+x^2)y'' = 1$；

(2) $y''' = x e^x$；

(3) $y'' + y' = x^2$；

(4) $y'' = 1 + y'^2$；

(5) $xy'' + y' = 2x$；

(6) $(1+x^2)y'' - 2xy' = 0$；

(7) $y'' + \dfrac{2}{1-y}y'^2 = 0$；

(8) $y'' = y'^3 + y'$。

2. 求下列方程满足所给初始条件的特解。

(1) $y''' = e^{2x}, y\mid_{x=1} = 0, y'\mid_{x=1} = 0, y''\mid_{x=1} = 0$；

(2) $y'' - 2y'^2 = 0, y\mid_{x=0} = 0, y'\mid_{x=0} = -1$；

(3) $xy'' - y'\ln y' + y' = 0, y\mid_{x=\frac{1}{e}} = e, y'\mid_{x=\frac{1}{e}} = e^2$；

(4) $(1+x^2)y'' + y'^2 = -1, y\mid_{x=1} = 1, y'\mid_{x=1} = 1$。

6.5　高阶线性微分方程

前面我们已经讨论了一阶线性微分方程，现在我们来研究在实际问题应用中用的较多的所谓高阶线性微分方程，讨论时以二阶线性微分方程为主。

n 阶线性微分方程的一般形式可写为

$$y^{(n)} + p_1(x)y^{(n-1)} + \cdots + p_{n-1}(x)y' + p_n(x)y = f(x), \tag{6.20}$$

其中 $p_i(x)(i = 1, 2, \cdots, n)$ 及 $f(x)$ 都是区间 I 上的连续函数。

当 $f(x) \equiv 0$ 时，方程(6.20)变为

$$y^{(n)} + p_1(x)y^{(n-1)} + \cdots + p_{n-1}(x)y' + p_n(x)y = 0, \tag{6.21}$$

称其为 n 阶齐次线性微分方程；当 $f(x) \not\equiv 0$ 时，称其为 n 阶非齐次线性微分方程。

本节我们着重研究二阶线性微分方程

$$y'' + P(x)y' + Q(x)y = f(x) \tag{6.22}$$

及它所对应的齐次方程

$$y'' + P(x)y' + Q(x)y = 0。 \tag{6.23}$$

6.5.1　函数组的线性相关与线性无关

将定义 6.4 进行推广就能得到函数线性相关与线性无关的定义。

定义 6.5　设 $y_i = f_i(x)(i = 1, 2, \cdots, n)$ 是定义在区间 I 上的一组函数,如果存在 n 个不全为零的常数 $k_i(i = 1, 2, \cdots, n)$,使得对任意的 $x \in I$,等式

$$k_1 y_1 + k_2 y_2 + \cdots + k_n y_n = 0$$

恒成立,则说 $y_1, y_2, \cdots, y_n$ 在区间 I 上是**线性相关的**,否则,称它们是**线性无关的**(**线性独立的**)。

令 $n = 2$ 就得到两个函数的情形。它们线性相关与否,只需看它们的比是否为常数;如果均为常数,那么它们就线性相关,否则,就线性无关,这一点前面已有说明。

例 1　判断下列函数组的线性相关性。

(1) $y_1 = 1, y_2 = \sin^2 x, y_3 = \cos^2 x, x \in (-\infty, +\infty)$;

(2) $y_1 = 1, y_2 = x, \cdots, y_n = x^{n-1}, x \in (-\infty, +\infty)$。

解　(1) 因为取 $k_1 = 1, k_2 = k_3 = -1$,就有

$$k_1 y_1 + k_2 y_2 + k_3 y_3 = 1 - \sin^2 x - \cos^2 x \equiv 0,$$

所以 $1, \sin^2 x, \cos^2 x$ 在 $(-\infty, +\infty)$ 内是线性相关的。

(2) 若 $1, x, \cdots, x^{n-1}$ 线性相关,则将有 n 个不全为零的常数 $k_1, k_2, \cdots, k_n$,使得对一切 $x \in (-\infty, +\infty)$ 有

$$k_1 + k_2 x + \cdots + k_n x^{n-1} \equiv 0,$$

这是不可能的,因为根据代数学基本定理,多项式 $k_1 + k_2 x + \cdots + k_n x^{n-1}$ 最多只有 $n-1$ 个零点,故该函数组在所给区间上线性无关。

6.5.2　线性微分方程解的结构

为了求线性方程的解,需要研究线性微分方程解的性质,确定线性微分方程解的结构,这对于探索这类方程的求解方法是有益的。下面讨论二阶线性微分方程解的性质与结构,所得结论对 n 阶线性微分方程同样适用。

1. 二阶齐次线性微分方程解的结构

定理 6.1　(叠加原理)如果 y_1, y_2 是方程(6.23)的两个解,则它们的线性组合

$$y = C_1 y_1 + C_2 y_2 \tag{6.24}$$

也是方程(6.23)的解,其中 C_1, C_2 为任意常数。

证　只需将(6.24)式代入方程(6.23)直接验证。

此叠加原理对一般的 n 阶线性齐次方程同样成立。

另外,值得注意的是,虽然(6.24)式是方程(6.23)的解,且从形式上看也含有两个任

意常数,但它不一定是通解。例如,设 y_1 是方程(6.23)的解,则 $y_2 = 2y_1$ 也是方程(6.23)的解,而 $y = C_1 y_1 + C_2 y_2 = (C_1 + 2C_2)y_1 = Cy_1$ 显然不是方程(6.23)的通解,因为 $C = C_1 + 2C_2$ 为任意常数,也就是说 C_1 和 C_2 并不相互独立,两个常数最终合并成了一个常数。

那么,在什么条件下 $y = C_1 y_1 + C_2 y_2$ 才是方程(6.23)的通解呢?我们有下面的定理:

定理 6.2 如果 y_1, y_2 是方程(6.23)的两个线性无关的特解(亦称基本解组),则

$$y = C_1 y_1 + C_2 y_2$$

为方程(6.23)的通解,其中 C_1, C_2 是任意常数。

例 2 验证 $y_1 = \cos x$ 与 $y_2 = \sin x$ 是二阶齐次线性微分方程 $y'' + y = 0$ 的两个解,并写出该方程的通解。

解 将 $y_1 = \cos x$ 与 $y_2 = \sin x$ 分别代入原方程,可验证其是解。由于

$$\frac{y_2}{y_1} = \frac{\sin x}{\cos x} = \tan x \neq \text{常数},$$

即 y_1 与 y_2 线性无关,由定理 6.2 知:$y = C_1 \cos x + C_2 \sin x$ 是所求的通解,其中 C_1, C_2 是任意常数。

2. 二阶非齐次线性微分方程的解的结构

在第三节我们看到,一阶非齐次线性微分方程的通解由两部分构成:一部分是对应的齐次线性微分方程的通解,另一部分是非齐次线性微分方程的一个特解。实际上,不仅一阶非齐次线性微分方程的通解具有这样的结构,而且二阶及更高阶的非齐次线性微分方程的通解也具有这样的结构。

定理 6.3 设 y^* 是非齐次线性方程(6.22)的任一特解,$Y = C_1 y_1 + C_2 y_2$ 是方程(6.22)所对应的齐次线性微分方程(6.23)的通解,则

$$y = Y + y^* = C_1 y_1 + C_2 y_2 + y^*$$

是方程(6.22)的通解。

证 将 $y = C_1 y_1 + C_2 y_2 + y^*$ 代入方程(6.22),容易验证它是方程(6.22)的解,又此解中含有两个独立的任意常数,故是通解。

定理 6.3 可以推广到任意阶线性方程,即任意 n 阶非齐次线性方程的通解等于它的任意一个特解与它所对应的齐次方程通解之和。

例 3 已知某一个二阶非齐次线性方程具有三个特解 $y_1 = x, y_2 = x + \mathrm{e}^x$ 和 $y_3 = 1 + x + \mathrm{e}^x$,试求这个方程的通解。

解 首先我们容易验证这样的事实,二阶非齐次线性微分方程(6.22)的任意两个解之差均是二阶齐次线性微分方程(6.23)的解。这样,函数

$$y_2 - y_1 = \mathrm{e}^x \text{ 和 } y_3 - y_2 = 1$$

都是对应的齐次方程的解,而且这两个函数显然是线性无关的,所以由定理 6.2 及定理 6.3 可知所求方程的通解为

$$y = C_1 + C_2 e^x + x。$$

事实上,所对应的非齐次线性微分方程为 $y'' - y' = -1$。

非齐次线性微分方程(6.22)的特解有时可用下述定理来帮助求出。

定理 6.4　若 y_1^* 与 y_2^* 分别是方程

$$y'' + P(x)y' + Q(x)y = f_1(x) \quad \text{与} \quad y'' + P(x)y' + Q(x)y = f_2(x)$$

的特解,则 $y^* = y_1^* + y_2^*$ 是方程 $y'' + P(x)y' + Q(x)y = f_1(x) + f_2(x)$ 的特解。

请读者自己完成证明。这一定理通常称为非齐次线性微分方程的解的**叠加原理**。

定理 6.4 可以推广到任意阶的线性方程,且右端可为任意有限项之和。根据这个定理,只要计算方便,可以把 $f(x)$ 分成 n 项之和,然后对不同的项采用不同的方法来求其所对应的特解。这在下一节解常系数非齐次线性方程中经常用到。

定理 6.5　如果函数 $y = y_1(x) \pm i y_2(x)$ 是方程

$$y'' + P(x)y' + Q(x)y = f_1(x) \pm i f_2(x)$$

的解,那么 $y_1(x)$ 与 $y_2(x)$ 分别是方程

$$y'' + P(x)y' + Q(x)y = f_1(x),$$
$$y'' + P(x)y' + Q(x)y = f_2(x)$$

的解。这里 i 为虚数单位,$P(x),Q(x),f_k(x),y_k(x) \ (k=1,2)$ 均为实值函数。

定理的证明只需将 $y = y_1(x) \pm i y_2(x)$ 代入方程后,利用复数相等的概念。

定理 6.5 对更高阶的线性方程也成立。此定理在下一节二阶常系数非齐次线性方程求解中将用到。

习　题　6.5

1. 验证下列函数都是所给微分方程的解,并且指出其中哪些是微分方程的通解,哪些不是微分方程的通解,所出现的 C_1,C_2 都是任意常数。

(1) $x^2 y'' - 2xy' + 2y = 0, y = x(C_1 + C_2 x)$；

(2) $y'' - 2y' + 2y = e^x, y = e^x(C_1 \cos x + C_2 \sin x + 1)$；

(3) $y'' + 4y = 0, y = C_1 \sin 2x + C_2 \sin x \cos x$；

(4) $y'' - 4xy' + (4x^2 - 2)y = 0, y = e^{x^2}(C_1 + C_2 x)$；

(5) $y'' + 9y = x\cos x, y = C_1 \cos x + C_2 \sin 3x + \dfrac{1}{8}x\cos x + \dfrac{1}{32}\sin x$；

(6) $x^2 y'' - 3xy' - 5y = x^2 \ln x, y = C_1 x^5 + \dfrac{C_2}{x} - \dfrac{x^2 \ln x}{9}$。

2. 设 y_1, y_2 与 y_3 是二阶非齐次线性微分方程(6.17)的 3 个不同的特解,试问:是否可以用这 3 个解来表示方程(6.17)的通解。

6.6　常系数线性微分方程

6.6.1　常系数齐次线性微分方程

形如

$$\frac{\mathrm{d}^n x}{\mathrm{d} t^n} + a_1 \frac{\mathrm{d}^{n-1} x}{\mathrm{d} t^{n-1}} + \cdots + a_{n-1} \frac{\mathrm{d} x}{\mathrm{d} t} + a_n x = 0 \tag{6.25}$$

的方程称为 n 阶常系数齐次线性方程，其中 $a_1, a_2, \cdots, a_n$ 为常数。

下面只针对 $n = 2$ 时，即二阶常系数线性微分方程

$$y'' + py' + qy = 0 （其中 p, q 为实数） \tag{6.26}$$

给出一般性结论，这些结论可直接推广。

由齐次线性微分方程通解结构定理可知，求方程(6.26)的通解的关键是求出它的两个线性无关的特解，那么，怎样求出它的两个线性无关的特解呢？

仔细观察方程(6.26)可知，如果函数 $y(x)$ 是方程(6.26)的解，即 $y'' + py' + qy \equiv 0$，那么 y, y', y'' 应该是同类函数，由于指数函数求导后仍为指数函数，利用这个性质，可假设方程(6.26)具有形如 $y = \mathrm{e}^{rx}$ 的解(r 是实常数或复常数)，将 y, y', y'' 代入(6.26)式，使得

$$(r^2 + pr + q)\mathrm{e}^{rx} = 0, \tag{6.27}$$

由于(6.27)式成立，当且仅当

$$r^2 + pr + q = 0, \tag{6.28}$$

从而 $y = \mathrm{e}^{rx}$ 是(6.26)式的解的充要条件为 r 是代数方程(6.28)的根。方程(6.28)称为 (6.26)式的**特征方程**，其根称为方程(6.26)的**特征根**。

根据方程(6.28)的根的不同情形，我们分三种情形来考虑：

(1) 当 $p^2 - 4q > 0$ 时，特征方程(6.28)有两个相异实根 r_1 与 r_2，且

$$r_{1,2} = \frac{-p \pm \sqrt{p^2 - 4q}}{2}。$$

此时，$y_1 = \mathrm{e}^{r_1 x}$，$y_2 = \mathrm{e}^{r_2 x}$ 是微分方程(6.26)的两个解，并且 $\dfrac{y_2}{y_1} = \dfrac{\mathrm{e}^{r_2 x}}{\mathrm{e}^{r_1 x}} = \mathrm{e}^{(r_2 - r_1)x}$ 不是常数，因此微分方程(6.26)的通解为

$$y = C_1 y_1 + C_2 y_2 = C_1 \mathrm{e}^{r_1 x} + C_2 \mathrm{e}^{r_2 x}。$$

(2) 当 $p^2 - 4q = 0$ 时，特征方程(6.28)有两个相等实根 r_1 与 r_2，且 $r_{1,2} = \dfrac{-p}{2}$。此时只能得到微分方程(6.26)的一个解 $y_1 = \mathrm{e}^{r_1 x}$。

为了得到微分方程(6.26)的通解,还需要求出另一个解 y_2,并且要求 $\dfrac{y_2}{y_1}$ 不是常数。设 $\dfrac{y_2}{y_1} = u(x)$,即 $y_2 = \mathrm{e}^{r_1 x} u(x)$。下面来求 $u(x)$,将 y_2 求导,得

$$y_2' = \mathrm{e}^{r_1 x}(u' + r_1 u),\ y_2'' = \mathrm{e}^{r_1 x}(u'' + 2r_1 u' + r_1^2 u)。$$

再将 y_2, y_2' 和 y_2'' 代入微分方程(6.26)得,

$$\mathrm{e}^{r_1 x}\big[(u'' + 2r_1 u' + r_1^2 u) + p(u' + r_1 u) + qu\big] = 0,$$

约去 $\mathrm{e}^{r_1 x}$,并合并同类项,得

$$u'' + (2r_1 + p)u' + (r_1^2 + pr_1 + q)u = 0。$$

由于 r_1 是特征方程(6.28)的二重根,因此 $r_1^2 + pr_1 + q = 0$,且 $2r_1 + p = 0$,于是得

$$u'' = 0。$$

因为这里只要得到一个不为常数的解,所以不妨选取 $u = x$,由此得到微分方程(6.26)的另一个解

$$y_2 = x\mathrm{e}^{r_1 x}。$$

从而微分方程(6.26)的通解为

$$y = C_1 y_1 + C_2 y_2 = C_1 \mathrm{e}^{r_1 x} + C_2 x\mathrm{e}^{r_1 x},$$

即

$$y = (C_1 + C_2 x)\mathrm{e}^{r_1 x}。$$

(3) 当 $p^2 - 4q < 0$ 时,特征方程(6.28)有两个共轭复根 r_1 与 r_2,且

$$r_{1,2} = \alpha \pm \mathrm{i}\beta = -\frac{p}{2} \pm \mathrm{i}\,\frac{\sqrt{4q - p^2}}{2},$$

其中 $\alpha = -\dfrac{p}{2}, \beta = \dfrac{\sqrt{4q - p^2}}{2}$。

此时,方程(6.26)有两个解

$$y_1 = \mathrm{e}^{(\alpha + \mathrm{i}\beta)x},\ y_2 = \mathrm{e}^{(\alpha - \mathrm{i}\beta)x},$$

但它们是复数形式,使用不方便,为了得到实值解,我们利用**欧拉(*Euler*)公式**:

$$\mathrm{e}^{\pm\mathrm{i}\theta} = \cos\theta \pm \mathrm{i}\sin\theta。$$

将 y_1 与 y_2 分别写成

$$y_1 = \mathrm{e}^{\alpha x}(\cos\beta x + \mathrm{i}\sin\beta x),\ y_2 = \mathrm{e}^{\alpha x}(\cos\beta x - \mathrm{i}\sin\beta x)。$$

由齐线性微分方程解的叠加原理,知

$$y_1^* = \frac{1}{2}(y_1 + y_2) = \mathrm{e}^{\alpha x}\cos\beta x,\ y_2^* = \frac{1}{2\mathrm{i}}(y_1 - y_2) = \mathrm{e}^{\alpha x}\sin\beta x$$

也是微分方程(6.26)的解,且 $\dfrac{y_1^*}{y_2^*} = \dfrac{\mathrm{e}^{\alpha x}\cos\beta x}{\mathrm{e}^{\alpha x}\sin\beta x} = \cot\beta x$ 不是常数,所以它们是线性无关

的,于是方程(6.26)的通解为

$$y = e^{ax}(C_1\cos\beta x + C_2\sin\beta x),$$

其中 $\alpha = -\dfrac{p}{2}, \beta = \dfrac{\sqrt{4q - p^2}}{2}$。

根据如上讨论,求二阶常系数齐次线性微分方程 $y'' + py' + qy = 0$ 的通解的步骤为:

第一步,写出微分方程的特征方程 $r^2 + pr + q = 0$;

第二步,求出特征方程的特征根 r_1, r_2;

第三步,根据特征根的不同情况,按下表写出所给该微分方程的通解。

表 6-1

特征方程的解	通解形式
两个不等实根 $r_1 \neq r_2$	$y = C_1 e^{r_1 x} + C_2 e^{r_2 x}$
两个相等实根 $r_1 = r_2 = r$	$y = (C_1 + C_2 x)e^{rx}$
一对共轭复根 $r = \alpha \pm i\beta$	$y = e^{ax}(C_1\cos\beta x + C_2\sin\beta x)$

例 1   求方程 $y'' + 5y' + 6y = 0$ 的通解。

解   方程 $y'' + 5y' + 6y = 0$ 的特征方程为 $r^2 + 5r + 6 = 0$,其特征根为

$$r_1 = -2, r_2 = -3,$$

所以

$$y = C_1 e^{-2x} + C_2 e^{-3x} \quad (C_1, C_2 \text{ 为任意常数})$$

为所给微分方程的通解。

例 2   求方程 $y'' + 2y' + y = 0$ 的通解。

解   方程的 $y'' + 2y' + y = 0$ 的特征方程为 $r^2 + 2r + 1 = 0$,其特征根

$$r = r_1 = r_2 = -1(\text{二重特征根}),$$

故所求通解为

$$y = (C_1 + C_2 x)e^{-x}。$$

例 3   求方程 $y'' + 2y' + 3y = 0$ 满足初始条件 $y(0) = 1, y'(0) = 1$ 的特解。

解 $y'' + 2y' + 3y = 0$ 的特征方程为 $r^2 + 2r + 3 = 0$,所以,特征根

$$r_1 = -1 + \sqrt{2}i, \ r_2 = -1 - \sqrt{2}i,$$

故所给微分方程的通解为

$$y = e^{-x}(C_1\cos\sqrt{2}x + C_2\sin\sqrt{2}x)。$$

由初始条件 $y(0) = 1$,得 $C_1 = 1$,又因为

$$y' = (e^{-x}\cos\sqrt{2}x)' + C_2(e^{-x}\sin\sqrt{2}x)'$$
$$= -e^{-x}(\cos\sqrt{2}x + \sqrt{2}\sin\sqrt{2}x) + C_2 e^{-x}(-\sin\sqrt{2}x + \sqrt{2}\cos\sqrt{2}x),$$

由 $y'(0) = 1$ 得 $1 = -1 + \sqrt{2}C_2$,从而得 $C_2 = \sqrt{2}$,于是

$$y = \mathrm{e}^{-x}(\cos\sqrt{2}x + \sqrt{2}\sin\sqrt{2}x)$$

为所求。

上述讨论方程 (6.26) 的方法及结论可以推广到方程 (6.25) 中去,对此不再详细讨论,只简单叙述结论如下:

(1) 方程 (6.25) 对应的特征方程为

$$\lambda^n + a_1\lambda^{n-1} + a_2\lambda^{n-2} + \cdots + a_{n-1}\lambda + a_n = 0; \tag{6.29}$$

(2) 若方程 (6.29) 有单实根 λ,则方程 (6.25) 有对应的一个特解 $\mathrm{e}^{\lambda x}$;

(3) 若方程 (6.29) 有一对共轭复根 $\alpha \pm \mathrm{i}\beta$,则方程 (6.25) 有对应的两个特解:

$$\mathrm{e}^{\alpha x}\cos\beta x, \mathrm{e}^{\alpha x}\sin\beta x;$$

(4) 若方程 (6.29) 有 k 重实根 λ,则方程 (6.25) 有对应的 k 个特解:

$$\mathrm{e}^{\lambda x}, x\mathrm{e}^{\lambda x}, \cdots, x^{k-1}\mathrm{e}^{\lambda x};$$

(5) 若方程 (6.29) 有一对 k 重共轭复根 $\alpha \pm \mathrm{i}\beta$,则方程 (6.25) 有对应的 $2k$ 个特解:

$$\mathrm{e}^{\alpha x}\cos\beta x, x\mathrm{e}^{\alpha x}\cos\beta x, \cdots, x^{k-1}\cos\beta x, \mathrm{e}^{\alpha x}\sin\beta x, x\mathrm{e}^{\alpha x}\sin\beta x, \cdots, x^{k-1}\sin\beta x。$$

根据上面微分方程 (6.25) 的特征方程 (6.29) 根的情况,可以归纳写出微分方程 (6.25) 的解如下:

表 6-2

特征方程的根	微分方程通解中的对应项
单实根 r	给出一项:$C\mathrm{e}^{rx}$
一对单复根 $r_{1,2} = \alpha \pm \beta\mathrm{i}$	给出两项:$\mathrm{e}^{\alpha x}(C_1\cos\beta x + C_2\sin\beta x)$
k 重实根 r	给出 k 项:$\mathrm{e}^{\alpha x}(C_1 + C_2 x + \cdots + C_k x^{k-1})$
一对 k 重复根 $r_{1,2} = \alpha \pm \beta\mathrm{i}$	给出 $2k$ 项:$\mathrm{e}^{\alpha x}[(C_1 + C_2 x + \cdots + C_k x^{k-1})\cos\beta x + (D_1 + D_2 x + \cdots + D_k x^{k-1})\sin\beta x]$

从代数学知道,n 次代数方程有 n 个根(重根按重数计算),而特征方程的一个根对应着通解中的一项,且每项各含一个任意常数,这样就得到 n 阶常系数齐次线性微分方程的通解

$$y = C_1 y_1 + C_2 y_1 + \cdots + C_n y_n。$$

例 4 求方程 $\dfrac{\mathrm{d}^4 y}{\mathrm{d}x^4} - x = 0$ 的通解。

解 微分方程的特征方程为

$$F(\lambda) = \lambda^4 - 1 = 0,$$

特征根为 $\lambda_{1,2} = \pm 1, \lambda_{3,4} = \pm\mathrm{i}$,则基本解组为 $\mathrm{e}^x, \mathrm{e}^{-x}, \cos x, \sin x$,故方程的通解为

$$y(x) = C_1\mathrm{e}^x + C_2\mathrm{e}^{-x} + \mathrm{e}^0(C_3\cos x + C_4\sin x)$$

$$= C_1\mathrm{e}^x + C_2\mathrm{e}^{-x} + C_3\cos x + C_4\sin x。$$

例 5 求方程 $\dfrac{d^3 x}{dt^3} - 3\dfrac{d^2 x}{dt^2} + 3\dfrac{dx}{dt} - x = 0$ 的通解。

解 微分方程的特征方程为

$$F(\lambda) = \lambda^3 - 3\lambda^2 + 3\lambda - 1 = 0,$$

特征根为 $\lambda_{1,2,3} = 1$,则基本解组为 $e^t, te^t, t^2 e^t$,故方程的通解为

$$x(t) = e^t(C_1 + C_2 t + C_3 t^2) = C_1 e^t + C_2 te^t + C_3 t^2 e^t。$$

6.6.2 常系数非齐次线性微分方程 —— 比较系数法

形如

$$\frac{d^n x}{dt^n} + a_1 \frac{d^{n-1} x}{dt^{n-1}} + \cdots + a_{n-1}\frac{dx}{dt} + a_n x = f(t) \tag{6.30}$$

的方程称为 n 阶常系数非齐次线性方程,其中 $f(t) \neq 0, a_1, a_2, \cdots, a_n$ 为常数。

下面只针对 $n = 2$ 时,即二阶常系数线性微分方程

$$y'' + py' + qy = f(x)(p,q \text{ 为实数}, f(x) \neq 0) \tag{6.31}$$

给出一般性结论,这些结论可直接推广。

由常系数非齐次线性微分方程的解的结构定理知,欲求方程(6.31)的通解,先求出方程(6.31)对应的齐次线性微分方程 $y'' + py' + qy = 0$ 的通解,然后求出方程(6.31)的某个特解,则可得到方程(6.31)的通解。而方程(6.31)通解的求法已在上面解决,所以这里只需讨论求二阶常系数非齐次数线性微分方程的一个特解的方法。

下面就 $f(t)$ 具有特殊形式时给出方程(6.31)的特解的形式。

类型 1 若 $f(x) = P_m(x)e^{\lambda x}$,其中 λ 为常数,P_m 为 x 的 m 次多项式,即 $P_m(x) = a_m x^m + a_{m-1} x^{m-1} + \cdots + a_0$,则方程为

$$y'' + py' + qy = P_m(x)e^{\lambda x}。 \tag{6.32}$$

我们知道,方程(6.32)的特解 $y*$ 是使方程(6.32)成为恒等式的函数。那怎样的函数能使方程(6.32)成为恒等式呢?因为(6.32)式右端 $f(x)$ 是多项式 $P_m(x)$ 与指数函数 $e^{\lambda x}$ 的乘积,而多项式与指数函数乘积仍然是多项式与指数函数的乘积,因此我们推测 $y* = R(x)e^{\lambda x}$(其中 $R(x)$ 是某个多项式)可能是方程(6.32)的特解。现在假设 $y* = R(x)e^{\lambda x}$ 是方程(6.32)的特解,那么把 $y*$、$y*'$ 及 $y*''$ 代入方程(6.32),方程(6.32)两边恒成立,然后观察是否能求出合适的多项式 $R(x)$。如果能够求出合适的 $R(x)$,那么 $y* = R(x)e^{\lambda x}$ 就是方程(6.32)的特解。

为此,将

$$y* = R(x)e^{\lambda x},$$
$$y*' = e^{\lambda x}[\lambda R(x) + R'(x)],$$
$$y*'' = e^{\lambda x}[\lambda^2 R(x) + 2\lambda R'(x) + R''(x)]$$

代入方程(6.32)并消去 $e^{\lambda x}$,得

$$R''(x) + (2\lambda + p)R'(x) + (\lambda^2 + p\lambda + q)R(x) = P_m(x), \tag{6.33}$$

上式右端是一个 m 次多项式,所以,左端也应该是 m 次多项式,由于多项式每求一次导数,就要降低一次次数,故有三种情形:

(1) 当 $\lambda^2 + p\lambda + q \neq 0$,即 λ 不是方程(6.32)对应的齐次方程 $y'' + py' + qy = 0$ 的特征方程 $r^2 + pr + q = 0$ 的根时,由于 $P_m(x)$ 是一个 m 次多项式,要使(6.33)式两端恒等,那么可令 $R(x)$ 为另一个 m 次多项式 $R_m(x)$:

$$R(x) = R_m(x) = b_0 x^m + b_1 x^{m-1} + \cdots + b_{m-1} x + b_m, \tag{6.34}$$

代入(6.33)式,比较等式两端 x 同次幂的系数,就得到以 $b_0, b_1, \cdots, b_m$ 为未知数的 $m+1$ 个方程的联立方程组,从而可以定出这些 $b_i (i = 0, 1, \cdots, m)$,并得到所求的特解 $y^* = R_m(x)\mathrm{e}^{\lambda x}$。

(2) 当 $\lambda^2 + p\lambda + q = 0$,且 $2\lambda + p \neq 0$,即 λ 是方程(6.31)对应的齐次方程 $y'' + py' + qy = 0$ 的特征方程 $r^2 + pr + q = 0$ 的单根时,要使(6.33)式的两端恒等,那么 $R'(x)$ 必须是 m 次多项式,此时可令

$$R(x) = x R_m(x),$$

并且可用(1)中同样的方法确定 $R_m(x)$ 的系数 $b_0, b_1, \cdots, b_m$。

(3) 当 $\lambda^2 + p\lambda + q = 0$,且 $2\lambda + p = 0$,即 λ 是方程(6.31)对应的齐次方程 $y'' + py' + qy = 0$ 的特征方程 $r^2 + pr + q = 0$ 的重根时,要使(6.33)式的两端恒等,那么 $R''(x)$ 必须是 m 次多项式,此时可令

$$R(x) = x^2 R_m(x),$$

并且可用(1)中同样的方法确定 $R_m(x)$ 的系数 $b_0, b_1, \cdots, b_m$。

综上所述,我们有如下结论:

二阶常系数非齐次线性微分方程 $y'' + py' + qy = p_m(x)\mathrm{e}^{\lambda x}$ 具有特解形式

$$y^* = x^k R_m(x)\mathrm{e}^{\lambda x}, \tag{6.35}$$

其中 $R_m(x)$ 为 m 次多项式,它的 $m+1$ 个系数可由(6.35)式中的 $R(x) = x^k R_m(x)$ 代入(6.33)式得到,(6.35)式中的 k 确定如下:

$$k = \begin{cases} 0, & \lambda \text{ 不是特征根}, \\ 1, & \lambda \text{ 是特征单根}, \\ 2, & \lambda \text{ 是特征重根}. \end{cases}$$

例 6　求微分方程 $y'' - y' - 2y = 2x - 5$ 的通解。

解　(1) 先求原微分方程对应齐次微分方程 $y'' - y' - 2y = 0$ 的通解。

因为特征方程 $r^2 - r - 2r = 0$ 有两个根:$r_1 = 2, r_2 = -1$,故所求齐次方程通解为

$$Y = C_1 \mathrm{e}^{2x} + C_2 \mathrm{e}^{-x}.$$

(2) 求二阶非齐次方程的一个特解 y^*。

因 $f(x) = 2x - 5$，故 $\lambda = 0, m = 1$，而 0 不是特征方程的根，从而可设

$$y^* = b_0 x + b_1,$$

代入原方程，可得

$$-2b_0 x - b_0 - 2b_1 = 2x - 5,$$

比较上式两端同次幂的系数，可计算得 $b_0 = -1, b_1 = 3$。原方程的一个特解为

$$y^* = -x + 3。$$

（3）原方程的通解为 $y = Y + y^* = C_1 e^{2x} + C_2 e^{-x} - x + 3$。

例 7 求方程 $y'' - 2y' + y = e^x$ 的一个特解。

解 此时 $\lambda = 1$ 是特征方程 $r^2 - 2r + 1 = 0$ 的二重根，又 $p_m(x) \equiv 1$ 即 $m = 0$，故可设

$$y^* = Ax^2 e^x,$$

代入原方程，得 $\qquad 2Ae^x = e^x,$

故 $A = \dfrac{1}{2}$，从而所求特解为 $\qquad y^* = \dfrac{1}{2} x^2 e^x$。

例 8 求方程 $y'' - 2y' + y = e^x + 1 + x + x^2$ 的一个特解。

解 先求微分方程 $y'' - 2y' + y = 1 + x + x^2$ 一个特解，类似于例 7（读者可试试），

$$y_1^* = 9 + 5x + x^2,$$

再由例 7 及定理 6.4 即知，所求特解为

$$y^* = 9 + 5x + x^2 + \frac{1}{2} x^2 e^x。$$

例 9 求微分方程 $y'' - 5y' + 6 = xe^{2x}$ 的通解。

解 所给微分方程对应的齐次方程为 $y'' - 5y' + 6 = 0$，它的特征方程为

$$r^2 - 5r + 6 = 0,$$

特征根为 $r_1 = 2, r_2 = 3$，故对应齐次线性微分方程的通解为

$$Y = C_1 e^{2x} + C_2 e^{3x}。$$

由于 $f(x) = xe^{2x}$ 属于 $f(x) = e^{\lambda x} P_m(x)$ 型，其中 $m = 1, \lambda = 2$，且 $\lambda = 2$ 是特征方程的单根，故可设方程的特解为

$$y^* = x(b_0 x + b_1) e^{2x},$$

求出特解的一阶导数、二阶导数，代入原方程并化简得

$$-2b_0 x + 2b_0 - b_1 x = x,$$

比较两端同次幂的系数，并计算得 $b_0 = -\dfrac{1}{2}, b_1 = -1$。所以

$$y^* = x \left(-\frac{1}{2} x - 1 \right) e^{2x}，$$

于是，原方程的通解为

$$y = C_1 e^{2x} + C_2 e^{3x} - \frac{1}{2}(x^2 + 2x)e^{2x}.$$

类型 2　若 $f(x) = e^{\alpha x}P_m(x)\cos\beta x$ 或 $f(x) = e^{\alpha x}P_m(x)\sin\beta x$，这里 α,β 为实常数，$P_m(x)$ 为 m 次实系数多项式。

此时，微分方程(6.31) 变为

$$y'' + py' + qy = e^{\alpha x}P_m(x)\cos\beta x$$

或

$$y'' + py' + qy = e^{\alpha x}P_m(x)\sin\beta x.$$

我们可以先令 $\lambda = \alpha + i\beta$，用上面的办法先求出实系数($p,q$ 为实数) 方程 $y'' + py' + qy = P_m(x)e^{\lambda x} = P_m(x)e^{(\alpha+i\beta)x} = P_m(x)e^{\alpha x}\cos\beta x + iP_m(x)e^{\alpha x}\sin\beta x$ 的特解 $y^* = y_1^* + iy_2^*$，再根据定理 6.5 便知 y^* 的实部 y_1^* 和虚部 y_2^* 分别是方程 $y'' + py' + qy = e^{\alpha x}P_m(x)\cos\beta x$ 和 $y'' + py' + qy = e^{\alpha x}P_m(x)\sin\beta x$ 的解。

例 10　求方程 $y'' + y = x\cos 2x$ 的一个特解。

解　此时 $m = 1, \alpha = 0, \beta = 2$，我们首先求方程 $y'' + y = x e^{2ix}$ 的一个特解 $\bar{y}^*$。

因 $2i$ 不是特征方程 $r^2 + 1 = 0$ 的根，所以可以设上列方程的特解 $\bar{y}^*$ 为

$$\bar{y}^* = (ax + b)e^{2ix},$$

代入方程，得

$$[-3(ax + b) + 4ai]e^{2ix} = xe^{2ix},$$

从而 $-3a = 1, -3b + 4ai = 0$。故

$$a = -\frac{1}{3}, \quad b = \frac{4}{3}ai = -\frac{4}{9}i,$$

即

$$\bar{y}^* = \left(-\frac{1}{3}x - \frac{4}{9}i\right)e^{2ix} = -\frac{1}{3}x\cos 2x + \frac{4}{9}\sin 2x - i\left(\frac{1}{3}x\sin 2x + \frac{4}{9}\cos 2x\right).$$

$\bar{y}^*$ 的实部即为原方程的一个特解，即

$$y^* = -\frac{1}{3}x\cos 2x + \frac{4}{9}\sin 2x$$

为原方程的一个特解。

作为一种更特殊的情况，若 $f(x) = A\sin\beta x$（或 $f(x) = B\cos\beta x$），βi 不是特征方程的根，且方程左端又不出现 y' 时，利用正弦（或余弦）函数的二阶导数仍为正弦（或余弦）函数这一性质，可设 $f(x) = A\sin\beta x$（或 $f(x) = B\cos\beta x$）的特解为

$$y^* = a\sin\beta x \quad (\text{或 } y^* = b\cos\beta x).$$

例 11　求 $y'' + 3y = \sin 2x$ 的一个特解。

解　令 $y^* = a\sin 2x$，则 $(y^*)'' = -4a\sin 2x$。将其代入原方程，得

$$(-4a + 3a)\sin 2x = \sin 2x,$$

所以 $a = -1$，从而求得方程的一个特解为

$$y^* = -\sin 2x。$$

类型 3 若 $f(x) = e^{\alpha x}[P_n(x)\cos\beta x + P_m(x)\sin\beta x]$ 型,其中 α,β 为实常数,$P_n(x)$,$P_m(x)$ 分别是 n,m 次实系数多项式。

这种类型完全可以用类型 2 中的方法先分别求出自由项为 $f_1(x) = e^{\alpha x}P_n(x)\cos\beta x$ 与 $f_2(x) = e^{\alpha x}P_m(x)\sin\beta x$ 的方程的特解 y_1^* 与 y_2^*,然后利用定理 6.4 得到所需求的特解 $y^* = y_1^* + y_2^*$。

也可直接用待定系数的方法求一个特解 y^*,这时方程的特解形式为

$$y^* = x^k e^{\alpha x}[R_l(x)\cos\beta x + S_l(x)\sin\beta x], \tag{6.36}$$

其中 $R_l(x),S_l(x)$ 都是 l 次待定多项式,$l = \max\{m,n\}$,且当 $\alpha \pm i\beta$ 不是特征方程的根时,$k = 0$;当 $\alpha \pm i\beta$ 是特征方程的根时,$k = 1$。

(6.36)式的推导比较复杂,这里从略。

例 12 求方程 $y'' + y = \cos x + x\sin x$ 的一个特解。

解 此时 $\alpha = 0,\beta = 1,\alpha \pm i\beta$ 是特征方程 $\lambda^2 + 1 = 0$ 的根,因此可设

$$y^* = x[(ax+b)\cos x + (cx+d)\sin x]。$$

代入原方程,比较两端同类项系数,得

$$\begin{cases} 4c = 0, \\ 2a + 2d = 1, \\ -4a = 1, \\ 2c - 2b = 0, \end{cases}$$

解这个方程组得 $a = -\dfrac{1}{4}, b = 0, c = 0, d = \dfrac{3}{4}$。故求得一个特解 y^* 为

$$y^* = -\frac{1}{4}x^2\cos x + \frac{3}{4}x\sin x。$$

习 题 6.6

1. 求解下列常系数线性微分方程。

(1) $x^{(4)} - 5x'' + 4x = 0$;　　　　(2) $x''' - 3x'' + 3x' - x = 0$;

(3) $x^{(5)} - 4x''' = 0$;　　　　(4) $x'' + x' + x = 0$;

(5) $s'' - a^2 s = t + 1$;　　　　(6) $x^{(4)} - 2x'' + x = t^3 - 3$;

(7) $x''' - x = \cos t$;　　　　(8) $x''' - x = e^t$;

(9) $x'' + 6x' + 5x = e^{2t}$;　　　　(10) $x'' - 2x' + 2x = te^t$。

2. 求解初值问题的解。

(1) $x'' + 9x = 6e^{3t}, x(0) = x'(0) = 0$;

(2) $x^{(4)} + x = 2e^t, x(0) = x'(0) = x''(0) = x'''(0) = 1$。

综合练习 6

一、填空题。

1. $xy''' + 3x^3 y'^4 - x^3 y = y^5$ 是 _____ 阶微分方程。

2. _____ 称为变量分离方程。

3. 若 $x_i(t)\,(i = 1, 2, \cdots, n)$ 为 n 阶齐次线性微分方程的 n 个线性无关解，则这一齐线性方程的所有解可表示为 _____。

二、求下列微分方程的解。

1. $y\mathrm{d}x - (x + y^3)\mathrm{d}y = 0$；

2. $x'' - x = 0$；

3. $\dfrac{\mathrm{d}y}{\mathrm{d}x} + \dfrac{y}{x} = \mathrm{e}^{xy}$；

4. $x'' + 6x' + 5x = \mathrm{e}^{2t}$；

5. $x''' - x = \mathrm{e}^t$；

6. $y\sin x + \dfrac{\mathrm{d}y}{\mathrm{d}x}\cos x = 1$；

7. $\dfrac{\mathrm{d}y}{\mathrm{d}x} = \dfrac{y}{x - \sqrt{xy}}$；

8. $(2x + 2y - 1)\mathrm{d}x + (x + y - 2)\mathrm{d}y = 0$；

9. $(x^2 + y^2)\mathrm{d}x - 2xy\mathrm{d}y = 0$；

10. $(x - y^2)\mathrm{d}x + y(1 + x)\mathrm{d}y = 0$。

附录 Ⅰ 希腊字母及常用数学公式

一、希腊字母

字	母	读音		字	母	读音
A	α	Alpha		N	ν	Nu
B	β	Beta		Ξ	ξ	Xi
Γ	γ	Gamma		O	o	Omicron
Δ	δ	Delta		Π	π	Pi
E	ϵ	Epsilon		P	ρ	Rho
Z	ζ	Zeta		Σ	σ	Sigma
H	η	Eta		T	τ	Tau
Θ	θ	Theta		Υ	υ	Upsilon
I	ι	Iota		Φ	φ	Phi
K	κ	Kappa		X	χ	Chi
Λ	λ	Lambda		Ψ	ψ	Psi
M	μ	Mu		Ω	ω	Omega

二、常用数学公式

（一）代　数

1. 指数和对数运算

$$a^x a^y = a^{x+y}, \quad \frac{a^x}{a^y} = a^{x-y}, (a^x)^y = a^{xy}, \sqrt[y]{a^x} = a^{\frac{x}{y}}$$

$$\log_a 1 = 0, \log_a a = 1, \lg(N_1 \cdot N_2) = \lg N_1 + \lg N_2$$

$$\log \frac{N_1}{N_2} = \log N_1 - \log N_2, \lg(N^n) = n \lg N$$

$$\log \sqrt[n]{N} = \frac{1}{n} \log N, \log_b N = \frac{\log_a N}{\log_a b}$$

$$e \doteq 2.7183$$

$$\lg e \doteq 0.4343, \ln 10 \doteq 2.3026$$

2. 有限项数项级数

$$(1) 1 + 2 + 3 + \cdots + (n-1) + n = \frac{n(n+1)}{2}$$

$(2) p+(p+1)+(p+2)+\cdots+(n-1)+n = \dfrac{(n+p)(n-p+1)}{2}$

$(3) 1+3+5+\cdots+(2n-3)+(2n-1) = n^2$

$(4) 2+4+6+\cdots+(2n-2)+2n = n(n+1)$

$(5) 1^2+2^2+3^2+\cdots+(n-1)^2+n^2 = \dfrac{n(n+1)(2n+1)}{6}$

$(6) 1^3+2^3+3^3+\cdots+(n-1)^3+n^3 = \dfrac{n^2(n+1)^2}{4}$

$(7) 1^2+3^2+5^2+\cdots+(2n-1)^2 = \dfrac{n(4n^2-1)}{3}$

$(8) 1^3+3^3+5^3+\cdots+(2n-1)^3 = n^2(2n^2-1)$

$(9) a+(a+d)+(a+2d)+\cdots+[a+(n-1)d] = n\left(a+\dfrac{n-1}{2}d\right)$

$(10) a+aq+aq^2+\cdots+aq^{n-1} = a\dfrac{1-q^n}{1-q}(q \neq 1)$

3. 牛顿公式

$$(a+b)^n = a^n + na^{n-1}b + \frac{n(n-1)}{2!}a^{n-2}b^2 + \frac{n(n-1)(n-2)}{3!}a^{n-3}b^3$$
$$+ \cdots + \frac{n(n-1)\cdots(n-m+1)}{m!}a^{n-m}b^m + \cdots + nab^{n-1} + b^n$$

$$(a-b)^n = a^n - na^{n-1}b + \frac{n(n-1)}{2!}a^{n-2}b^2 - \frac{n(n-1)(n-2)}{3!}a^{n-3}b^3$$
$$+ \cdots + (-1)^m \frac{n(n-1)\cdots(n-m+1)}{m!}a^{n-m}b^m + \cdots + (-1)^n b^n$$

4. 因式分解公式

$(x \pm y)^2 = x^2 \pm 2xy + y^2$

$(x+y+z)^2 = x^2 + y^2 + z^2 + 2xy + 2xz + 2yz$

$(x \pm y)^3 = x^3 \pm 3x^2y + 3xy^2 \pm y^3$

$(x \pm y)^n$ 按牛顿公式展开

$(x+y)(x-y) = x^2 - y^2$

$(x^n - y^n) : (x-y) = x^{n-1} + x^{n-2}y + x^{n-3}y^2 + \cdots + xy^{n-2} + y^{n-1}$

$(x^n + y^n) : (x+y) = x^{n-1} - x^{n-2}y + x^{n-3}y^2 - \cdots - xy^{n-2} + y^{n-1}$ （n 是奇数）

$(x^n - y^n) : (x+y) = x^{n-1} - x^{n-2}y + x^{n-3}y^2 - \cdots + xy^{n-2} - y^{n-1}$ （n 是偶数）

(二) 三　　角

1. 基本公式

$$\sin^2\alpha + \cos^2\alpha = 1 \qquad \frac{\sin\alpha}{\cos\alpha} = \tan\alpha \qquad \csc\alpha = \frac{1}{\sin\alpha} \qquad 1 + \tan^2\alpha = \sec^2\alpha$$

$$\frac{\cos\alpha}{\sin\alpha} = \cot\alpha \qquad \sec\alpha = \frac{1}{\cos\alpha} \qquad 1 + \cot^2\alpha = \csc^2\alpha \qquad \cot\alpha = \frac{1}{\tan\alpha}$$

2. 诱导公式

函数	$\beta = \frac{\pi}{2} \pm \alpha$	$\beta = \pi \pm \alpha$	$\beta = \frac{3}{2}\pi \pm \alpha$	$\beta = 2\pi - \alpha$
$\sin\beta$	$+\cos\alpha$	$\mp\sin\alpha$	$-\cos\alpha$	$-\sin\alpha$
$\cos\beta$	$\mp\sin\alpha$	$-\cos\alpha$	$\pm\sin\alpha$	$+\cos\alpha$
$\tan\beta$	$\mp\cot\alpha$	$\pm\tan\alpha$	$\mp\cot\alpha$	$-\tan\alpha$
$\cot\beta$	$\mp\tan\alpha$	$\pm\cot\alpha$	$\mp\tan\alpha$	$-\cot\alpha$

3. 和差公式

$$\sin(\alpha \pm \beta) = \sin\alpha\cos\beta \pm \cos\alpha\sin\beta \qquad \cos(\alpha \pm \beta) = \cos\alpha\cos\beta \mp \sin\alpha\sin\beta$$

$$\tan(\alpha \pm \beta) = \frac{\tan\alpha \pm \tan\beta}{1 \mp \tan\alpha\tan\beta} \qquad \cot(\alpha \pm \beta) = \frac{\cot\alpha\cot\beta \mp 1}{\cot\beta \pm \cot\alpha}$$

$$\sin\alpha + \sin\beta = 2\sin\frac{\alpha+\beta}{2}\cos\frac{\alpha-\beta}{2} \qquad \sin\alpha - \sin\beta = 2\cos\frac{\alpha+\beta}{2}\sin\frac{\alpha-\beta}{2}$$

$$\cos\alpha + \cos\beta = 2\cos\frac{\alpha+\beta}{2}\cos\frac{\alpha-\beta}{2} \qquad \cos\alpha - \cos\beta = -2\sin\frac{\alpha+\beta}{2}\sin\frac{\alpha-\beta}{2}$$

$$\cos A\cos B = \frac{1}{2}\big[\cos(A-B) + \cos(A+B)\big]$$

$$\sin A\sin B = \frac{1}{2}\big[\cos(A-B) - \cos(A+B)\big]$$

$$\sin A\cos B = \frac{1}{2}\big[\sin(A-B) + \sin(A+B)\big]$$

4. 倍角和半角公式

$$\sin 2\alpha = 2\sin\alpha\cos\alpha$$
$$\cos 2\alpha = \cos^2\alpha - \sin^2\alpha \qquad \tan 2\alpha = \frac{2\tan\alpha}{1 - \tan^2\alpha} \qquad \cot 2\alpha = \frac{\cot^2\alpha - 1}{2\cot\alpha}$$

$$\sin\frac{\alpha}{2} = \sqrt{\frac{1-\cos\alpha}{2}} \qquad \tan\frac{\alpha}{2} = \sqrt{\frac{1-\cos\alpha}{1+\cos\alpha}}$$

$$\cos\frac{\alpha}{2} = \sqrt{\frac{1+\cos\alpha}{2}} \qquad \cot\frac{\alpha}{2} = \sqrt{\frac{1+\cos\alpha}{1-\cos\alpha}}$$

5. 任意三角形的基本关系

(1) $\dfrac{a}{\sin A} = \dfrac{b}{\sin B} = \dfrac{c}{\sin C} = 2R$ 　（正弦定理）

(2) $a^2 = b^2 + c^2 - 2bc \cos A$ 　（余弦定理）

(3) $\dfrac{a+b}{a-b} = \dfrac{\tan \dfrac{1}{2}(A+B)}{\tan \dfrac{1}{2}(A-B)}$ 　（正切定理）

(4) $S = \dfrac{1}{2} ab \sin C$ 　（面积公式）　$S = \sqrt{p(p-a)(p-b)(p-c)}, p = \dfrac{1}{2}(a+b+c)$

附录 Ⅱ   几种常用的曲线方程及其图形

（1）半立方抛物线

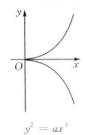

$$y^2 = ax^3$$

（2）概率曲线

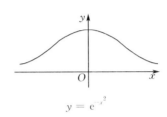

$$y = e^{-x^2}$$

（3）笛卡儿叶形线

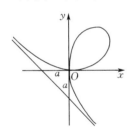

$$x^3 + y^3 - 3axy = 0$$

$$x = \frac{3at}{1+t^3}, y = \frac{3at^2}{1+t^3}$$

（4）星形线（内摆线的一种）

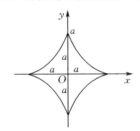

$$x^{\frac{2}{3}} + y^{\frac{2}{3}} = a^{\frac{2}{3}}$$

$$\begin{cases} x = a\cos^3\theta \\ y = a\sin^3\theta \end{cases}$$

（5）摆线

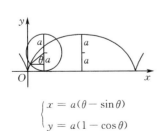

$$\begin{cases} x = a(\theta - \sin\theta) \\ y = a(1 - \cos\theta) \end{cases}$$

（6）心形线（外摆线的一种）

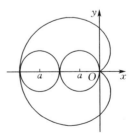

$$x^2 + y^2 + ax = a\sqrt{x^2 + y^2}$$

$$\rho = a(1 - \cos\theta)$$

（7）阿基米德螺线

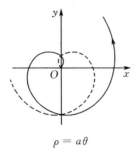

$$\rho = a\theta$$

（8）对数螺线

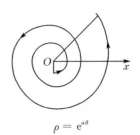

$$\rho = e^{a\theta}$$

（9）伯努利双纽线

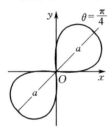

$$(x^2 + y^2)^2 = 2a^2 xy$$

$$\rho^2 = a^2 \sin 2\theta$$

（10）伯努利双纽线

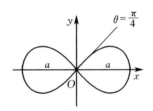

$$(x^2 + y^2)^2 = a^2(x^2 - y^2)$$

$$\rho^2 = a^2 \cos 2\theta$$

（11）三叶玫瑰线

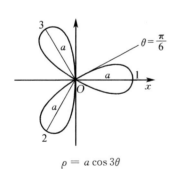

$$\rho = a \cos 3\theta$$

（12）四叶玫瑰线

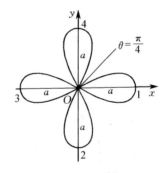

$$\rho = a \cos 2\theta$$

附录 Ⅲ　积分表

（一）含有 $ax+b$ 的积分

1. $\displaystyle\int\frac{\mathrm{d}x}{ax+b}=\frac{1}{a}\ln|ax+b|+C$

2. $\displaystyle\int(ax+b)^{\mu}\mathrm{d}x=\frac{1}{a(\mu+1)}(ax+b)^{\mu+1}+C(\mu\neq-1)$

3. $\displaystyle\int\frac{x}{ax+b}\mathrm{d}x=\frac{1}{a^{2}}(ax+b-b\ln|ax+b|)+C$

4. $\displaystyle\int\frac{x^{2}}{ax+b}\mathrm{d}x=\frac{1}{a^{3}}\left[\frac{1}{2}(ax+b)^{2}-2b(ax+b)+b^{2}\ln|ax+b|\right]+C$

5. $\displaystyle\int\frac{\mathrm{d}x}{x(ax+b)}=-\frac{1}{b}\ln\left|\frac{ax+b}{x}\right|+C$

6. $\displaystyle\int\frac{\mathrm{d}x}{x^{2}(ax+b)}=-\frac{1}{bx}+\frac{a}{b^{2}}\ln\left|\frac{ax+b}{x}\right|+C$

7. $\displaystyle\int\frac{x}{(ax+b)^{2}}\mathrm{d}x=\frac{1}{a^{2}}\left(\ln|ax+b|+\frac{b}{ax+b}\right)+C$

8. $\displaystyle\int\frac{x^{2}}{(ax+b)^{2}}\mathrm{d}x=\frac{1}{a^{3}}\left(ax+b-2b\ln|ax+b|-\frac{b^{2}}{ax+b}\right)+C$

9. $\displaystyle\int\frac{\mathrm{d}x}{x(ax+b)^{2}}=\frac{1}{b(ax+b)}-\frac{1}{b^{2}}\ln\left|\frac{ax+b}{x}\right|+C$

（二）含有 $\sqrt{ax+b}$ 的积分

10. $\displaystyle\int\sqrt{ax+b}\,\mathrm{d}x=\frac{2}{3a}\sqrt{(ax+b)^{3}}+C$

11. $\displaystyle\int x\sqrt{ax+b}\,\mathrm{d}x=\frac{2}{15a^{2}}(3ax-2b)\sqrt{(ax+b)^{3}}+C$

12. $\displaystyle\int x^{2}\sqrt{ax+b}\,\mathrm{d}x=\frac{2}{105a^{3}}(15a^{2}x^{2}-12abx+8b^{2})\sqrt{(ax+b)^{3}}+C$

13. $\displaystyle\int\frac{x}{\sqrt{ax+b}}\mathrm{d}x=\frac{2}{3a^{2}}(ax-2b)\sqrt{ax+b}+C$

14. $\displaystyle\int\frac{x^{2}}{\sqrt{ax+b}}\mathrm{d}x=\frac{2}{15a^{3}}(3a^{2}x^{2}-4abx+8b^{2})\sqrt{ax+b}+C$

15. $\int \dfrac{dx}{x\sqrt{ax+b}} = \begin{cases} \dfrac{1}{\sqrt{b}}\ln\left|\dfrac{\sqrt{ax+b}-\sqrt{b}}{\sqrt{ax+b}+\sqrt{b}}\right| + C(b>0) \\[4mm] \dfrac{2}{\sqrt{-b}}\arctan\sqrt{\dfrac{ax+b}{-b}} + C(b<0) \end{cases}$

16. $\int \dfrac{dx}{x^2\sqrt{ax+b}} = -\dfrac{\sqrt{ax+b}}{bx} - \dfrac{a}{2b}\int \dfrac{dx}{x\sqrt{ax+b}}$

17. $\int \dfrac{\sqrt{ax+b}}{x}dx = 2\sqrt{ax+b} + b\int \dfrac{dx}{x\sqrt{ax+b}}$

18. $\int \dfrac{\sqrt{ax+b}}{x^2}dx = -\dfrac{\sqrt{ax+b}}{x} + \dfrac{a}{2}\int \dfrac{dx}{x\sqrt{ax+b}}$

（三）含有 $x^2 \pm a^2$ 的积分

19. $\int \dfrac{dx}{x^2+a^2} = \dfrac{1}{a}\arctan\dfrac{x}{a} + C$

20. $\int \dfrac{dx}{(x^2+a^2)^n} = \dfrac{x}{2(n-1)a^2(x^2+a^2)^{n-1}} + \dfrac{2n-3}{2(n-1)a^2}\int \dfrac{dx}{(x^2+a^2)^{n-1}}$

21. $\int \dfrac{dx}{x^2-a^2} = \dfrac{1}{2a}\ln\left|\dfrac{x-a}{x+a}\right| + C$

（四）含有 $ax^2 + b(a>0)$ 的积分

22. $\int \dfrac{dx}{ax^2+b} = \begin{cases} \dfrac{1}{\sqrt{ab}}\arctan\sqrt{\dfrac{a}{b}}x + C(b>0) \\[4mm] \dfrac{1}{2\sqrt{-ab}}\ln\left|\dfrac{\sqrt{a}x-\sqrt{-b}}{\sqrt{a}x+\sqrt{-b}}\right| + C(b<0) \end{cases}$

23. $\int \dfrac{x}{ax^2+b}dx = \dfrac{1}{2a}\ln|ax^2+b| + C$

24. $\int \dfrac{x^2}{ax^2+b}dx = \dfrac{x}{a} - \dfrac{b}{a}\int \dfrac{dx}{ax^2+b}$

25. $\int \dfrac{dx}{x(ax^2+b)} = \dfrac{1}{2b}\ln\dfrac{x^2}{|ax^2+b|} + C$

26. $\int \dfrac{dx}{x^2(ax^2+b)} = -\dfrac{1}{bx} - \dfrac{a}{b}\int \dfrac{dx}{ax^2+b}$

27. $\int \dfrac{dx}{x^3(ax^2+b)} = \dfrac{a}{2b^2}\ln\dfrac{|ax^2+b|}{x^2} - \dfrac{1}{2bx^2} + C$

28. $\int \dfrac{dx}{(ax^2+b)^2} = \dfrac{x}{2b(ax^2+b)} + \dfrac{1}{2b}\int \dfrac{dx}{ax^2+b}$

（五）含有 $ax^2 + bx + c(a > 0)$ 的积分

29. $\displaystyle\int \frac{\mathrm{d}x}{ax^2 + bx + c} = \begin{cases} \dfrac{2}{\sqrt{4ac - b^2}}\arctan\dfrac{2ax + b}{\sqrt{4ac - b^2}} + C(b^2 < 4ac) \\[4mm] \dfrac{1}{\sqrt{b^2 - 4ac}}\ln\left|\dfrac{2ax + b - \sqrt{b^2 - 4ac}}{2ax + b + \sqrt{b^2 - 4ac}}\right| + C(b^2 > 4ac) \end{cases}$

30. $\displaystyle\int \frac{x}{ax^2 + bx + c}\mathrm{d}x = \frac{1}{2a}\ln|ax^2 + bx + c| - \frac{b}{2a}\int\frac{\mathrm{d}x}{ax^2 + bx + c}$

（六）含有 $\sqrt{x^2 + a^2}\,(a > 0)$ 的积分

31. $\displaystyle\int \frac{\mathrm{d}x}{\sqrt{x^2 + a^2}} = \operatorname{arsh}\frac{x}{a} + C_1 = \ln(x + \sqrt{x^2 + a^2}) + C$

32. $\displaystyle\int \frac{\mathrm{d}x}{\sqrt{(x^2 + a^2)^3}} = \frac{x}{a^2\sqrt{x^2 + a^2}} + C$

33. $\displaystyle\int \frac{x}{\sqrt{x^2 + a^2}}\mathrm{d}x = \sqrt{x^2 + a^2} + C$

34. $\displaystyle\int \frac{x}{\sqrt{(x^2 + a^2)^3}}\mathrm{d}x = -\frac{1}{\sqrt{x^2 + a^2}} + C$

35. $\displaystyle\int \frac{x^2}{\sqrt{x^2 + a^2}}\mathrm{d}x = \frac{x}{2}\sqrt{x^2 + a^2} - \frac{a^2}{2}\ln(x + \sqrt{x^2 + a^2}) + C$

36. $\displaystyle\int \frac{x^2}{\sqrt{(x^2 + a^2)^3}}\mathrm{d}x = -\frac{x}{\sqrt{x^2 + a^2}} + \ln(x + \sqrt{x^2 + a^2}) + C$

37. $\displaystyle\int \frac{\mathrm{d}x}{x\sqrt{x^2 + a^2}} = \frac{1}{a}\ln\frac{\sqrt{x^2 + a^2} - a}{|x|} + C$

38. $\displaystyle\int \frac{\mathrm{d}x}{x^2\sqrt{x^2 + a^2}} = -\frac{\sqrt{x^2 + a^2}}{a^2 x} + C$

39. $\displaystyle\int \sqrt{x^2 + a^2}\,\mathrm{d}x = \frac{x}{2}\sqrt{x^2 + a^2} + \frac{a^2}{2}\ln(x + \sqrt{x^2 + a^2}) + C$

40. $\displaystyle\int \sqrt{(x^2 + a^2)^3}\,\mathrm{d}x = \frac{x}{8}(2x^2 + 5a^2)\sqrt{x^2 + a^2} + \frac{3}{8}a^4\ln(x + \sqrt{x^2 + a^2}) + C$

41. $\displaystyle\int x\sqrt{x^2 + a^2}\,\mathrm{d}x = \frac{1}{3}\sqrt{(x^2 + a^2)^3} + C$

42. $\displaystyle\int x^2\sqrt{x^2 + a^2}\,\mathrm{d}x = \frac{x}{8}(2x^2 + a^2)\sqrt{x^2 + a^2} - \frac{a^4}{8}\ln(x + \sqrt{x^2 + a^2}) + C$

43. $\displaystyle\int \frac{\sqrt{x^2 + a^2}}{x}\mathrm{d}x = \sqrt{x^2 + a^2} + a\ln\frac{\sqrt{x^2 + a^2} - a}{|x|} + C$

44. $\int \dfrac{\sqrt{x^2+a^2}}{x^2}\mathrm{d}x = -\dfrac{\sqrt{x^2+a^2}}{x} + \ln(x+\sqrt{x^2+a^2}) + C$

（七）含有 $\sqrt{x^2-a^2}\,(a>0)$ 的积分

45. $\int \dfrac{\mathrm{d}x}{\sqrt{x^2-a^2}} = \dfrac{x}{|x|}\mathrm{arch}\,\dfrac{|x|}{a} + C_1 = \ln|x+\sqrt{x^2-a^2}| + C$

46. $\int \dfrac{\mathrm{d}x}{\sqrt{(x^2-a^2)^3}} = -\dfrac{x}{a^2\sqrt{x^2-a^2}} + C$

47. $\int \dfrac{x}{\sqrt{x^2-a^2}}\mathrm{d}x = \sqrt{x^2-a^2} + C$

48. $\int \dfrac{x}{\sqrt{(x^2-a^2)^3}}\mathrm{d}x = -\dfrac{1}{\sqrt{x^2-a^2}} + C$

49. $\int \dfrac{x^2}{\sqrt{x^2-a^2}}\mathrm{d}x = \dfrac{x}{2}\sqrt{x^2-a^2} + \dfrac{a^2}{2}\ln|x+\sqrt{x^2-a^2}| + C$

50. $\int \dfrac{x^2}{\sqrt{(x^2-a^2)^3}}\mathrm{d}x = -\dfrac{x}{\sqrt{x^2-a^2}} + \ln|x+\sqrt{x^2-a^2}| + C$

51. $\int \dfrac{\mathrm{d}x}{x\,\sqrt{x^2-a^2}} = \dfrac{1}{a}\arccos\dfrac{a}{|x|} + C$

52. $\int \dfrac{\mathrm{d}x}{x^2\,\sqrt{x^2-a^2}} = \dfrac{\sqrt{x^2-a^2}}{a^2x} + C$

53. $\int \sqrt{x^2-a^2}\,\mathrm{d}x = \dfrac{x}{2}\sqrt{x^2-a^2} - \dfrac{a^2}{2}\ln|x+\sqrt{x^2-a^2}| + C$

54. $\int \sqrt{(x^2-a^2)^3}\,\mathrm{d}x = \dfrac{x}{8}(2x^2-5a^2)\sqrt{x^2-a^2} + \dfrac{3}{8}a^4\ln|x+\sqrt{x^2-a^2}| + C$

55. $\int x\,\sqrt{x^2-a^2}\,\mathrm{d}x = \dfrac{1}{3}\sqrt{(x^2-a^2)^3} + C$

56. $\int x^2\,\sqrt{x^2-a^2}\,\mathrm{d}x = \dfrac{x}{8}(2x^2-a^2)\sqrt{x^2-a^2} - \dfrac{a^4}{8}\ln|x+\sqrt{x^2-a^2}| + C$

57. $\int \dfrac{\sqrt{x^2-a^2}}{x}\mathrm{d}x = \sqrt{x^2-a^2} - a\arccos\dfrac{a}{|x|} + C$

58. $\int \dfrac{\sqrt{x^2-a^2}}{x^2}\mathrm{d}x = -\dfrac{\sqrt{x^2-a^2}}{x} + \ln|x+\sqrt{x^2-a^2}| + C$

（八）含有 $\sqrt{a^2-x^2}\,(a>0)$ 的积分

59. $\int \dfrac{\mathrm{d}x}{\sqrt{a^2-x^2}} = \arcsin\dfrac{x}{a} + C$

60. $\displaystyle\int \frac{\mathrm{d}x}{\sqrt{(a^2-x^2)^3}} = \frac{x}{a^2\sqrt{a^2-x^2}} + C$

61. $\displaystyle\int \frac{x}{\sqrt{a^2-x^2}}\mathrm{d}x = -\sqrt{a^2-x^2} + C$

62. $\displaystyle\int \frac{x}{\sqrt{(a^2-x^2)^3}}\mathrm{d}x = \frac{1}{\sqrt{a^2-x^2}} + C$

63. $\displaystyle\int \frac{x^2}{\sqrt{a^2-x^2}}\mathrm{d}x = -\frac{x}{2}\sqrt{a^2-x^2} + \frac{a^2}{2}\arcsin\frac{x}{a} + C$

64. $\displaystyle\int \frac{x^2}{\sqrt{(a^2-x^2)^3}}\mathrm{d}x = \frac{x}{\sqrt{a^2-x^2}} - \arcsin\frac{x}{a} + C$

65. $\displaystyle\int \frac{\mathrm{d}x}{x\sqrt{a^2-x^2}} = \frac{1}{a}\ln\frac{a-\sqrt{a^2-x^2}}{|x|} + C$

66. $\displaystyle\int \frac{\mathrm{d}x}{x^2\sqrt{a^2-x^2}} = -\frac{\sqrt{a^2-x^2}}{a^2 x} + C$

67. $\displaystyle\int \sqrt{a^2-x^2}\,\mathrm{d}x = \frac{x}{2}\sqrt{a^2-x^2} + \frac{a^2}{2}\arcsin\frac{x}{a} + C$

68. $\displaystyle\int \sqrt{(a^2-x^2)^3}\,\mathrm{d}x = \frac{x}{8}(5a^2-2x^2)\sqrt{a^2-x^2} + \frac{3}{8}a^4\arcsin\frac{x}{a} + C$

69. $\displaystyle\int x\sqrt{a^2-x^2}\,\mathrm{d}x = -\frac{1}{3}\sqrt{(a^2-x^2)^3} + C$

70. $\displaystyle\int x^2\sqrt{a^2-x^2}\,\mathrm{d}x = \frac{x}{8}(2x^2-a^2)\sqrt{a^2-x^2} + \frac{a^4}{8}\arcsin\frac{x}{a} + C$

71. $\displaystyle\int \frac{\sqrt{a^2-x^2}}{x}\mathrm{d}x = \sqrt{a^2-x^2} + a\ln\frac{a-\sqrt{a^2-x^2}}{|x|} + C$

72. $\displaystyle\int \frac{\sqrt{a^2-x^2}}{x^2}\mathrm{d}x = -\frac{\sqrt{a^2-x^2}}{x} - \arcsin\frac{x}{a} + C$

（九）含有 $\sqrt{\pm ax^2+bx+c}\,(a>0)$ 的积分

73. $\displaystyle\int \frac{\mathrm{d}x}{\sqrt{ax^2+bx+c}} = \frac{1}{\sqrt{a}}\ln|2ax+b+2\sqrt{a}\sqrt{ax^2+bx+c}| + C$

74. $\displaystyle\int \sqrt{ax^2+bx+c}\,\mathrm{d}x = \frac{2ax+b}{4a}\sqrt{ax^2+bx+c}$

$\qquad\qquad + \dfrac{4ac-b^2}{8\sqrt{a^3}}\ln|2ax+b+2\sqrt{a}\sqrt{ax^2+bx+c}| + C$

75. $\displaystyle\int \frac{x}{\sqrt{ax^2+bx+c}}\mathrm{d}x = \frac{1}{a}\sqrt{ax^2+bx+c}$

$$-\frac{b}{2\sqrt{a^3}}\ln\mid 2ax+b+2\sqrt{a}\sqrt{ax^2+bx+c}\mid+C$$

76. $\displaystyle\int\frac{\mathrm{d}x}{\sqrt{c+bx-ax^2}}=-\frac{1}{\sqrt{a}}\arcsin\frac{2ax-b}{\sqrt{b^2+4ac}}+C$

77. $\displaystyle\int\sqrt{c+bx-ax^2}\,\mathrm{d}x=\frac{2ax-b}{4a}\sqrt{c+bx-ax^2}+\frac{b^2+4ac}{8\sqrt{a^3}}\arcsin\frac{2ax-b}{\sqrt{b^2+4ac}}+C$

78. $\displaystyle\int\frac{x}{\sqrt{c+bx-ax^2}}\,\mathrm{d}x=-\frac{1}{a}\sqrt{c+bx-ax^2}+\frac{b}{2\sqrt{a^3}}\arcsin\frac{2ax-b}{\sqrt{b^2+4ac}}+C$

（十）含有 $\sqrt{\pm\dfrac{x-a}{x-b}}$ 或 $\sqrt{(x-a)(b-x)}$ 的积分

79. $\displaystyle\int\sqrt{\frac{x-a}{x-b}}\,\mathrm{d}x=(x-b)\sqrt{\frac{x-a}{x-b}}+(b-a)\ln(\sqrt{\mid x-a\mid}+\sqrt{\mid x-b\mid})+C$

80. $\displaystyle\int\sqrt{\frac{x-a}{b-x}}\,\mathrm{d}x=(x-b)\sqrt{\frac{x-a}{b-x}}+(b-a)\arcsin\sqrt{\frac{x-a}{b-a}}+C$

81. $\displaystyle\int\frac{\mathrm{d}x}{\sqrt{(x-a)(b-x)}}=2\arcsin\sqrt{\frac{x-a}{b-a}}+C(a<b)$

82. $\displaystyle\int\sqrt{(x-a)(b-x)}\,\mathrm{d}x=\frac{2x-a-b}{4}\sqrt{(x-a)(b-x)}+\frac{(b-a)^2}{4}\arcsin\sqrt{\frac{x-a}{b-a}}$
$$+C(a<b)$$

（十一）含有三角函数的积分

83. $\displaystyle\int\sin x\,\mathrm{d}x=-\cos x+C$

84. $\displaystyle\int\cos x\,\mathrm{d}x=\sin x+C$

85. $\displaystyle\int\tan x\,\mathrm{d}x=-\ln\mid\cos x\mid+C$

86. $\displaystyle\int\cot x\,\mathrm{d}x=\ln\mid\sin x\mid+C$

87. $\displaystyle\int\sec x\,\mathrm{d}x=\ln\left|\tan\left(\frac{\pi}{4}+\frac{x}{2}\right)\right|+C=\ln\mid\sec x+\tan x\mid+C$

88. $\displaystyle\int\csc x\,\mathrm{d}x=\ln\left|\tan\frac{x}{2}\right|+C=\ln\mid\csc x-\cot x\mid+C$

89. $\displaystyle\int\sec^2 x\,\mathrm{d}x=\tan x+C$

90. $\displaystyle\int\csc^2 x\,\mathrm{d}x=-\cot x+C$

91. $\displaystyle\int \sec x \tan x \, \mathrm{d}x = \sec x + C$

92. $\displaystyle\int \csc x \cot x \, \mathrm{d}x = -\csc x + C$

93. $\displaystyle\int \sin^2 x \, \mathrm{d}x = \dfrac{x}{2} - \dfrac{1}{4}\sin 2x + C$

94. $\displaystyle\int \cos^2 x \, \mathrm{d}x = \dfrac{x}{2} + \dfrac{1}{4}\sin 2x + C$

95. $\displaystyle\int \sin^n x \, \mathrm{d}x = -\dfrac{1}{n}\sin^{n-1} x \cos x + \dfrac{n-1}{n}\int \sin^{n-2} x \, \mathrm{d}x$

96. $\displaystyle\int \cos^n x \, \mathrm{d}x = \dfrac{1}{n}\cos^{n-1} x \sin x + \dfrac{n-1}{n}\int \cos^{n-2} x \, \mathrm{d}x$

97. $\displaystyle\int \dfrac{\mathrm{d}x}{\sin^n x} = -\dfrac{1}{n-1}\cdot\dfrac{\cos x}{\sin^{n-1} x} + \dfrac{n-2}{n-1}\int \dfrac{\mathrm{d}x}{\sin^{n-2} x}$

98. $\displaystyle\int \dfrac{\mathrm{d}x}{\cos^n x} = \dfrac{1}{n-1}\cdot\dfrac{\sin x}{\cos^{n-1} x} + \dfrac{n-2}{n-1}\int \dfrac{\mathrm{d}x}{\cos^{n-2} x}$

99. $\displaystyle\int \cos^m x \sin^n x \, \mathrm{d}x = \dfrac{1}{m+n}\cos^{m-1} x \sin^{n+1} x + \dfrac{m-1}{m+n}\int \cos^{m-2} x \sin^n x \, \mathrm{d}x$

$$= -\dfrac{1}{m+n}\cos^{m+1} x \sin^{n-1} x + \dfrac{n-1}{m+n}\int \cos^m x \sin^{n-2} x \, \mathrm{d}x$$

100. $\displaystyle\int \sin ax \cos bx \, \mathrm{d}x = -\dfrac{1}{2(a+b)}\cos(a+b)x - \dfrac{1}{2(a-b)}\cos(a-b)x + C$

101. $\displaystyle\int \sin ax \sin bx \, \mathrm{d}x = -\dfrac{1}{2(a+b)}\sin(a+b)x + \dfrac{1}{2(a-b)}\sin(a-b)x + C$

102. $\displaystyle\int \cos ax \cos bx \, \mathrm{d}x = \dfrac{1}{2(a+b)}\sin(a+b)x + \dfrac{1}{2(a-b)}\sin(a-b)x + C$

103. $\displaystyle\int \dfrac{\mathrm{d}x}{a+b\sin x} = \dfrac{2}{\sqrt{a^2-b^2}}\arctan\dfrac{a\tan\frac{x}{2}+b}{\sqrt{a^2-b^2}} + C \,(a^2 > b^2)$

104. $\displaystyle\int \dfrac{\mathrm{d}x}{a+b\sin x} = \dfrac{1}{\sqrt{b^2-a^2}}\ln\left|\dfrac{a\tan\frac{x}{2}+b-\sqrt{b^2-a^2}}{a\tan\frac{x}{2}+b+\sqrt{b^2-a^2}}\right| + C \,(a^2 < b^2)$

105. $\displaystyle\int \dfrac{\mathrm{d}x}{a+b\cos x} = \dfrac{2}{a+b}\sqrt{\dfrac{a+b}{a-b}}\arctan\left(\sqrt{\dfrac{a-b}{a+b}}\tan\dfrac{x}{2}\right) + C \,(a^2 > b^2)$

106. $\displaystyle\int \dfrac{\mathrm{d}x}{a+b\cos x} = \dfrac{1}{a+b}\sqrt{\dfrac{a+b}{b-a}}\ln\left|\dfrac{\tan\frac{x}{2}+\sqrt{\dfrac{a+b}{b-a}}}{\tan\frac{x}{2}-\sqrt{\dfrac{a+b}{b-a}}}\right| + C \,(a^2 < b^2)$

107. $\int \dfrac{\mathrm{d}x}{a^2\cos^2 x + b^2\sin^2 x} = \dfrac{1}{ab}\arctan\left(\dfrac{b}{a}\tan x\right) + C$

108. $\int \dfrac{\mathrm{d}x}{a^2\cos^2 x - b^2\sin^2 x} = \dfrac{1}{2ab}\ln\left|\dfrac{b\tan x + a}{b\tan x - a}\right| + C$

109. $\int x\sin ax\,\mathrm{d}x = \dfrac{1}{a^2}\sin ax - \dfrac{1}{a}x\cos ax + C$

110. $\int x^2\sin ax\,\mathrm{d}x = -\dfrac{1}{a}x^2\cos ax + \dfrac{2}{a^2}x\sin ax + \dfrac{2}{a^3}\cos ax + C$

111. $\int x\cos ax\,\mathrm{d}x = \dfrac{1}{a^2}\cos ax + \dfrac{1}{a}x\sin ax + C$

112. $\int x^2\cos ax\,\mathrm{d}x = \dfrac{1}{a}x^2\sin ax + \dfrac{2}{a^2}x\cos ax - \dfrac{2}{a^3}\sin ax + C$

（十二）含有反三角函数的积分（其中 $a > 0$）

113. $\int \arcsin\dfrac{x}{a}\,\mathrm{d}x = x\arcsin\dfrac{x}{a} + \sqrt{a^2 - x^2} + C$

114. $\int x\arcsin\dfrac{x}{a}\,\mathrm{d}x = \left(\dfrac{x^2}{2} - \dfrac{a^2}{4}\right)\arcsin\dfrac{x}{a} + \dfrac{x}{4}\sqrt{a^2 - x^2} + C$

115. $\int x^2\arcsin\dfrac{x}{a}\,\mathrm{d}x = \dfrac{x^3}{3}\arcsin\dfrac{x}{a} + \dfrac{1}{9}(x^2 + 2a^2)\sqrt{a^2 - x^2} + C$

116. $\int \arccos\dfrac{x}{a}\,\mathrm{d}x = x\arccos\dfrac{x}{a} - \sqrt{a^2 - x^2} + C$

117. $\int x\arccos\dfrac{x}{a}\,\mathrm{d}x = \left(\dfrac{x^2}{2} - \dfrac{a^2}{4}\right)\arccos\dfrac{x}{a} - \dfrac{x}{4}\sqrt{a^2 - x^2} + C$

118. $\int x^2\arccos\dfrac{x}{a}\,\mathrm{d}x = \dfrac{x^3}{3}\arccos\dfrac{x}{a} - \dfrac{1}{9}(x^2 + 2a^2)\sqrt{a^2 - x^2} + C$

119. $\int \arctan\dfrac{x}{a}\,\mathrm{d}x = x\arctan\dfrac{x}{a} - \dfrac{a}{2}\ln(a^2 + x^2) + C$

120. $\int x\arctan\dfrac{x}{a}\,\mathrm{d}x = \dfrac{1}{2}(a^2 + x^2)\arctan\dfrac{x}{a} - \dfrac{a}{2}x + C$

121. $\int x^2\arctan\dfrac{x}{a}\,\mathrm{d}x = \dfrac{x^3}{3}\arctan\dfrac{x}{a} - \dfrac{a}{6}x^2 + \dfrac{a^3}{6}\ln(a^2 + x^2) + C$

（十三）含有指数函数的积分

122. $\int a^x\,\mathrm{d}x = \dfrac{1}{\ln a}a^x + C$ 123. $\int \mathrm{e}^{ax}\,\mathrm{d}x = \dfrac{1}{a}\mathrm{e}^{ax} + C$

124. $\int x\mathrm{e}^{ax}\,\mathrm{d}x = \dfrac{1}{a^2}(ax - 1)\mathrm{e}^{ax} + C$ 125. $\int x^n\mathrm{e}^{ax}\,\mathrm{d}x = \dfrac{1}{a}x^n\mathrm{e}^{ax} - \dfrac{n}{a}\int x^{n-1}\mathrm{e}^{ax}\,\mathrm{d}x$

126. $\displaystyle\int xa^x \mathrm{d}x = \frac{x}{\ln a}a^x - \frac{1}{(\ln a)^2}a^x + C$

127. $\displaystyle\int x^n a^x \mathrm{d}x = \frac{1}{\ln a}x^n a^x - \frac{n}{\ln a}\int x^{n-1}a^x \mathrm{d}x$

128. $\displaystyle\int \mathrm{e}^{ax}\sin bx\, \mathrm{d}x = \frac{1}{a^2+b^2}\mathrm{e}^{ax}(a\sin bx - b\cos bx) + C$

129. $\displaystyle\int \mathrm{e}^{ax}\cos bx\, \mathrm{d}x = \frac{1}{a^2+b^2}\mathrm{e}^{ax}(b\sin bx + a\cos bx) + C$

130. $\displaystyle\int \mathrm{e}^{ax}\sin^n bx\, \mathrm{d}x = \frac{1}{a^2+b^2 n^2}\mathrm{e}^{ax}\sin^{n-1}bx(a\sin bx - nb\cos bx)$
$$+ \frac{n(n-1)b^2}{a^2+b^2 n^2}\int \mathrm{e}^{ax}\sin^{n-2}bx\, \mathrm{d}x$$

131. $\displaystyle\int \mathrm{e}^{ax}\cos^n bx\, \mathrm{d}x = \frac{1}{a^2+b^2 n^2}\mathrm{e}^{ax}\cos^{n-1}bx(a\cos bx + nb\sin bx)$
$$+ \frac{n(n-1)b^2}{a^2+b^2 n^2}\int \mathrm{e}^{ax}\cos^{n-2}bx\, \mathrm{d}x$$

（十四）含有对数函数的积分

132. $\displaystyle\int \ln x\, \mathrm{d}x = x\ln x - x + C$ 133. $\displaystyle\int \frac{\mathrm{d}x}{x\ln x} = \ln|\ln x| + C$

134. $\displaystyle\int x^n \ln x\, \mathrm{d}x = \frac{1}{n+1}x^{n+1}\left(\ln x - \frac{1}{n+1}\right) + C$

135. $\displaystyle\int (\ln x)^n \mathrm{d}x = x(\ln x)^n - n\int (\ln x)^{n-1}\mathrm{d}x$

136. $\displaystyle\int x^m (\ln x)^n \mathrm{d}x = \frac{1}{m+1}x^{m+1}(\ln x)^n - \frac{n}{m+1}\int x^m (\ln x)^{n-1}\mathrm{d}x$

（十五）含有双曲函数的积分

137. $\displaystyle\int \mathrm{sh}x\, \mathrm{d}x = \mathrm{ch}\,x + C$ 138. $\displaystyle\int \mathrm{ch}x\, \mathrm{d}x = \mathrm{sh}\,x + C$

139. $\displaystyle\int \mathrm{th}\,x\, \mathrm{d}x = \mathrm{lnch}\,x + C$ 140. $\displaystyle\int \mathrm{sh}^2 x\, \mathrm{d}x = -\frac{x}{2} + \frac{1}{4}\mathrm{sh}\,2x + C$

141. $\displaystyle\int \mathrm{ch}^2 x\, \mathrm{d}x = \frac{x}{2} + \frac{1}{4}\mathrm{sh}\,2x + C$

（十六）定积分

142. $\displaystyle\int_{-\pi}^{\pi}\cos nx\, \mathrm{d}x = \int_{-\pi}^{\pi}\sin nx\, \mathrm{d}x = 0$ 143. $\displaystyle\int_{-\pi}^{\pi}\cos mx\sin nx\, \mathrm{d}x = 0$

144. $\displaystyle\int_{-\pi}^{\pi}\cos mx\cos nx\, \mathrm{d}x = \begin{cases} 0, m \neq n \\ \pi, m = n \end{cases}$ 145. $\displaystyle\int_{-\pi}^{\pi}\sin mx\sin nx\, \mathrm{d}x = \begin{cases} 0, m \neq n \\ \pi, m = n \end{cases}$

146. $\displaystyle\int_0^\pi \sin mx\,\sin nx\,\mathrm{d}x = \int_0^\pi \cos mx\,\cos nx\,\mathrm{d}x = \begin{cases} 0, & m \neq n \\[2mm] \dfrac{\pi}{2}, & m = n \end{cases}$

147. $\displaystyle I_n = \int_0^{\frac{\pi}{2}} \sin^n x\,\mathrm{d}x = \int_0^{\frac{\pi}{2}} \cos^n x\,\mathrm{d}x \qquad I_n = \dfrac{n-1}{n} I_{n-2}$

$$\begin{cases} I_n = \dfrac{n-1}{n}\cdot\dfrac{n-3}{n-2}\cdot\cdots\cdot\dfrac{4}{5}\cdot\dfrac{2}{3}\,(n\text{ 为大于 1 的正奇数}), I_1 = 1 \\[4mm] I_n = \dfrac{n-1}{n}\cdot\dfrac{n-3}{n-2}\cdot\cdots\cdot\dfrac{3}{4}\cdot\dfrac{1}{2}\cdot\dfrac{\pi}{2}\,(n\text{ 为正偶数}), I_0 = \dfrac{\pi}{2} \end{cases}$$